"十四五"应用型本科院校系列教材/机械工程类

U0223016

主　编　田素玲　王妍玮　陈明颖

副主编　王海燕　历　雪　王学惠

机电传动与控制

Electromechanical Transmission and Control

哈尔滨工业大学出版社

HARBIN INSTITUTE OF TECHNOLOGY PRESS

内 容 简 介

　　机电传动系统是指以电动机为原动机带动生产机械的总称。本书综合了电机学与电力拖动系统的内容,以电动机为主线,从直流电动机、交流电动机和控制电动机的结构、工作原理及特性入手,配合相应的电力电子技术,实现电力拖动系统的启动、调速和制动等生产过程的优化运行和控制。本书综合了计算机技术、自动控制技术等工业技术,适合作为机电工程专业的基础课程,可以使学生了解一些典型电机的结构和运用,初步具备机电传动系统的设计能力和调试能力。

　　本书可作为机械设计制造及自动化专业、机器人工程专业和机电一体化专业的必修课教材,也可作为机械工程专业研究生和工程技术人员的参考用书。

图书在版编目(CIP)数据

机电传动与控制/田素玲,王妍玮,陈明颖主编.
—哈尔滨:哈尔滨工业大学出版社,2023.7
ISBN 978 - 7 - 5767 - 0835 - 6

Ⅰ.①机… Ⅱ.①田… ②王… ③陈… Ⅲ.①电力传动控制设备 Ⅳ.①TM921.5

中国国家版本管 CIP 数据核字(2023)第 101727 号

策划编辑　　杜　燕
责任编辑　　王会丽
封面设计　　高永利
出版发行　　哈尔滨工业大学出版社
社　　址　　哈尔滨市南岗区复华四道街 10 号　　邮编 150006
传　　真　　0451 - 86414749
网　　址　　http://hitpress.hit.edu.cn
印　　刷　　黑龙江艺德印刷有限责任公司
开　　本　　787 mm×1 092 mm　1/16　印张 16.75　字数 367 千字
版　　次　　2023 年 7 月第 1 版　2023 年 7 月第 1 次印刷
书　　号　　ISBN 978 - 7 - 5767 - 0835 - 6
定　　价　　39.80 元

前　言

为了适应新工科下高等院校应用型本科教育的客观要求,本着整合、拓宽、更新的原则,本书以"机电传动与控制"课程教学基本要求为依据,以应用为目的,将基础理论与实践相结合,注重实际应用技能的培养,深入浅出、循序渐进地介绍了机电传动与控制系统相应的知识,注重应用性,为培养应用型人才奠定基础。

本书共分为两部分,第一部分(1~6章),着重介绍机电传动系统的动力学基础、直流电动机、交流电动机及一些特种电机和控制电机的工作原理及特性;第二部分(7~10章),主要介绍电力电子技术、直流调速和交流调速控制系统。

本书的编写分工如下:黑龙江东方学院的田素玲负责第 5 章和第 7 章,黑龙江科技大学的王妍玮负责第 2 章和第 10 章,黑龙江东方学院的陈明颖负责第 8 章和第 9 章 1、2节,哈尔滨石油学院的王海燕负责第 3 章和第 4 章,黑龙江科技大学的王学惠负责第 1章,哈尔滨剑桥学院的历雪负责第 6 章和第 9 章 3、4 节。本书在编写过程中参考了已有的机电传动和电机拖动教材和资料,并在书后的参考文献中列出,这些宝贵的资料对本书的编写起到重要作用,在此对所有参考文献的作者表示感谢。

本书的基础理论部分主次论述清楚,条理清晰,应用部分实例来自编者们多年的教学实例、科研和生产实践中的经验总结。本书可作为机械设计制造及自动化专业、机器人工程专业和机电一体化专业的必修课教材,也可作为机械工程专业研究生和工程技术人员的参考用书。

由于编者水平有限,书中难免出现疏漏和不足,恳请广大读者批评指正。

编　者
2023 年 4 月

目　　录

第 1 章 绪 论

【知识要点】

1. 机电传动的目的。
2. 机电传动与控制的发展。
3. 机电传动与控制的任务。

【能力点】

1. 机电传动与控制的组成。
2. 机电传动与控制的任务和要求。

【重点和难点】

重点：

1. 机电传动与控制的组成。
2. 机电传动与控制的任务。

难点：

1. 机电传动与控制的目的。
2. 机电传动与控制的主要内容。

【问题引导】

1. 机电系统是如何工作的？
2. 机电传动系统由什么组成？
3. 机电传动与控制中生产机械电动机和控制系统电动机有什么不同？

1.1 机电传动的目的

在实际生产过程中,由生产机械完成各种机械作业。通常情况下,生产机械的动力源为电动机。将以电动机作为原动机来驱动生产机械的系统称为机电传动系统。机电传动可以实现从电能到机械能的转换,使生产机械实现正常的启动、停止、速度调节等生产过程,满足各种生产工艺的要求,实现整个生产过程的自动化。

随着传统机械与电气控制的不断进步,现代化的机械设备在除了机械设备和生产系统外,更是加入了电气传动、控制系统等,使现代机械成为机电一体化的综合系统。因此,当前的机电传动不仅包括了拖动生产机械的电动机,而且包括了控制电动机的一整套控制系统。这种综合性的机电一体化系统使生产的机械设备、生产流水线、车间甚至整个工厂都实现全面的自动化,实现了以机械为主,人工为辅的生产方式。采用机电传动与控制的生产机械,自动化程度更高,生产产量、生产效率、生产的产品质量均有提高,生产成本更低,工人的劳作条件更好,能源利用更合理。而更高的效率、更低的成本、更复杂的工艺、更高要求的精确度等也对机电传动与控制系统提出更高的要求。在工业方面,超精密机床的加工精度需要达到百分之几毫米级甚至微米级;一些车间对辅助机械的要求极高,需要在一秒钟内完成启动、停止、反转等操作;对于诸如电梯、升降台等操作机,要求保证启停平稳的同时,还要保证足够的行进速度与定位精度;在电子、航空航天及汽车行业等方面,更是需要向更轻、更薄、更小等方向发展。此外为了保证生产效率的提高,生产厂商通常会让数台或数十台设备同时进行生产工作,这又对大型生产机组的控制和管理提出了更高的要求。目前,我国正在加速制造技术领域的发展,引进国外先进技术,吸收新技术成果,并正在加快单机生产自动化、局部生产过程自动化、生产线自动化和全厂综合自动化的步伐。这些全都离不开机电传动与控制。

1.2　机电传动与控制的发展

机电传动与控制的发展不是"单打独斗",随着相关计算机技术、微电子技术、自动控制理论、精密测量技术的不断进步,以及电机及电器制造业及各种自动化元件的发展,机电传动与控制技术也在不断创新与发展。机械生产结构的改良使得生产机械向性能优良、运行可靠、质量小、体积小、自动化的方向发展。近年来各种应用在各行各业的机电一体化产品,如数控机车、工业机器人、电动汽车等都是现代生产机械自动化的成果,可见机电传动与控制在整个生产机械中占有极其重要的地位。因此为了培养新世纪机电一体化的复合型实用人才,必须掌握机电传动与控制的理论和方法。

1.2.1　机电传动的发展

工业技术的进步通常是随着社会生产的需求而发展的,更高的生产需要推动了电机技术的发展,进而推进了机电传动技术的发展。20世纪之前,电机诞生并且初步在工业上应用。电机理论和设计方法开始建立并逐步完善。进入20世纪中叶,自动化的不断发展对电机也提出了越来越高的要求,这使得电机的发展向性能更好、可靠性更高、质量与体积更小的方向逐渐发展,进而出现了诸多高精度、高可靠性的控制电机。专用电机正在向"轻薄小微"方向发展,而动力机组的电机则向大型化、巨型化发展。

机电传动的发展大体经历了成组拖动、单电机拖动和多电机拖动三个阶段。由一台电动机拖动一根天轴(或地轴),再由其拖动其他生产机械的方式称为成组拖动。这种拖动方式的传动路线长、所需空间大、结构复杂、生产效率低,且过度依赖同一台电机,一旦电动机发生故障会造成整组生产机械的停车,严重影响生产进度。相较于成组拖动,单电动机拖动是采用一台电动机拖动一台生产机械的方式,减少了生产机械组对某一台电动机的过度依赖。但这种拖动方式对于中小型机械尚可,对于大型、巨形机械的拖动,依然有传动结构复杂、传动效率低下等特点。当前的工业生产中,广泛采用了多电机拖动方式,即一台电动机仅拖动生产机械的一个运动部件,这样的拖动方式不仅使生产机械的结构大为简化,而且控制灵活,也为生产机械的自动化提供了有利条件。

1.2.2　控制方式的发展

控制技术的发展伴随着控制器件的发展而发展,现代的生产过程中,机电传动要求实现部分或全部自动控制。机电传动的发展主要经历了四个阶段。20 世纪初期,主要采用由继电器、接触器等电器元器件构成的自动控制系统,它们能实现对控制对象的启动、停止及有级调速等控制。这种控制系统结构简单、价格低廉、维修方便,但其控制速度与精度都不尽如人意。

随后在 20 世纪 30 年代,交磁放大机控制方法出现,这种控制方式将控制系统从断续控制发展到连续控制,它可以随时检查控制对象的工作状态,并且根据输出量与给定量的偏差对控制对象进行自动调整,这使得控制的效率和精度都有所提高,但其体积较大,且控制精度不高,灵活性较差。一直到 20 世纪 60 年代晶匣管的出现,才使得交流电动机变频调速成为可能。作为一种大功率固体可控整流元件,晶匣管体积小、功率大、效率高、动态响应快、易于控制。继晶匣管出现后,又陆续出现了其他种类的元器件。如可关断晶体管(GTO)、大功率晶体管(GTR)、电力场效应晶体管(P – MOSFET)、复合电力半导体器件(IGBT 、MCT)等。由于这些元器件的电压、电流以及其他电气特性均得到很大的改善,因此它们构成的控制系统整体性能也随之得到改善,使得机电传动控制技术迈上新的台阶。

随着数控技术的发展和计算机技术的成熟,尤其是微型计算机的出现和应用,使得控制系统又出现了具有大量运算功能和大功率输出能力的可编程控制器(PLC)技术。PLC 技术可以替代大量的计算器,使得硬件元器件软件化,由软继电器构成的 PLC 控制系统实际上是一台用于工业控制的微型计算器,它的出现成功提高了控制系统的可靠性及柔性。现在的计算机向着大型化和微型化两极同时发展,并且可以实现诸如开关、定时、计数、逻辑运算、通信等功能,使得 PLC 成为机电传动控制的重要器件,PLC 技术是目前最为普遍的一种控制方式。

随着微电子技术与计算技术的不断成熟,机电传动控制也在向计算机控制的生产过程自动化方向前进。网络时代的来临,信息化的电动机自动控制系统也悄然出现。无论是由计算机控制的机械加工自动生产线柔性制造系统,还是可远程操作或远程诊断、维护的数字式交流伺服系统,这些新技术的出现都标志着机械制造进入计算机集成制造系统的时代,利用计算机辅助设计与辅助制造形成产品设计、制造,产品构思、设计、装配、实验、生产和质量管理全程实现自动化是如今机电一体化发展的重要方向。

1.3　机电传动与控制系统的组成和分类

机电传动与控制系统主要包括直流传动控制系统与交流传动控制系统。直流传动控制系统以直流电动机为动力,交流传动控制系统以交流电动机为动力。其中直流电动机调速性能较好,而交流电动机结构简单、易于维修、经济性好。

1.3.1　机电传动与控制系统的组成

机电传动与控制系统主要由电机、电气元件、电子部件组成。根据生产要求的不同,机电传动与控制系统可构成开环传动与控制系统和闭环传动与控制系统。

开环传动与控制系统方框图如图1-1所示,通过控制输入量直接控制输出量,不存在输出量对输入量的影响和联系的控制方式称为开环传动与控制。以电机调速系统为例,控制器为发电机,被控对象为放大器、电位器,控制输入量(给定电压),经放大器放大后,输出量(电动机的转速)也随之改变。

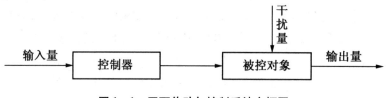

图1-1　开环传动与控制系统方框图

开环传动与控制系统的结构和控制过程简单,但抗干扰性较差,控制精度低,因此开环传动与控制往往无法满足高要求的生产需要。

通过对输出量进行检测,并与给定输入量的值相比较来控制系统运行的方式称为闭环传动与控制。闭环传动与控制系统方框图如图1-2所示。

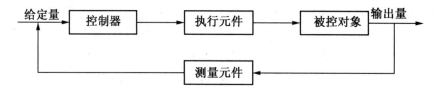

图1-2　闭环传动与控制系统方框图

闭环传动与控制系统具有两种信号传输通道,由给定量至输出量的通道称为顺向通道,由输出量至系统输入端的通道称为反向通道。以采用负反馈的直流电动机调速系统为例,在开环传动与控制系统的基础上增加了作为测量装置的测速发电机以及分电位器。其顺向通道输出量电动机的转速 n 被检测元件检测后转换成反馈电压反馈给输入端,形成一个闭合环路。此时真正的输入电压为给定电压与反馈电压的差值,而在正向通道上由于电压波动、负载变化及其他干扰引起的参数变化,可以在输出量中体现。因而在闭环传动与控制系统中扰动可以通过自动调速加以抑制。

闭环传动与控制系统其输入量与输出量之间既有正向控制作用,又有反向控制作用,其本身可以减少或消除顺向通道上由干扰项所引起的被控量的偏差值,故而其控制精度与抗干扰能力均明显优于开环传动与控制系统。但闭环传动与控制系统的控制结构较为复杂,若设计或调试不当,系统容易产生超调与振荡,从而影响系统的正常工作。

1.3.2　机电传动与控制系统的分类

机电传动与控制系统从不同角度可以分成不同类别,上述开环传动与控制系统与闭环传动与控制系统是从工作原理角度出发进行分类的。另外,按不同输出信号的反馈方式,可以分为转速负反馈控制系统、电动势负反馈控制系统、电压负反馈控制系统及电流正反馈控制系统;按系统稳态时被调量与给定量的差别,可以分为有静差调节系统和无静差调节系统;按自动调节的复杂程度,可以分为单环自动调节系统和多环自动调节系统;按调节动作与时间的关系,可分为断续控制系统和连续控制系统;按给定量的变化规律,可分为定值调节系统、程序控制系统和随动系统;按系统中所包含的元器件特性,可分为线性控制系统和非线性控制系统;除上述控制系统的分类之外,还有其他的分类方法,此处不一一赘述。

习　　题

1. 什么是机电传动系统,举例说明身边机电传动系统的应用实例。
2. 简述机电传动与控制系统的组成。
3. 简述机电传动与控制系统的分类。
4. 简述机电传动的发展历程。
5. 简述机电传动与控制的发展历程。

第2章 机电传动系统的动力学基础

【知识要点】

1. 机电传动系统运动方程的建立。
2. 传动系统中转矩折算的基本原则和方法。
3. 典型生产机械的负载特性。
4. 机电传动系统的稳定性。

【能力点】

1. 掌握机电传动系统的运动方程式及其含义。
2. 理解多轴驱动系统中转矩折算的基本原则和方法。
3. 了解几种典型生产机械的负载特性。
4. 了解机电传动系统稳定运行的条件以及学会分析实际系统的稳定性。

【重点和难点】

重点：

1. 运用机电传动系统的运动方程式判别机电系统的运行状态。
2. 根据机电传动系统稳定运行的条件,判别机电传动系统的稳定点。

难点：

1. 根据机电系统中 T_M、T_L 和 n 的方向,确定 T_M、T_L 是拖动转矩,还是制动转矩,判别出系统是加速、减速还是匀速的运行状态。
2. 在机械系统特性上,判别系统的稳定工作点,找出 T_M 和 T_L。

【问题引导】

1. 如何判断转矩的性质?
2. 机电传动系统运行的稳定性是什么?
3 为什么机电传动系统要稳定,它稳定的重要条件是什么?

2.1　机电传动系统的运动方程

机电传动系统是一个由电动机驱动并通过传动机构带动生产机械运转的整体。

单轴驱动系统如图 2-1 所示,当电动机的输出转矩 T_M 与负载转矩 T_L 平衡时,转速 n 或角速度 ω 不变;加速度 dn/dt 或角加速度 $d\omega/dt$ 等于零,即 $T_M = T_L$,这种运动状态称为静态(相对静止状态)或稳态(稳定运转状态)。当 $T_M \neq T_L$ 时,转速或角速度就要发生变化,产生角加速度,速度变化的大小与机电传动系统的转动惯量 J 有关,此时产生动态转矩 T_d,它符合转矩平衡方程式 $T_M - T_L = T_d$,把上述各种参量的关系用方程式表示出来,则机电传动系统的运动方程式为

$$T_M - T_L = J\frac{d\omega}{dt} \tag{2-1}$$

式中　T_M——电动机的输出转矩,亦称驱动转矩,N·m;

　　　T_L——生产机械的负载转矩,N·m;

　　　J——机电传动系统的转动惯量,kg·m^2;

　　　ω——机电传动系统的角速度,rad/s。

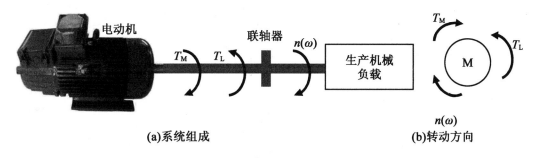

(a)系统组成　　　　　　　　　　　　　　　　　　(b)转动方向

图 2-1　单轴驱动系统

在实际工程计算中,常用转速 n 代替角速度 ω,用飞轮惯量(亦称飞轮转矩)GD^2 代替转动惯量 J 来进行系统的动力学分析,即

$$\omega = \frac{2\pi}{60}n \tag{2-2}$$

$$J = m\rho^2 = \frac{G}{g}\left(\frac{D}{2}\right)^2 = \frac{GD^2}{4g} \tag{2-3}$$

式中　G——机电传动系统的重力,N;

　　　m——机电传动系统的质量,kg;

　　　g——重力加速度,$g = 9.81$ m/s^2;

　　　ρ, D——机电传动系统转动部分的转动惯性半径及直径,m。

因此,机电传动系统的运动方程式转换为更为常用的工程形式为

$$T_M - T_L = \frac{GD^2}{375}\frac{\mathrm{d}n}{\mathrm{d}t} \tag{2-4}$$

式(2-4)中常数375包含着g,因此常数375具有加速度的量纲;而GD^2是个整体物理量。

当$T_M = T_L$时,系统的加速度为$a = \mathrm{d}n/\mathrm{d}t = 0$,$n$为常数。此时,机电传动系统以恒速$n$运转,机电传动系统处于静态(也称稳态)。

电动机所输出的驱动转矩T_L总是被生产机械的负载转矩(即静态转矩)和系统动态转矩T_d之和平衡。当$T_M = T_L$时,系统没有动态转矩,处于恒速运转状态,即系统处于稳态。系统处于稳态时,电动机输出转矩的大小,仅由电动机所驱动的负载转矩决定。

当机电传动系统处于加速状态或减速状态时,称系统处于动态。系统处于动态时,必然存在一个动态转矩T_d。正是因为动态转矩T_d的存在,使得机电传动系统的运动状态发生了变化。

在运动方向中,需要确定转矩的方向,由于机电传动系统有多种运动状态,相应的运动方程式中转速和转矩的方向就不同,因此需要约定方向的表达规则。

因为电动机和生产机械以共同的转速旋转,所以一般以n(或ω)的转动方向为参考来确定转矩的正负,T_M、T_L、n实际运动方向示意图如图2-2所示。

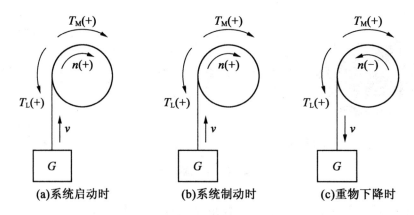

图2-2 T_M、T_L、n实际运动方向示意图

(1)T_M的符号与性质。当T_M的实际作用方向与n的方向相同时(符号相同),取与n相同的符号,T_M为驱动转矩;当T_M的实际作用方向与n的方向相反时,取与n相反的符号,T_M为制动转矩。其中,驱动转矩促进运动;制动转矩阻碍运动。

(2)T_L的符号与性质。当T_L的实际作用方向与n的方向相同时,取与n相反的符号(符号相反),T_L为驱动转矩;当T_L的实际作用方向与n的方向相反时,取与n相同的符号(符号相同),T_L为制动转矩。

例2-1 图2-3所示为三种运动过程中T_M、T_L、n运动方向示意图,请列出系统运

动的方程式,并说明系统的状态。

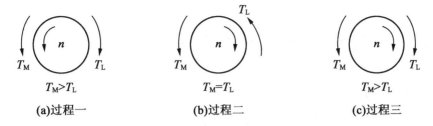

图 2 – 3 T_{M}、T_{L}、n 运动方向示意图

解 图 2 – 3(a)所示过程中,根据系统转矩平衡式得

$$|T_{M}| - |T_{L}| = \frac{GD^2}{375} \frac{dn}{dt}$$

则图 2 – 3(a)所示过程为加速运行状态。

图 2 – 3(b)所示过程中,根据系统转矩平衡式得

$$-|T_{M}| - |T_{L}| = \frac{GD^2}{375} \frac{dn}{dt}$$

则图 2 – 3(b)所示过程为减速运行状态。

图 2 – 3(c)所示过程中,根据系统转矩平衡式得

$$-|T_{M}| + |T_{L}| = \frac{GD^2}{375} \frac{dn}{dt}$$

则图 2 – 3(c)所示过程为减速运行状态。

例 2 – 2 试列出以下几种情况下系统的运动方程式,并说明系统的运行状态是加速、减速还是匀速?(图 2 – 4 中 T_{M} 和 T_{L} 的箭头方向表示转矩的实际作用方向)

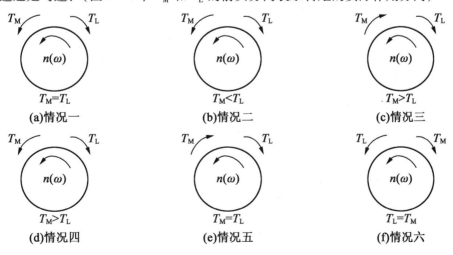

图 2 – 4 实际运动方向示意图

答 图 2 – 4 中(a)为匀速,(b)为减速,(c)为减速,(d)为加速,(e)为减速,(f)为匀

速。

2.2　多轴驱动系统的负载转矩和转动惯量折算

在机电传动领域,绝大多数驱动系统实际上都是多轴驱动系统。为有效分析多轴驱动系统的运行状态,一般将多轴驱动系统等效折算为单轴驱动系统,即将多轴驱动系统中各转动部分的转矩和转动惯量或直线运动部分的质量折算到某一根轴,这根轴通常为电动机的输出轴,将其转换为等效的单轴驱动系统之后,再进行系统动力学分析。

负载转矩、转动惯量和飞轮转矩等效折算的基本原则是,遵循折算前的多轴驱动系统和折算后的单轴驱动系统在能量关系或功率关系上保持不变,即遵循能量守恒原则或功率守恒原则。多轴驱动系统示意图如图 2 – 5 所示,其又分为旋转运动和直线运动。图 2 – 6 所示为多轴驱动系统分类示意图。

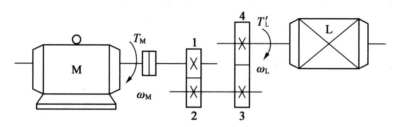

图 2 – 5　多轴驱动系统示意图

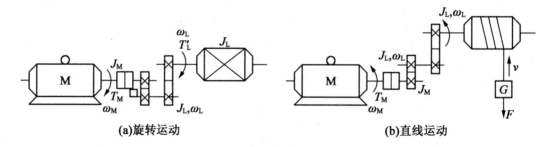

(a)旋转运动　　　　　　　　　　　　　　　**(b)直线运动**

图 2 – 6　多轴驱动系统分类示意图

2.2.1　负载转矩的折算

(1)匀速旋转运动。

匀速旋转运动的表达式为

$$P_{\text{L}}' = T_{\text{L}}' \omega_{\text{L}} \tag{2 – 5}$$

式中　P_{L}'——负载功率;

　　　T_{L}'——负载转矩;

ω_L——负载旋转角速度。

$$P_M = T_L \omega_M \qquad (2-6)$$

式中 P_M——电动机轴功率;

T_L——负载转矩折算到电动机轴上的转矩;

ω_M——电动机轴角速度。

传动效率 η_c 和折算后的负载转矩 T_L 分别为

$$\eta_c = \frac{P'_L}{P_M} = \frac{T'_L \omega_L}{T_L \omega_M} \qquad (2-7)$$

$$T_L = \frac{T'_L \omega_L}{\eta_c \omega_M} = \frac{T'_L}{\eta_c j} \qquad (2-8)$$

式中 j——传动机构的总传动比,$j = W_M / W_L$。

(2)直线运动。

$$P'_L = Fv \qquad (2-9)$$

式中 F——直线运动部件的负载力;

v——运动速度。

$$P_M = T_L \omega_M \qquad (2-10)$$

式中 P_M——电动机轴功率;

T_L——负载力 F 在电动机轴上产生的转矩;

ω_M——电动机轴角速度。

电动机转速为

$$\omega_M = \frac{2\pi}{60} n_M \qquad (2-11)$$

启动方式电动机拖动机械时负载力 F 在电动机轴上产生的转矩为

$$T_L = \frac{9.55 Fv}{\eta_c n_M} \qquad (2-12)$$

制动方式机械拖动电动机时负载力 F 在电动机轴上产生的转矩为

$$T_L = \frac{9.55 \eta'_c Fv}{n_M} \qquad (2-13)$$

2.2.2 转动惯量的折算

(1)旋转运动折算到电动机轴上的总转动惯量为

$$J_Z = J_M + \frac{J_1}{j_1^2} + \frac{J_L}{j_L^2} \qquad (2-14)$$

式中 J_M、J_1、J_L——电动机轴和中间传动轴、生产机械运动轴上的转动惯量。

电动机轴与中间传动轴之间的速度比 j_1 为

$$j_1 = \frac{\omega_M}{\omega_1} \qquad (2-15)$$

电动机轴与生产机械运动轴之间的速度比 j_L 为

$$j_L = \frac{\omega_M}{\omega_L} \tag{2-16}$$

式中　ω_M、ω_1、ω_L——电动机轴、中间传动轴和生产机械运动轴的旋转角速度。

计算中,还可以采用简化的算法,既加大电动机轴上的转动惯量来取代中间传动轴的转动惯量,则总转动惯量为

$$J_Z = \delta J_M + \frac{J_L}{j_L^2} \tag{2-17}$$

式中　J_M、J_L——电动机轴、生产机械运动轴上的转动惯量;

　　　δ——一般取 $1.1 \sim 1.25$。

(2)直线运动折算到电动机轴上的总转动惯量为

$$J_Z = J_M + \frac{J_1}{j_1^2} + \frac{J_L}{j_L^2} + m\frac{v^2}{\omega_M^2} \tag{2-18}$$

式中　J_M、J_1、J_L——电动机轴、中间传动轴和生产机械运动轴上的转动惯量;

　　　ω_M、ω_1、ω_L——电动机轴、中间传动轴和生产机械运动轴的旋转角速度;

　　　m——运动部件的质量;

　　　v——运动部件的速度。

例 2-3　电动机轴上转动惯量示意图如图 2-7 所示,电动机轴上的转动惯量为 $J_M = 2.5 \text{ kg} \cdot \text{m}^2$,转速为 $n_M = 900 \text{ r/min}$;中间传动轴的转动惯量为 $J_1 = 2 \text{ kg} \cdot \text{m}^2$,转速为 $n_1 = 300 \text{ r/min}$;生产机械运动轴的转动惯量为 $J_L = 16 \text{ kg} \cdot \text{m}^2$,转速为 $n_L = 60 \text{ r/min}$,试求折算到电动机轴上的等效转动惯量。

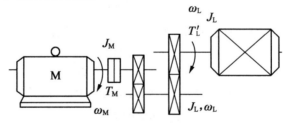

图 2-7　电动机轴上转动惯量示意图

答
$$j_1 = \omega_M/\omega_1 = n_M/n_1 = 900/300 = 3$$
$$j_L = \omega_M/\omega_L = n_M/n_L = 900/60 = 15$$

$$J_Z = J_M + \frac{J_1}{j_1^2} + \frac{J_L}{j_L^2} = 2.5 + \frac{2}{3^2} + \frac{16}{15^2} \approx 2.79 (\text{kg} \cdot \text{m})$$

2.3 机电传动系统的负载特性

机电传动系统的负载特性就是生产机械的负载特性,有时也称为生产机械的机械特性。前面的机电传动系统运动方程中,负载转矩 T_L 可能是常数,也可能是转速的函数。电动机轴上的负载转矩和转速之间的函数关系称为机电传动系统的负载特性,用 $n = f(T_L)$ 表示。

不同类型的生产机械在运动中受阻的性质是不同的,其负载特性曲线的形状也有所不同,大致可分为恒转矩型负载特性、离心式通风机型负载特性、直线型负载特性、恒功率型负载特性四种。

2.3.1 恒转矩型负载特性

恒转矩型负载特性中负载转矩为常量,依据负载转矩与运动方向的关系不同,恒转矩型负载特性可分为反抗性恒转矩负载和位能性恒转矩负载。生产机械的提升机构、提升机相关的行走机构、带式输送机以及金属切削机床等都属于此类。

(1)反抗性恒转矩负载。由摩擦、非弹性体的压缩、拉伸与扭转等作用所产生的负载转矩称为反抗性恒转矩,又称摩擦性转矩。反抗性恒转矩的方向恒与运动方向相反,阻碍运动,反抗性恒转矩的大小恒常不变,其负载特性的特点是负载转矩为常数,反抗性恒转矩负载特性曲线如图2-8所示。

根据转矩正方向的约定可知,反抗性恒转矩与转速 n 的方向相反时取正号,即 n 为正方向时,T_L 为正,特性在第一象限;n 为负方向时,T_L 为负,特性在第三象限。

生产中,机床加工过程中切削力产生的负载转矩就是反抗性恒转矩,其方向与运动方向相反,总是阻碍运动。

(2)位能性恒转矩负载。由物体的重力或弹性体的压缩、拉伸、扭转等作用所引起的负载转矩称为位能性恒转矩。位能性恒转矩负载特性曲线如图2-9所示,位能性恒转矩的大小恒常不变,作用方向不变,与运动方向无关。

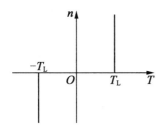

图2-8 反抗性恒转矩负载特性曲线

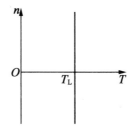

图2-9 位能性恒转矩负载特性曲线

生产机械的卷扬机起吊重物时,由于重物的作用方向永远向着地心,所以由它产生的负载转矩永远作用在使重物下降的方向。

起重机提升重物时重力产生的负载转矩就是位能性恒转矩。当电动机驱动重物上升时,T_L 与 n 的方向相反,其值取正,在第一象限;当重物下降时,T_L 和 n 的方向相同,其值取负,在第四象限。

2.3.2　离心式通风机型负载特性

离心式通风机型负载是按离心力原理工作的,如离心式鼓风机、水泵等,它们的负载转矩 T_L 的大小与转速 n 的平方成正比,即

$$T_L = T_0 + Cn^2 \tag{2-19}$$

式中　T_0——摩擦阻力矩;

　　　C——常数。

离心式通风机型负载特性曲线(最初是沿着虚线变化的)如图 2-10 所示,虚线表示有摩擦负载的实际情况。

2.3.3　直线型负载特性

直线型负载在实验室中常指模拟负载用的他励直流发电机,当励磁电流与电枢电阻固定不变时,负载转矩与转速成正比,即

$$T_L = Cn \tag{2-20}$$

式中　T_L——负载转矩;

　　　n——转速;

　　　C——常数。

直线型负载特性曲线如图 2-11 所示。

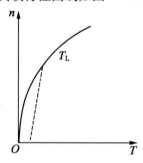
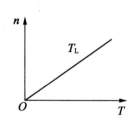

图2-10　离心式通风机型负载特性曲线　　图2-11　直线型负载特性曲线

2.3.4　恒功率型负载特性

恒功率型负载中负载转矩 T_L 与转速 n 成反比,即

$$T_L = \frac{C}{n} \qquad (2-21)$$

式中　　T_L——负载转矩;

　　　　n——转速;

　　　　C——常数。

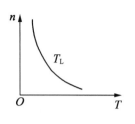

图 2 – 12　恒功率型负载特
性曲线

恒功率型负载特性曲线如图 2 – 12 所示。

生产机械中的机床,在进行金属切削加工过程中,粗加工时,切削量大,吃刀量大,负载转矩大 ,机床主轴低速运转,转速低;精加工时,切削量小,吃刀量小,负载转矩小,机床主轴高速运转,转速高。但不管是粗加工还是精加工,负载转矩与转速的乘积为常数,即功率恒定不变。

2.4　机电传动系统稳定运行的条件

机电传动系统中电动机与生产机械连成一体,在整个系统合理运行下,电动机的机械特性与生产机械的负载特性相匹配的程度,就是机电传动系统的稳定性。它包含两方面的含义:一是系统应能以一定速度匀速运行;二是机电系统受电压波动、负载转矩波动等外部干扰的作用而使运行速度发生变化,当干扰去除后,系统能自动恢复到原来的运行速度。

稳定性运行的条件包括必要条件和充分条件。电动机的机械特性曲线 $n = f(T_M)$ 和生产机械的机械特性曲线 $n = f(T_L)$ 必须有交点,即满足

$$\frac{\mathrm{d}(T_M)}{\mathrm{d}n} < \frac{\mathrm{d}(T_L)}{\mathrm{d}n} \qquad (2-22)$$

此时,交点称为平衡点,是必要条件;而充分条件是指系统受到干扰后,恢复到原平衡状态的能力。符合稳定运行条件的平衡点称为稳定平衡点,图 2 – 13 所示为稳定平衡点的判别。

电动机的输出转矩 T_M 和负载转矩 T_L 大小相等,方向相反,相互平衡。异步电动机的机械特性曲线 1 与生产机械的负载特性曲线有交点 a、b。

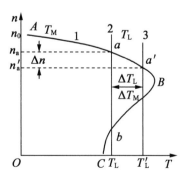

图 2 – 13　稳定平衡点的判别

a 为系统的稳定平衡点,出现干扰,负载转矩突然增加 ΔT_L,此时 $T_L \to T_L'$,电动机转速来不及变化,仍工作在 a 点,转矩 $T_M < T_L'$,系统要减速,转矩 T_M 增大,即

$$T'_M = T_M + \Delta T_M \qquad (2-23)$$

工作点移到 a'，干扰消除，$T'_M > T_L$ 电动机加速，n 增大，T_M 减小，直到 $T_M < T_L$，又回到点 a。T_L 突然减小，n 上升，干扰消除后，则有 $T'_M < T_L$，n 下降，回到点 a。

电动机的输出转矩 T_M 和负载转矩 T_L 大小相等，方向相反，相互平衡。异步电动机的机械特性曲线 1 与生产机械的负载特性曲线有交点 a、b，则 b 不是稳定平衡点。T_L 突然增大，T_M 初始来不及变化，n 下降，T_M 减小，干扰消除后，$T_M < T_L$，n 进一步下降，直到 $n = 0$，电动机停转。T_L 突然减小，n 上升，T_M 增大，n 继续上升，直到超过 B 进入 AB 段的点 a。

因此，机电传动系统稳定运行的充分必要条件为电动机的机械特性曲线与生产机械的负载特性曲线有交点；转速大于平衡点时，干扰使转速上升，电动机的转矩减小，排除干扰后，$T_M - T_L < 0$，转速下降，具有向下的机械特性曲线；转速小于平衡点时，干扰使转速下降，电动机的转矩增大，排除干扰后，$T_M - T_L > 0$，转速上升，具有向上的机械特性曲线。根据分析可得，a 点是稳定平衡点，b 点不是稳定平衡点。

例 2-4 如图 2-14 所示的稳定平衡点判别示意图，曲线 1 和曲线 2 分别为电动机和负载的机械特性，试判别哪些是系统的稳定平衡点？哪些不是？

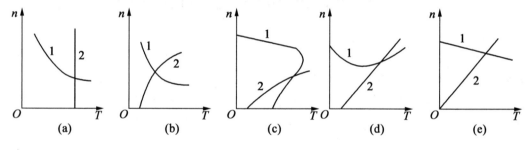

图 2-14　稳定平衡点判别示意图

答 图 2-14 中 (a)、(b)、(c)、(e) 是稳定平衡点，(d) 不是稳定平衡点。

习　　题

1. 简述机电传动系统的运动方程式。

2. 完成以下选择题。

(1) 机电传动系统稳定运行的必要条件是电动机的输出转矩和负载转矩（　　）。

A. 大小相等　　　　　　　　　　　B. 方向相反

C. 大小相等，方向相反　　　　　　D. 无法确定

(2) 某机电传动系统中，电动机输出转矩大于负载转矩，则系统正处于（　　）。

A. 加速　　　　　　　　　　　　　B. 减速

C. 匀速　　　　　　　　　　　　　D. 不确定

(3)在单轴驱动系统中,已知电动机输出转矩和负载转矩的作用方向与转速的方向相同,则系统正处于(　　)。

A.加速　　　　　　　　　　　　　B.减速

C.匀速　　　　　　　　　　　　　D.静止

(4)在机电传动系统中,已知电动机输出转矩小于负载转矩,且电动机的输出转矩作用方向与转速的方向相同,而负载转矩的方向与转速的方向相反,则系统正处于(　　)。

A.加速　　　　　　　　　　　　　B.减速

C.匀速　　　　　　　　　　　　　D.静止

3.多轴驱动系统为什么要折算成单轴驱动系统。

4.试描述机电传动系统运动方程式中的静态转矩与动态转矩的概念,转矩折算前后功率不变的原则是什么?

5.为什么机电传动系统中低速轴转矩大,高速轴转矩小?

6.一般生产机械按其运动受阻力的性质可以分为哪几种类型的负载?

7.反抗性恒转矩与位能性恒转矩有什么不同,各自有什么特点?

第3章 直流电动机

【知识要点】

1. 直流电机的基本结构和工作原理。
2. 直流电动机的工作特性和机械特性。
3. 他励直流电动机的启动和调速特性。
4. 他励直流电动机的制动特性。
5. 直流电机拖动系统的过渡过程。

【能力点】

1. 掌握直流电动机的工作原理。
2. 理解直流电动机的机械、启动和调速特性。
3. 了解他励直流电动机的制动和反转特性。
4. 了解直流电机拖动系统的过渡过程。

【重点和难点】

重点：
1. 直流电动机的机械、启动和调速特性。
2. 他励直流电动机的制动和反转特性。
难点：
1. 直流电机拖动系统的过渡过程。
2. 加快机电传动系统的过渡过程。

【问题引导】

1. 直流电机结构如何，它是如何工作的？
2. 直流电机的特性是什么？
3. 为什么要机电传动系统过渡过程的模型，它与直流电机拖动系统的过渡过程有什么关系？

3.1 直流电机的基本结构和工作原理

电机是将电能转换成机械能的设备。按照能量转换方式,电机可分为交流电机和直流电机两大类。直流电机将直流电能转换为机械能。由于直流电机具有良好的启动和调速性能,常应用于对启动和调速有较高要求的场合,如大型可逆式轧钢机、矿井卷扬机、宾馆高速电梯、龙门刨床、电力机车、城市电车、地铁列车、电动自行车、造纸和印刷机械、船舶机械、大型精密机床、大型起重机、轧钢机、落地龙门铣床、镗床和自动火炮传动等生产机械中。

3.1.1 直流电机的结构

直流电机的结构由定子和转子两大部分组成。直流电机运行时静止不动的部分称为定子,定子的主要作用是产生磁场。

直流电机运行时转动的部分称为转子,其主要作用是产生电磁转矩和感应电动势,是直流电机进行能量转换的枢纽,所以通常又称为电枢。定子、转子间因有相对运动,故留有一定空气隙,气隙的大小与电机容量有关。图 3-1 所示为小型直流电机的纵剖面示意图,图 3-2 所示为其横剖面示意图。

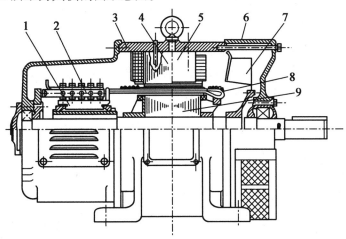

1—换向器;2—电刷杆;3—机座;4—主磁极 5—换向极;6—端盖;7—风扇;8—电枢绕组;9—电枢铁芯

图 3-1 小型直流电机的纵剖面示意图

1.定子

直流电机定子主要由机座、主磁极、换向极及电刷装置等部件构成。

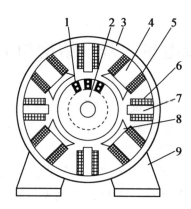

1—电枢绕组;2—电枢铁芯;3—机座;4—主磁极铁芯;5—励磁绕组;6—换向极绕组;
7—换向极铁芯;8—主磁极极靴;9—极座底脚

图 3 - 2　小型直流电机的横剖面示意图

(1)机座。直流电机机座是用来固定主磁极、换向极和端盖的,起支撑、保护作用,也作为磁轭,构成主磁路的闭合路径。机座通常由铸钢或钢板焊接而成,目前由薄钢板或硅钢片制成的叠片机座应用也相当广泛。

(2)主磁极。主磁极的作用是在电机气隙中产生一定分布形状的气隙磁密,主磁极由主磁极铁芯和励磁绕组组成。主磁极铁芯通常用厚 $1 \sim 1.5$ mm 的低碳钢板冲片叠成。绝大多数直流电机的主磁极是由直流电流来励磁的,所以主磁极装有励磁绕组。图 3 - 3 所示为主磁极装配图。

(3)换向极。换向极的作用是改善电机的换向性能。换向极由换向极铁芯和换向极绕组构成,如图 3 - 4 所示。中小型电机的换向极由整块钢制成,而大型电机的换向极则做成钢板叠片磁极。换向极应装在电机两主极间的几何中性线上,换向极绕组应与电枢绕组串联。

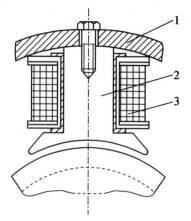

1—固定主磁极丝;2—主磁极铁芯;3—励磁绕组

图 3 - 3　主磁极装配图

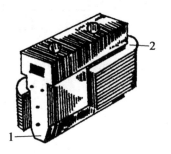

1—换向极铁芯;2—换向极绕组

图 3 - 4　换向极

（4）电刷装置。电刷装置就是安装、固定电刷的机构,如图 3 - 5 所示。电刷装置通常固定在电机的端盖、轴承内盖或者机座上。

2. 转子

直流电机转子常称为电枢,主要由电枢铁芯、电枢绕组、换向器和转轴等部件构成。

（1）电枢铁芯。电枢铁芯一方面用来嵌放电枢绕组,另一方面构成主磁路闭合路径。当电枢旋转时,铁芯中磁通方向发生变化,会产生涡流与磁滞损耗。为了减少这部分损耗,通常用 0.35 ~ 0.5 mm 厚的硅钢片经冲剪叠压而制成电枢铁芯。电枢铁芯外圆上有均匀分布的槽,以嵌放电枢绕组。

（2）电枢绕组。电枢绕组的作用是产生感应电动势和电磁转矩,从而实现机、电能量转换。它是直流电机的重要部件。电枢绕组由许多用绝缘导线绕制的电枢线圈组成,各电枢线圈分别嵌在不同的电枢铁芯槽内,两端按一定规律通过换向片构成闭合回路。

（3）换向器。换向器是直流电机的关键部件,它与电刷配合,在发电机中,能使电枢线圈中的交变电动势转换成电刷间的直流电动势;在电动机中,将外面通入电刷的直流电流转换成电枢线圈中所需的交变电流。换向器的种类很多,这主要与电机的容量与转速有关。在中小型直流电机中最常用的是拱形换向器,其结构如图 3 - 6 所示。它主要由许多燕尾形的铜质换向片与片间云母片排列成形,再由套筒、螺母等紧固而成。

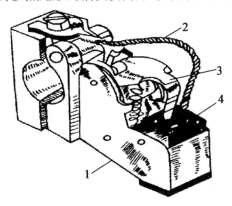

1—刷握;2—铜丝软线;3—压紧弹簧;4—电刷

图 3 - 5　电刷装置

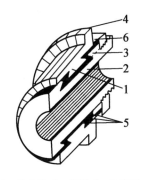

1—换向片;2—套筒;3—V 形环;
4—片间云母;5—云母;6—螺母

图 3 - 6　换向器的结构

3.1.2　直流电机的基本工作原理

1. 直流电动机的基本工作原理

直流电动机的工作原理基于电磁力定律,可以用一个简单的模型来说明。图 3 - 7所示为最简单的直流电动机模型,直流电动机运行时,将直流电源分别加于电刷 A 和 B。其中 N 和 S 是一对固定的磁极,可以是电磁铁,也可以是永久磁铁,磁极之间有一个可以转动的金属圆柱体,称为电枢铁芯。

　　电枢铁芯表面固定一个用绝缘导体构成的电枢线圈,电枢线圈两端分别接到相互绝缘的两个弧形铜片上,弧形铜片称为换向片,它们的组合体称为换向器,换向器是和转轴一起转动的,在换向器上放置固定不动而与换向片滑动接触的电刷 A 和 B,线圈通过换向器和电刷接通外电路。电枢铁芯、电枢线圈和换向器构成的整体称为电枢。

　　如图 3 - 7(a)所示,将电源正极加于电刷 A,电源负极加于电刷 B,则线圈中流过电流。在导体 ab 中,电流由 a 流向 b;在导体 cd 中,电流由 c 流向 d。载流导体 ab 和 cd 均处于 N、S 极之间的磁场中,受到电磁力的作用,电磁力的方向用左手定则确定,可知这一对电磁力形成一个转矩,称为电磁转矩,电磁转矩的方向为逆时针方向,使整个电枢逆时针方向旋转。当电枢旋转时,导体 cd 转到 N 极下,导体 ab 转到 S 极下,如图 3 - 7(b)所示。由于电流仍从电刷 A 流入,从电刷 B 流出,因此 cd 中的电流变为由 d 流向 c,而 ab 中的电流变为由 b 流向 a,用左手定则判别可知,电磁转矩的方向仍是逆时针方向。

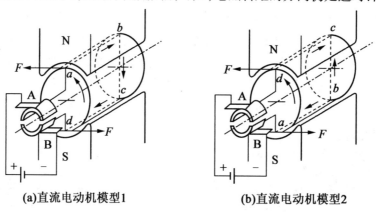

(a)直流电动机模型1　　　　　　　　　　(b)直流电动机模型2

图 3 - 7　最简单的直流电动机模型

　　由此可见,加于直流电动机的直流电源,借助于换向器和电刷的作用,使直流电动机电枢线圈中流过电流的方向是交变的,从而使电枢产生的电磁转矩的方向恒定不变,确保直流电动机朝确定的方向连续旋转。

　　2. 直流发电机的基本工作原理

　　直流发电机模型(图 3 - 8)与直流电动机模型相同,不同的是电刷上不加直流电压,而是用原动机拖动电枢朝某一方向,沿逆时针方向旋转。此时导体 ab 和 cd 分别切割 N 极和 S 极下的磁感线,产生感应电动势,电动势的方向用右手定则确定。

　　在图 3 - 8 中,导体 ab 中电动势的方向由 b 指向 a,导体 cd 中电动势的方向由 d 指向 c,以电刷 A 为正极性,电刷 B 为负极性。电枢旋转时导体转至 N 极下,感应电动势的方向由 c 指向 d,电刷 A 与所连接换向片接触,为正极性;导体转至 S 极下,感应电动势的方向变为由 a 指向 b,电刷 B 与 a 所连接换向片接触,仍为负极性。

　　可见,直流发电机电枢线圈中感应电动势的方向是交变的,而通过换向器和电刷的作用,在电刷 A 和 B 两端输出的电动势是方向不变的直流电动势。若在电刷 A 和 B 之间接上负载(如灯泡),发电机就能向负载供给直流电能(灯泡会发亮)。

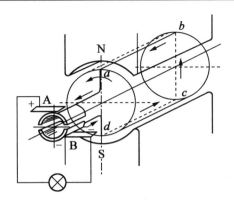

图 3-8　直流发电机模型

将直流电源加于电刷,输入电能,将电能转换为机械能,做电动机运行;用原动机拖动直流电机的电枢旋转,输入机械能,将机械能转换为直流电能,从电刷上引出直流电动势,做发电机运行。同一台电机,既能作为电动机运行,又能作为发电机运行的原理,称为电机的可逆原理。但是在设计电机时,需考虑两者运行的特点有一些差别。例如,如果做发电机用,则同一电压等级下发电机比电动机的额定电压值稍高,以补偿从电源至负载沿路的损失。

3.1.3　直流电机的励磁方式

主磁极励磁绕组中通以直流励磁电流产生的磁通势称为励磁磁通势,励磁磁通势产生的磁场称为励磁磁场,又称为主磁场。励磁绕组的供电方式称为励磁方式,按励磁方式可以分为他励、并励、串励和复励直流电机。不同励磁方式的直流电机有很大差异,图 3-9 所示为直流电机各励磁方式的接线图。

1. 他励直流电机

他励式直流电机的励磁绕组和电枢绕组分别由两个不同的电源供电,这两个电源的电压可以相同,也可以不同,其接线图如图 3-9(a)所示。

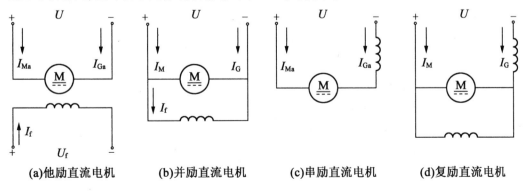

(a)他励直流电机　　　(b)并励直流电机　　　(c)串励直流电机　　　(d)复励直流电机

图 3-9　直流电机各励磁方式的接线图

2. 并励直流电机

并励直流电机的励磁绕组与电枢绕组并联,其励磁回路上所加的电压就是电枢电路两端的电压,如图3-9(b)所示。并励、串励、复励发电机均属于由发电机本身供给励磁电流的自励发电机。并励直流电机的特性与他励直流电机的特性基本相同,但节省了一个电源,并励直流电机一般用于恒压系统,中小型直流电机多为并励直流电机。

3. 串励直流电机

串励直流电机是将励磁绕组和电枢绕组串联起来,如图3-9(c)所示。串励直流电机具有很大的启动转矩,但其机械特性很软,且空载时有极高的转速,串励直流电机不允许空载或轻载运行。串励直流电机常用于要求很大启动转矩且转速允许有较大变化的负载,如电瓶车、起货机、起锚机、电车、电传动机车等。

4. 复励直流电机

复励直流电机的主磁极上装有两个励磁绕组,一个励磁绕组与电枢绕组并联,另一个励磁绕组与电枢绕组串联,如图3-9(d)所示。若串励绕组产生的磁通势与并励绕组产生的磁通势方向相同,则称为积复励;若这两个磁通势方向相反,则称为差复励。积复励直流电机具有较大的启动转矩,其机械特性较软,介于并励直流电机、串励直流电机之间;多用于要求启动转矩较大,转速变化不大的负载,如拖动空气压缩机、冶金辅助传动机械等。差复励直流电机启动转矩小,但其机械特性较硬,有时还可能出现上翘特性;一般用于启动转矩小,而要求转速平稳的小型恒压驱动系统中。复励直流电机不能用于可逆驱动系统中。

3.1.4 直流电机的基本方程

1. 直流电动机的基本方程

图3-10所示为他励直流电动机示意图。接通直流电源 U 时,励磁绕组中流过励磁电流 I_f,建立主磁场,电枢绕组流过电枢电流 I_a,一方面形成电枢磁动势 F_a,通过电枢反应使气隙磁场发生改变;另一方面使电枢元件导体中流过支路电流 i_a,与气隙合成磁场作用产生电磁转矩 T_{em},使电枢朝 T_{em} 方向以 n 转速旋转。

电枢旋转时,电枢导体又切割气隙合成磁场,产生电枢电动势 E_a。在电动机中,此电动势的方向与电枢电流的方向相反,称为反电动势。当电动机稳态运行时,有几个平衡关系,分别用方程式表示如下。

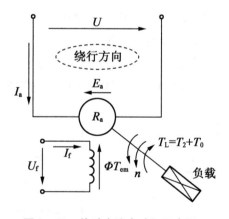

图3-10　他励直流电动机示意图

(1)电压平衡方程式。

图3-10中用电动机所设各量的正方向,用基尔霍夫电压定律可以列出电压平衡方

程式为

$$U = E_a + I_a R_a \qquad (3-1)$$

式中　R_a——电枢回路电阻,其中包括电刷和换向器之间的接触电阻。

（2）转矩平衡方程式。

稳态运行时,作用在电动机轴上的转矩有 3 个:①电磁转矩,方向与转速相同,为拖动转矩;②电动机空载损耗转矩 T_0,是电动机空载运行时的制动转矩,方向总与转速 n 相反;③轴上所带生产机械的转矩 T_2,一般为制动转矩。稳态运行时的拖动转矩等于总的制动转矩,转矩平衡关系式为

$$T_{em} = T_2 + T_0 \qquad (3-2)$$

（3）功率平衡方程式为

$$P_1 = P_{em} + P_{Cua} \qquad (3-3)$$

式中　P_1——电动机从电源输入的电功率,$P_1 = UI_a$,kW;

　　　P_{em}——电磁功率,$P_{em} = E_a I_a$,kW;

　　　P_{Cua}——电枢回路的铜损耗,$P_{Cua} = I_{a2} R_a$,kW。

（4）电磁功率为

$$P_{em} = E_a I_a = \frac{PN}{2\pi a} \Phi I_a \frac{2\pi n}{60} = T_{em}\Omega \qquad (3-4)$$

式中　Ω——电动机的机械角速度,$\Omega = \dfrac{2\pi n}{60}$,rad/s。

将式（3-4）两边乘机械角速度,则可写成

$$T_{em}\Omega = T_2\Omega + T_0\Omega \qquad (3-5)$$

式中　$T_{em}\Omega$——电磁功率,$T_{em}\Omega = P_{em}$,kW;

　　　$T_2\Omega$——轴上输出的机械功率,$T_2\Omega = P_2$,kW;

　　　$T_0\Omega$——空载损耗,包括机械损耗和铁损耗,$T_0\Omega = P_0$,kW。

由式（3-3）和式（3-5）可以作出他励直流电动机功率流程图,如图 3-11 所示。

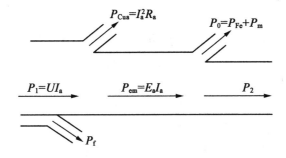

图 3-11　他励直流电动机功率流程图

他励直流电动机的功率平衡方程式为

$$P_1 = P_2 + P_{Cua} + P_{Fe} + P_m = P_2 + \sum P \qquad (3-6)$$

他励直流电动机的总损耗为

$$\sum P = P_{Cua} + P_{Fe} + P_{m} \tag{3-7}$$

2. 直流发电机的基本方程

（1）平衡方程式。如图 3-10 所示，假定发电机电枢在原动机拖动下，按逆时针方向旋转，n 是电枢转速，T_1 是原动机的拖动转矩，T 是电枢的电磁转矩，T_0 是空载转矩，E_a 是电枢感应电动势。U 是发电机接负载时输出的端电压，I_a 是电枢电流，U_f、I_f 分别是励磁绕组的励磁电压和励磁电流，Φ 是励磁绕组提供的主磁通。

按照图示各电量给定的正方向，可以写出直流发电机在稳态运行时的电枢回路方程式为

$$E_a = U + I_a R_a \tag{3-8}$$

式中　R_a——电枢回路总的等效电阻，其中包括电枢绕组电阻、电刷接触电阻等。

电枢电动势为

$$E_a = C_e \Phi n \tag{3-9}$$

式中　C_e——与电动机结构有关的常数

当发电机不接负载 R_L 时，$I_a = 0$、$E_a = U$；当发电机接上负载时，电枢回路就有电流 I_a，这时电枢会产生电磁转矩 T。按左手定则判定，T 与拖动转矩 T_1 方向相反，是制动转矩，即

$$T = C_t \Phi I_a \tag{3-10}$$

式中　C_t——与电动机结构有关的常数，$C_t = 9.55 C_e$。

事实上，发电机在实际工作中，机械损耗及电枢铁损等也看作是制动转矩，通常称为空载转矩 T_0。这样，转矩的关系式为

$$T_1 = T + T_0 \tag{3-11}$$

励磁回路的电流为

$$I_f = \frac{U_f}{R_f} \tag{3-12}$$

（2）他励直流发电机的功率关系。把电压方程式（3-1）两边都乘 I_a，得到

$$E_a I_a = U I_a + I_a^2 R_a \tag{3-13}$$

可以写为

$$P_{em} = P_2 + P_{Cua} \tag{3-14}$$

式中　P_{em}——直流发电机的电磁功率，$P_{em} = E_a I_a$，kW；

　　　P_2——发电机输给负载的电功率，$P_2 = U I_a$，kW；

　　　P_{Cua}——发电机电枢回路所有绕组的总铜损耗，包括接触电刷的总电损耗，$P_{Cua} = I_a^2 R_a$，kW。

把转矩方程式（3-11）两边乘角速度 Ω，则有

$$T_1 \Omega = T \Omega + T_0 \Omega \tag{3-15}$$

或者写为

$$P_1 = P_{em} + P_0 \qquad\qquad (3-16)$$

式中　P_1——原动机输给发电机的机械功率,$P_1 = T_1\Omega, kW$;

　　　P_{em}——发电机的电磁功率,$P_{em} = T\Omega, kW$;

　　　P_0——发电机空载损耗功率,$P_0 = T_0\Omega = P_m + P_{Fe}, kW$。

根据式(3-13)、式(3-15)可得

$$P_1 = P_{em} + P_0 = P_2 + P_{Cua} + P_m + P_{Fe} \qquad\qquad (3-17)$$

由式(3-17)可画出他励直流发电机功率流程图如图 3-12 所示。

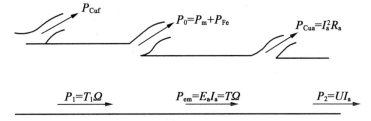

图 3-12　他励直流发电机功率流程图

P_{Cuf} 为励磁功率,他励直流发电机由其他直流电源供给;若为并励直流发电机,则应由并励发电机本身提供。所以,总损耗应为

$$\sum P = P_{Cuf} + P_m + P_{Fe} + P_{Cua} + P_s \qquad\qquad (3-18)$$

其中,前几项损耗中没有考虑到的杂散损耗,也称附加损耗 P_s,通常取 $P_s = 0.005 P_N$。

发电机效率 η 为

$$\eta = \frac{P_2}{P_1} = 1 - \frac{\sum P}{P_2 + \sum P} \qquad\qquad (3-19)$$

额定负载时直流发电机的效率与电机的容量有关。10 kW 以下的电机,η 为 75% ~ 85%;10 kW 以上的电机,η 为 85% ~ 90%;100 ~ 1 000 kW 的电机,η 为 88% ~ 93%。但效率高的电机,相应制造所消耗的材料也更多。

3.2　直流电动机的工作特性和机械特性

3.2.1　直流电动机的工作特性

他励直流电动机的工作特性可以通过实验测得,其接线图如图 3-13 所示,其工作特性如图 3-14 所示。

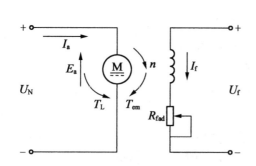

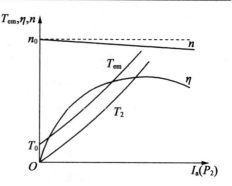

图 3 – 13　他励直流电动机接线图　　　　图 3 – 14　他励直流电动机的工作特性

1. 转速特性

转速特性是当 $U = U_N$、$I_f = I_{fN}$ 时，$n = f(I_a)$ 的关系曲线。把电动势平衡方程式 $U = E_a + I_a R_a$ 中的 E_a 用公式 $E_a = C_e \Phi n$ 代入，解出转速为

$$n = \frac{U_N}{C_e \Phi} - \frac{R_a}{C_e \Phi} I_a \qquad (3 - 20)$$

式(3 – 20)即为他励直流电动机的转速公式，如果忽略电枢反应的去磁作用，则 Φ 与 I_a 无关，是一个常数，式(3 – 20)可写为直线方程，即

$$n = n_0 - k I_a \qquad (3 - 21)$$

显然，转速特性曲线 $n = f(I_a)$ 是一条向下倾斜的直线，其斜率为 k。实际上直流电动机的磁路总是设计得比较饱和，当电动机的输出功率 P_2 增加，电枢电流 I_a 相应增加时，他励直流电动机具有略微下降的特性，如图 3 – 14 中曲线 n 所示。

2. 转矩特性

转矩特性是当 $U = U_N$、$I_f = I_{fN}$ 时，$T_{em} = f(I_a)$ 的关系曲线。

由图 3 – 14 可见，当负载 P_2 增大时，他励直流电动机的转速特性是一条略为下降的直线，也就是说，P_2 变化时转速 n 基本不变。由此可得其空载转矩 T_0 在 P_2 变化时也基本不变，而 $T_2 = P_2 / \Omega = P_2 / (2\pi n / 20)$，当 n 基本不变时 T_2 与 P_2 成正比，是一条过原点的直线。

3. 效率特性

效率特性是当 $U = U_N$、$I_f = I_{fN}$ 时，$\eta = f(I_a)$ 的关系曲线。直流电动机的效率是指输出功率与输入功率之比的百分数，他励直流电动机的效率为

$$\eta = \frac{P_2}{P_1} \qquad (3 - 22)$$

3.2.2　直流电动机的机械特性

机械特性是指当电源电压 U 为常数，励磁电流 I_f 为常数以及电动机电枢回路电阻也为常数时，电动机的电磁转矩 T 与转速 n 之间的关系。机械特性是直流电动机的重要特性，用来描述直流电动机有负载时的运行性能。现以他励直流电动机机械特性进行说

明。

由电路原理公式,推导出

$$n = \frac{U}{C_e \Phi} - \frac{R_a}{C_e C_t \Phi^2} T \qquad (3-23)$$

可得

$$n = n_0 - kT = n_0 - \Delta n \qquad (3-24)$$

式中　n_0——理想空载转速;

　　　k——机械特性的斜率;

　　　Δn——转速降,$\Delta n = kT$。

n_0 为理想空载转速,而 Δn 反映负载对转速的影响,是负载引起的转速误差。

图 3-15 所示为他励直流电动机的电路原理图,图 3-16 所示为他励直流电动机的机械特性。

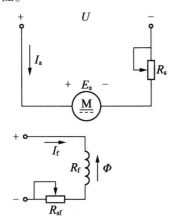

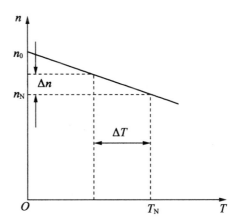

图 3-15　他励直流电动机的电路原理图　　　**图 3-16　他励直流电动机的机械特性**

从图 3-16 中可以看出,实际空载转速的斜线与理想空载转速 n_0 存在着联系,斜率 k 越小,特性越平,称为硬特性;反之称为软特性。机械特性硬度为

$$\beta = dT/dn = \Delta T/\Delta n \qquad (3-25)$$

对于电动机,绝对硬度时有 $\beta \to \infty$,硬特性时有 $\beta \geq 10$,软特性时有 $\beta < 10$。

机械特性分固有机械特性和人为机械特性,其中固有机械特性表示在额定条件下 n 与 T 的关系,人为机械特性则表示人为改变参数时得到的机械特性,如改变 U、串联电阻 R 等。

1. 他励直流电动机的固有机械特性

$U = U_N$、$\Phi = \Phi_N$,电枢回路没有串联电阻时的机械特性,称为固有机械特性。

此时,电枢电压、励磁磁通为额定值且电枢回路不外串电阻时的机械特性。机械特性斜率很小,他励直流电动机的固有机械特性是硬特性,如图 3-16 所示。通常额定转速降 n_N 只有额定转速的百分之几到百分之十几。

2. 他励直流电动机的人为机械特性

如果人为地改变电枢回路串入的电阻、电枢电压和励磁电流 I_f 中任意一个量的大小,而保持其余的量不变,这时得到的机械特性称为人为机械特性。

(1)电枢回路中串接附加电阻的人为机械特性。

电枢串电阻的人为机械特性为

$$n = \frac{U}{C_e \Phi} - \frac{R_a + R_s}{C_e C_t \Phi^2} T \tag{3-26}$$

此时,空载转速 n_0 不变;转速降 Δn 变大了,电枢串电阻的人为机械特性电路图和曲线如图 3-17 和图 3-18 所示,特性变软。

(2)改变电枢电压的人为机械特性。

改变电枢电压(U)时,n_0 受电压变化而改变,而 Δn 则因与电压无关所以不变,改变电枢电压的人为机械特性曲线如图 3-19 所示。

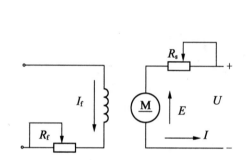

图 3-17 电枢串电阻的人为机械特性电路图

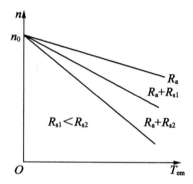

图 3-18 电枢串电阻的人为机械特性曲线

电动机运行时,通常以额定工作电压 $U = U_N$ 为上限。因此,电枢电压 U 只能在小于 U_N 的范围内改变。改变电枢电压 U 的人为机械特性有如下特点。

①理想空载转速 n_0 与电枢电压成正比。

②特性斜率 k 与固有特性相同,是一簇低于固有机械特性并与之平行的直线。

③当负载转矩保持不变,降低电枢电压时,电动机的稳定转速随之降低。

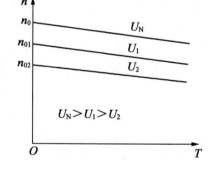

图 3-19 改变电枢电压的人为机械特性曲线

(3)减小励磁磁通时的人为机械特性。

保持电枢电压 $U = U_N$ 不变,改变励磁电路中的电流 I_f(一般是增大励磁电路中的串联调节电阻 R_f 以减小 I_f,可使磁通 Φ 减弱),并在 $I_f < I_{fN}$,也就是在 $\Phi < \Phi_N$ 范围内调节。

与固有机械特性比较,减小 Φ 时的人为机械特性有特点如下。

①理想空载转速 n_0 与 Φ 成反比,Φ 减小,n_0 升高。

②特性斜率 k 与 Φ^2 成反比, Φ 减小, k 增大。

③减小 Φ 的人为机械特性是一簇随 Φ 减小, 理想空载转速升高, 同时特性斜率也变大的直线, 减小励磁磁通时的人为机械特性曲线如图 3 – 20 所示。

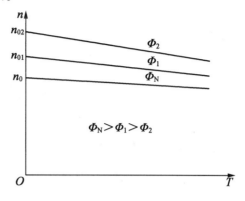

图 3 – 20　减小励磁磁通时的人为机械特性曲线

应注意在设计时, 为了节省铁磁材料, 电动机在正常运行时磁路已接近饱和, 所以要改变磁通, 只能是减弱磁通, 因此对应的人为机械特性在固有特性的上方。

磁通过分削弱后, 在输出转矩一定的条件下, 电动机电流将大大增加从而会导致严重过载。另外, 若处于严重弱磁状态, 则电动机的速度会上升到机械强度不允许的数值, 俗称"飞车"。因此, 他励直流电动机在启动和运行过程中, 决不允许励磁电路断开或励磁电流为零, 为此他励直流电动机通常设有"失磁"保护。

3.2.3　机械特性的计算与绘制

在设计电动机拖动系统时, 首先应知道所选择的电动机的机械特性 $n = f(T)$。但电动机产品目录及铭牌中并没有直接给出机械特性的数据。利用电动机铭牌上提供的额定功率 P_N、额定电压 U_N、额定电流 I_N、额定转速 n_N 等来进行机械特性曲线的计算与绘制。前述可知, 固有机械特性是一条斜直线。如果能知道两个特殊点, 即理想空载点 (n_0, T_0) 和额定工作点 (n_N, T_N), 将两点连成直线即为固有机械特性。

首先根据已知数据估算电枢回路等效电阻 R_a, 估算的依据是对于在额定条件下运行的电动机, 其电枢铜耗为 $I_N^2 R_a$ 等于全部损耗 $\sum \Delta P_N$ 的 1/2 ~ 3/4, 即

$$全部损耗 = 输入功率 - 输出功率$$

$$\sum \Delta P_N = U_N I_N - P_N$$

$$I_N^2 R_a = \left(\frac{1}{2} \sim \frac{3}{4}\right)(U_N I_N - P_N)$$

$$R_a = \left(\frac{1}{2} \sim \frac{3}{4}\right)\frac{(U_N I_N - P_N)}{I_N^2} \qquad (3 – 27)$$

其次计算

$$C_e \Phi_N = \frac{U_N - I_N R_a}{n_N} \qquad (3 – 28)$$

然后求空载点, 此时有

$$T_0 = 0, \quad n_0 = \frac{U_N}{C_e \Phi}$$

最后求额定点, 此时有

$$T_{\mathrm{N}} = 9\,550\frac{P_{\mathrm{N}}}{n_{\mathrm{N}}}$$

根据求出的$(n_0 、 T_0)$、$(n_{\mathrm{N}} , T_{\mathrm{N}})$)绘制固有机械特性曲线。

3.3　他励直流电动机的启动特性

直流电动机接通电源之后,转速从零到接近额定转速的过程称为启动。启动要求时间短、损耗小、设备简单、经济和可靠。他励直流电动机启动方法有直接启动、减压启动和逐级切除电阻启动三种。

(1)直接启动。

直接启动是在电动机电枢上直接加以额定电压的启动方式。启动前先接通励磁回路,然后接通电枢回路。启动开始瞬间,由于机械惯性,电动机转速 $n = 0$,反电动势 $E_{\mathrm{a}} = 0$。

启动电流 $I_{\mathrm{st}} = U_{\mathrm{N}}/R_{\mathrm{a}}$,由于电枢电阻 R_{a} 的数值很小,I_{st}很大,可达$(10 \sim 20)I_{\mathrm{N}}$,这样大的启动电流对电动机绕组的冲击和对电网的影响均很大。因而,除了小容量的直流电动机可采用直接启动外,中、大容量的电动机不能直接启动。

(2)减压启动。

减压启动是在启动瞬间把加于电枢两端的电源电压降低,以减少启动电流 I_{st} 的启动方法。为了获得足够的启动转矩 T_{st},一般将启动电流限制在$(2 \sim 2.5)I_{\mathrm{N}}$ 以内,因此在启动时,把电源电压降低为 $U = (2 \sim 2.5)I_{\mathrm{N}}R_{\mathrm{a}}$。随着转速 n 的上升,电枢电动势 E_{a} 逐渐增大,电枢电流 I_{a} 相应减小。此时,再将电源电压不断升高,直至电压升到 $U = U_{\mathrm{N}}$,电动机进入稳定运行状态。减压启动特性曲线如图 3 – 21 所示。其中负载转矩 T_{L} 作为已知,最后到达稳定运行点 A。平滑地增加电源电压,使电枢电流始终在最大值上,电动机将以最大加速度启动。故该启动方法可恒加速启动,使启动过程处于最优运行状态,但需要一套调节直流电源设备,因此投资较大。

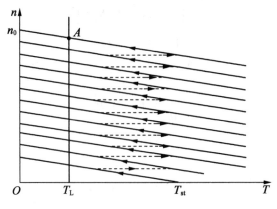

图 3 – 21　减压启动特性曲线

（3）逐级切除电阻启动。

如果传动系统未采用调压调速，为了减少初期投资，保持启动过程的平稳性，可采用逐级切除电阻的启动方法来限制启动电流。启动时串接适当的电阻，将启动电流限制在容许范围内，随着启动过程的进行，逐级地切除电阻，以加快启动过程的完成。最后可在所需的转速上稳定运行。分段切除电阻可用手动及自动控制的方法。

以三段启动电阻为例。电阻的切除由接触器来控制，电动机带一恒定转矩的负载。逐级切除电阻启动的电路原理图及机械特性曲线如图 3 − 22 所示。

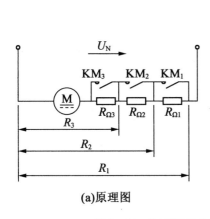
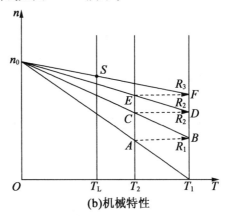

(a)原理图　　　　**(b)机械特性**

图 3 − 22　逐级切除电阻启动的电路原理图及机械特性曲线

在启动的初始瞬间，为了限制启动电流，又要求系统有较高的加速度，应将所有电阻均串入，即

$$R_1 = R_{\Omega 1} + R_{\Omega 2} + R_{\Omega 3} + R_a$$

最大启动转矩 T_1 或启动电流应选择电动机的最大允许值，一般为额定电流的1.8 ~ 2.5 倍，如果从其他工艺条件出发，主要是加速度的要求，最大值 T_1 或 I_1 应按工艺要求来选。要求平滑启动时，最大值可选小一些，但最大电流应满足

$$I_1 = U_N / R_1 = U_N / (R_{\Omega 1} + R_{\Omega 2} + R_{\Omega 3} + R_a)$$

随着转速的升高，反电动势增加，电枢电流减小，电动机输出转矩减小，到了 A 点，电动机的动态加速度转矩已经很小，速度上升缓慢，为此可切除启动电阻 $R_{\Omega 1}$，使电枢电流增加，加快启动过程的完成。

以加快启动为前提，同时兼顾电动机最大允许电流，一般 $R_{\Omega 1}$ 的大小应选为切除瞬间电枢电流或转矩仍为最大值。由于机械惯性，切除瞬间转速来不及变化，则有

$$I_1 = (U_N - E_a) / R_2$$

式中　$R_2 = R_{\Omega 2} + R_{\Omega 3} + R_a$。

机械特性曲线将跳到由 R_2 这个参数所决定的人为特性上。

切换转矩或电流的大小将决定 A 点转速的高低，如果 T_2 过小，则动态电流小，启动过程缓慢；如果 T_2 过大，虽然动态平均电流增加，启动所需时间短，但启动电阻段数增加，启

动设备将变得复杂。一般无特殊要求时,转矩切换值在快速值与经济值之间进行折中,通常 $T_2 = (1.1 \sim 1.3)T_L$。

每一级电阻都在最大值与切换值之间变化。切除全部电阻后,电动机可在固有特性上加速到稳定,整个启动过程完成。

3.4　他励直流电动机的调速特性

在现代工业生产中,以直流电动机为原动机的电力拖动系统是当前实现生产机械调速运行要求的主要系统。通过人为地改变电动机的参数,使电力拖动系统运行于不同的机械特性上,从而在相同负载下,得到不同的运行速度,即称为调速;但是电气传动系统由于负载变化等其他因素引起的速度变化,不属于调速范畴。

他励直流电动机随着电气参数的变化有三种不同的人为特性。

(1)电枢回路串接电阻调速。保持电枢电压 $U = U_N$ 和 $\Phi = \Phi_N$ 不变。当改变电枢回路串联的电阻 R 时,电动机将运行于不同的转速。当负载转矩恒定为 T_L 时,电枢回路串接电阻调速特性曲线如图 3-23 所示。

当 $R = 0$(没串电阻 R)时,电动机稳定运行于固有机械特性与负载特性的交点 A,此时转速为 n_1;当串入 $R = R_1$ 后,因电动机惯性使转速不能跃变,仍为 n_1,但工作点却从 A 点移到人为机械特性的 B 点。此时,电枢电流 I_a 和电磁转矩 T 减小。

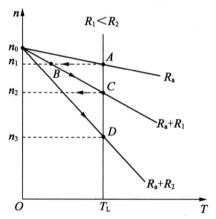

图 3-23　电枢回路串接电阻调速特性曲线

当 $T = T_L$ 时,系统将减速,n 下降,E_a 下降,I_a 随之增加,T 又增加,直到 C 点,使 $T = T_L$,稳定运行于 n_2,此时 $n_2 < n_1$。若串联电阻 R 改变为 $R_2(R_2 > R_1)$,过程同上,只是工作点稳定于 D 点,对应转速为 n_3。

由上述串接电阻调速分析可知:

①$R = 0$ 时,电动机运行于固有机械特性的基上,基速是指运行于固有机械特性上的转速。随着串接电阻 R 值的增大,转速降低。但这种调速方法是从基速向下调。

②串接电阻调速时,如果负载为恒转矩的,电动机运行于不同的转速 n_1、n_2 和 n_3 时,电动机的电枢电流 I_a 是不变的。这是因为电磁转矩为 $T = C_t \Phi I_a$。稳定运行时 $T = T_L$,则电枢电流为

$$I_a = \frac{T}{C_t \Phi_N} = \frac{T_L}{C_t \Phi_N} \tag{3-29}$$

此时 T_L 为常数,I_a 为常数,$T_L = T_N$,$I_a = I_N$,I_a 与转速无关。

③串接电阻调速时,由于 R 上流过很大的电枢电流 I_a,R 上将有较大的损耗,转速 n 越低,损耗越大。

④串接电阻调速时,电动机工作于一组机械特性上,各条特性经过相同的理想空载点 n_0,而斜率不同。R 越大,斜率越大,特性越软,转速降 Δn 越大,电动机在低速运行时稳定性变差。串电阻调速多采用分级式,一般最大为六级。只适用于对调速性能要求不高的中、小电动机,大容量电动机不宜采用。

(2)降低电源电压调速。保持他励直流电动机励磁磁通为额定值不变,电枢回路不串接电阻 R,降低电枢电压 U 为不同值,可得到一簇与固有特性平行的且低于固有机械特性的人为机械特性曲线,降低电源电压调速特性曲线如图 3-24 所示。

如果负载为恒转矩 T_L,当电源电压为额定值 U_N 时,电动机运行于固有机械特性的 A 点,对应的转速为 n_1。当电压降到 U_1 后,工作点变到 A_1,转速为 n_2。电压降至 U_2,工作点为 A_2,转速为 $n_3\cdots$。随着电枢电压的降低,转速也相应降低,调速方向也从基速向下调。

从图 3-24 可见,降低电源电压,电动机的机械特性斜率不变,即硬度不变。与串接电阻调速比较,降低电源电压调速在低速范围运行时转速稳定性要好得多,调速范围相应地也大一些。降低电源电压调速时,对于恒转矩负载,电动机运行于不同转速时,电动机的电枢电流 I_a 仍是不变的。这是因为电磁转矩 $T = C_t\Phi I_a$,而稳定运行时 $T = T_L$,电枢电流 $I_a = T_L/C_t\Phi_N$,I_a 同样与 n 无关。

另外,当电源电压连续变化时,转速也连续变化,是属于无级调速的情况,与电枢串电阻调速比较,调速的平滑性要好得多。因此,在直流电力拖动自动控制系统中,降低电源电压从基速下调的调速方法,得到了广泛的应用。

(3)弱磁调速。不论电动机在什么转速上运行,电动机的转速与转矩必须服从

$$n = \frac{U_N}{C_e\Phi} - \frac{R_a}{C_e\Phi}I_a \tag{3-30}$$

$$T = C_t\Phi I_a = 9.55 C_e\Phi I_a \tag{3-31}$$

弱磁调速特性曲线如图 3-25 所示。

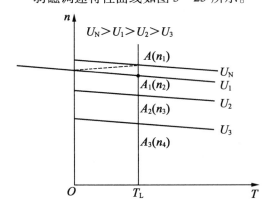

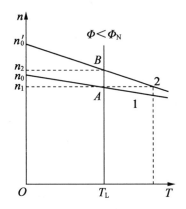

图 3-24　降低电源电压调速特性曲线　　　　图 3-25　弱磁调速特性曲线

因此,电动机的电磁功率为

$$P_e = T\Omega = 9.55C_e\Phi I_a \times \frac{2\pi}{60}\left(\frac{U_N}{C_e\Phi} - \frac{R_a}{C_e\Phi}I_a\right) = U_N I_a - I_a^2 R_a \qquad (3-32)$$

如果电动机拖动恒功率负载,则电磁功率为常数,电枢电流为常数。

弱磁调速有如下特点。

①他励(或并励)直流电动机在正常运行情况下,励磁电流 I_f 远小于电枢电流 I_a。因此,励磁回路所串接的调节电阻的损耗要小得多,而且由于励磁回路电阻的容量很小,控制方便,可借助于连续调节 R_f 值,实现基速上调的无级调速。这种调速方法常与调压调速配合使用,扩大系统的调速范围。

②弱磁升速的转速调节,由于电动机转速最大值受换向能力和机械强度的限制,因此转速不能过高。一般按 $(1.2 \sim 1.5)n_N$ 设计,特殊电动机设计为 $(3 \sim 4)n_N$。

3.5　他励直流电动机的制动特性

在实际生产中,有时需要快速停车,或由高速状态向低速状态过渡,为了吸收轴上多余的机械能,往往希望电动机产生一个与实际旋转方向相反的制动转矩,这时电动机将轴上的机械能转换为电能,回馈电网或消耗在电动机内部,电动机的这种运行状态称为制动状态。

制动状态下电动机转矩 T 的方向与转速 n 的方向相反,电磁转矩是制动性阻转矩,此时电动机吸收机械能并转换为电能。其机械特性曲线位于 $n-T$ 平面第二、四象限内。他励直流电动机的制动包括能耗制动、反接制动和回馈制动,回馈制动也称反馈制动。

3.5.1　能耗制动

1. 能耗制动工作原理

一台原运行于正转电动状态的他励直流电动机,其能耗制动原理图如图 3-26 所示。现将电动机从电源上拉开,开关 Q 接向电阻 R(此时 $U = 0$)。

由于机械惯性,电动机仍朝原方向旋转,电枢反电动势方向不变,但电枢电流 $I_a = (0 - E_a)/(R_a + R) < 0$,方向发生了变化,则转矩的方向跟随着变化,电动机产生的转矩与实际旋转方向相反,为制动转矩,这时电动机运行于能耗制动状态,由工作点 A 跳变到第二象限 B 点。若电动机带动一摩擦性恒转矩负载运行,则系统在负载转

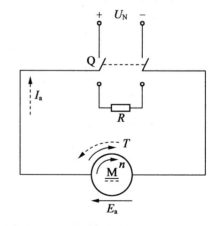

图 3-26　他励直流电动机能耗制动原理图

矩和电动机的制动转矩共同作用下,迅速减速,直至电动机的转速为零,反电动势、电枢电流、电磁转矩均为零,系统停止不动(图3-27);若系统拖动一位能性恒转矩负载运行,当转速制动到零时,在负载转矩的作用下,电动机反向启动,但电枢电流也反向,对应的转矩仍为一制动转矩,至 C 点系统进入新的稳定运行状态(图3-28)。

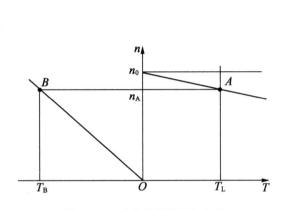

图3-27　带摩擦性恒转矩负载

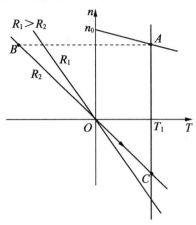

图3-28　带位能性恒转矩负载时能耗制动机械特性

　　能耗制动过程中,电机变成了一台与电网无关的发电机,它把轴上多余的机械能转换为电能,消耗在电枢回路电阻上。

　　2. 能耗制动状态的能量关系及机械特性

　　以正转电动状态电流方向为正方向,则在能耗制动状态下,电枢回路电压平衡方程式为

$$E_a = -I_a(R_a + R) \tag{3-33}$$

　　因能耗制动下电枢电流的方向与电动状态相反,将式(3-33)两边同时乘 $-I_a$,得出能耗制动状态下的能量平衡关系为

$$-I_a E_a = I_a^2(R_a + R) \tag{3-34}$$

　　与电动状态相比较,$-I_a E_a$ 表示从轴上输入的机械功率(即系统的动能),转换成电能后,消耗在电枢回路电阻上,使系统快速减速,称这种方法为能耗制动。将 $E_a = C_e \Phi_N n$ 与 $I_a = T/C_t \Phi_N$ 代入式(3-34),得到能耗制动状态下的机械特性表达式为

$$n = -\frac{R_a + R}{C_e C_t \Phi^2} T \tag{3-35}$$

　　式(3-35)说明能耗制动状态的机械特性曲线,为一簇过原点的直线,随外串电阻 R 的增加,机械特性将变软,R 越小机械特性越平,电动机制动越快。但如果 R 过小,电枢电流 I_a 和转矩过大,可能越过允许值。所以 R 应受到限制,一般按最大制动电流不超过 $2I_N$ 来选择 R,即 $R_a + R \geq E_N/(2I_N) \approx U_N/(2I_N)$,则 $R \geq U_N/(2I_N) - R_a$,特性曲线位于 $n - T$ 平面的第二、四象限,如图3-28所示。

3.5.2 反接制动

反接制动是指当他励电动机的电枢电压 U 或电枢反电动势 E_a 中的任意一个在外部条件的作用下改变方向时,即二者由方向相反变为顺极性串联时,电动机即运行于反接制动状态。

1. 电枢电压反接制动

电压反接制动电路原理图如图 3-29(a) 所示。如果电动机原拖动摩擦性恒转矩负载以某一速度稳定运行于 A 点(图 3-29(b)),在某一时刻将电枢电压反向,由于机械惯性,转速来不及变化,反电动势 E_a 的方向瞬间不会改变,使 U 与 E_a 顺极性串联,为了限制电流,需在电枢回路中串接一个较大的电阻 R,对应的电枢电流为 $I_a = (-U - E_a)/(R_a + R) < 0$,电磁转矩方向发生改变,系统由 A 点过渡到 B 点,电动机产生一制动转矩 T 与负载阻转矩共同作用下,使系统沿着由 R 所决定的人为特性快速减速,到了 C 点,$n = 0$,但堵转转矩并不为零,若要停车,应立即关断电源,否则在堵转转矩 $T > T_L$ 时,电动机将反向启动。

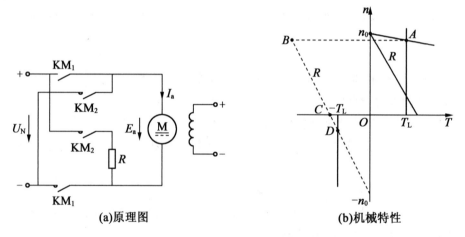

(a)原理图　　　　　　　(b)机械特性

图 3-29　电压反接制动电路原理图和机械特性

电压反接制动状态的能量关系以正转电动状态为正方向,电枢电压反接时,电枢回路的电压平衡方程式为

$$-U = E_a - I_a(R_a + R) \tag{3-36}$$

2. 倒拉反接制动(电动势反接制动)

倒拉反接制动的原理图及机械特性如图 3-30 所示。设电动机拖动一位能性负载运行,原工作于 A 点,现在电枢回路中串入一个较大的电阻,电枢电流 $I_a = (U - E_a)/(R_a + R)$ 减小,电磁转矩减小,到 T_C,系统沿着由 R 所决定的人为特性减速。当速度降至 $n = 0$ 时,堵转转矩 T_D 若小于负载转矩 T_L,则在负载转矩的作用下,电动机将强迫反转,并反向加速,电枢电流 $I_a = (U - (-E_a))/(R_a + R)) > 0$ 未反向,但随着转速的升高而增加,制动性电磁转矩随之增加,至 B 点,系统进入稳定运行。这时电磁转矩与实际旋转方

向相反,U 与 E_{a} 同向,故这种制动为反接制动(或称电动势反接制动)。倒拉反接制动状态的能量平衡关系与正转电动状态相比较,在电枢回路中仅有反电动势 E_{a} 的方向发生了改变,故电压平衡关系为

$$U = -E_{\mathrm{a}} + I_{\mathrm{a}}(R_{\mathrm{a}} + R) \qquad (3-37)$$

电流方向与正转电动状态的相同,两边同乘 I_{a},对应的能量平衡关系为

$$I_{\mathrm{a}}U = -I_{\mathrm{a}}E_{\mathrm{a}} + I_{\mathrm{a}}^2(R_{\mathrm{a}} + R) \qquad (3-38)$$

由式(3-38)可知,倒拉反接制动的能量平衡关系与电枢电压反接制动完全相同。倒拉反接制动的机械特性方程式应与电动状态时一样,因为它仅是在电枢回路中串接了较大电阻 R,在位能负载的作用下,使电动机工作在正转电动状态下机械特性向第四象限的延伸段。倒拉反接制动方法常应用于起重设备低速下放重物的场合。

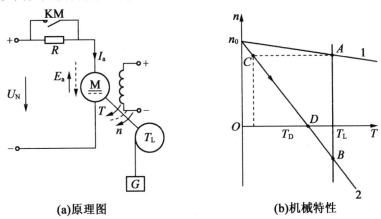

(a)原理图　　　　　　　　　(b)机械特性

图 3-30　倒拉反接制动的原理图及机械特性

3.5.3　回馈制动

回馈制动也称反馈制动。当电动机转速高于其理想空载转速,即 $n > n_0$ 时,电枢电动势 E_{a} 大于电枢电压 U,电动机向电源回馈电能,且电磁转矩 T 与转速 n 方向相反,T 为制动性质,此时电动机的运行状态称回馈制动。

1. 正向回馈制动

他励直流电动机如果原来运行于固有机械特性的 A 点,电枢电压为 U_{N},电压降为 U_1 后($U_1 < U_{\mathrm{N}}$),则电动机运行机械特性为 $A \rightarrow B \rightarrow C \rightarrow D$,最后稳定运行于 D 点,正向回馈制动特性曲线如图 3-31 所示。

2. 反向回馈制动

他励直流电动机拖动位能性负载,电动机原来在 A 点提升重物,当电源电压反接,同时接入一大电阻时,反向回馈制动特性曲线如图 3-32 所示。

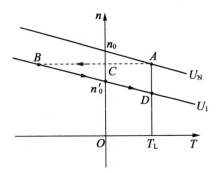

图 3-31　正向回馈制动特性曲线

电动机拖动位能负载进行反接制动,运行点从 A 点过渡到 B 点,电动机进入反接制动状态,当转速 n 下降到 $n=0$ 时,如果不及时切断电源,也不采取机械制动措施,则在电磁转矩和负载转矩共同作用下,经反向电动状态到 $n=-n_0$,反向电动状态结束。这时 $T=0$,电动机在 T_L 的作用下,继续加速,使 $|n|>|-n_0|$,电枢电流 I_a 与电枢电动势 E_a 同方向,T 与 n 反方向,电动机运行在回馈制动状态,直到 C 点才能稳定。电动机在 C 点也是反向回馈制动运行状态。

　　他励直流电动机四个象限运行的机械特性如图 3－33 所示,其中第一、三象限内,T 与 n 同方向是正向和反向电动运行状态,第二、四象限内 T 与 n 反方向,是制动运行状态,图中也标出能耗制动、反接制动和回馈制动的过程曲线和稳定运行的交点。

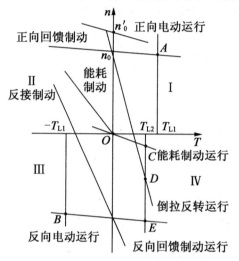

图 3－32　反向回馈制动特性曲线

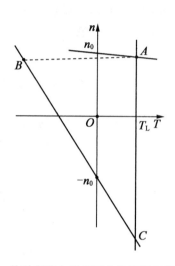

图－33　他励直流电动机四个象限运行的机械特性

习　　题

　　1. 为什么直流电机直接启动时启动电流很大?

　　2. 为什么直流电机的转子要用表面有绝缘层的硅钢片叠压而成?

　　3. 直流电动机用电枢电路串电阻的办法启动时,为什么要逐渐去除?

　　4. 有一台他励直流电动机,额定数据为 $P_2=22$ kW,$U_N=110$ V,$n_N=1\ 000$ r/min,$\eta=0.84$,并已知 $R_f=27.5\ \Omega$,$R_a=0.04\ \Omega$,试求:

　　(1) 额定电流 I,额定电枢电流 I_a 及额定励磁电流 I_f;

　　(2) 损耗功率 ΔP_{aCu},及 ΔP_o;

　　(3) 额定转矩 T;

　　(4) 反电动势 E。

5. 有一台他励直流电动机, 额定数据为 $P_N = 22$ kW, $U_N = 220$ V, $I_N = 1\ 500$ A, $n_N = 1\ 500$ r/min, $R_a = 0.1\ \Omega$, 忽略空载负载 T_0, 要求 I_{amax} 小于 I_N, 若电动机正常运行, 要求 $T_L = 0.9T_N$, 试求:

(1) 若采用反接制动停车, 电枢回路应串入的制动电阻 R 的最小值。

(2) 若电动机运行在 $n = 1\ 000$ r/min 匀速下放重物, 采用倒拉反接制动运行, 电枢回路应串入的电阻值为多少? 该电阻上功耗为多少?

(3) 采用反向回馈制动运行, 电枢回路不串电阻, 电动机转速为多少?

6. 他励直流电动机的启动特性有哪些方式, 各有什么特点?

7. 他励直流电动机的调速特性有哪些方式, 各有什么特点?

8. 他励直流电动机的制动特性有哪些方式, 各有什么特点?

9. 请简述并励发电机电压能建立的条件。

10. 请简述直流他励电动机的三种制动方式的接线方法。

11. 对他励直流电动机的启动有哪些主要要求? 如何实现?

12. 他励直流电动机启动时, 若在加上励磁电流之前就把电枢电压加上, 这时会产生什么后果 (从 $T_L = 0$ 和 $T_L = T_N$ 两种情况加以说明)?

13. 并励直流发电机正传时可以自励, 反转时能否自励?

14. 一台他励直流电动机所拖动的负载转矩 T_L 为常数, 当电枢电压附加电阻改变时, 能否改变其运行状态下电枢电流的大小? 为什么? 这时拖动系统中哪些要发生变化?

15. 一台他励直流电动机在稳态下运行时, 电枢反电势 $E = E_1$, 如果负载转矩 T_L 为常数, 外加电压和电枢电路中的电阻均不变, 问减弱励磁使转速上升到新的稳态值后, 电枢反电势将如何变化? 是大于、小于还是等于 E_1?

16. 直流电动机的基本结构包括哪两大部分? 每部分由哪些主要部件构成? 各部分的作用是什么?

17. 一台他励直流电动机的铭牌数据为 $P_N = 5.5$ kW, $U_N = 110$ V, $I_N = 62$ A, $n_N = 1\ 000$ r/min, $R_a = 0.25\ \Omega$。绘制出其固有机械特性曲线。描述电枢电压为 $U_{N/2} = 110$ V 时的人为机械特性。(要求写出计算过程)

18. 一台他励直流电动机, 额定数据为 $P_N = 17$ kW, $n_N = 1\ 500$ r/min, $I_N = 91$ A, $U_N = 220$ V, $R_a = 0.22\ \Omega$。试求:

(1) 额定转矩 T_N;

(2) 直接启动时的启动电流 I_{st};

(3) 如果采用降压启动, 启动电流仍限制为额定电流的 2 倍, 电源电压应为多少?

19. 已知某台他励直流电动机的铭牌数据为 $P_N = 7.5$ kW, $U_N = 220$ V, $n_N = 1\ 500$ r/min, $\eta_N = 88.5\%$, 试求该电动机的额定电流和转矩。

20. 一台他励直流电动机的技术数据为 $P_N = 6.5$ kW, $U_N = 220$ V, $I_N = 34.4$ A, $n_N = 1\ 500$ r/min, $R_a = 0.242\ \Omega$, 试计算:

（1）固有机械特性；

（2）电枢附加电阻分别为 3 Ω 和 5 Ω 时的人为机械特性；

（3）电枢电压为 $U_N/2$ 时的人为机械特性；

（4）磁通 $\Phi = 0.8\Phi_N$ 时的人为机械特性；

并绘出上述特性的图形。

第 4 章　交流电动机

【知识要点】

1. 三相异步电动机的结构。

2. 三相异步电动机的工作原理。

3. 异步电动机定子绕组连接方式及额定参数。

4. 三相异步电动机定子、转子电路。

5. 三相异步电动机的转矩与机械特性。

6. 三相异步电动机的启动要求及启动方法。

7. 三相异步电动机的调速原理与方法。

8. 三相异步电动机的制动。

9. 单相异步电动机的原理与启动。

10. 同步电动机的基本结构、工作原理及启动。

【能力点】

1. 掌握三相异步电动机的结构。

2. 了解三相异步电动机的工作原理。

3. 掌握异步电动机定子绕组连接方式及额定参数。

4. 了解三相异步电动机定子、转子电路。

5. 掌握三相异步电动机的转矩与机械特性。

6. 掌握三相异步电动机的启动要求及启动方法。

7. 掌握三相异步电动机的调速原理与方法。

8. 掌握三相异步电动机的制动。

9. 了解单相异步电动机的原理与启动。

10. 了解同步电动机的基本结构、工作原理及启动。

【重点和难点】

1. 异步电动机额定参数。

2. 三相异步电动机的转矩与机械特性。

3. 三相异步电动机的启动。

4. 三相异步电动机的调速原理与方法。

5.三相异步电动机的制动。

【问题引导】

直流电机具有良好的启动性能和调速性能,但直流电机结构复杂,使用维护不方便,而且要用直流电源;交流电机与直流电机相比,由于没有换向器因此结构简单,制造方便,比较牢固,容易做成高转速、高电压、大电流、大容量的电机。

常用的交流电动机有三相异步电动机(又称感应电动机)和同步电动机。本章主要介绍三相异步电动机的结构、工作原理、机械特性、启动、调速、制动等。

4.1　三相异步电动机的结构与工作原理

4.1.1　三相异步电动机的基本结构

三相异步电动机主要由定子和转子两部分构成,定子是静止不动的部分,并产生旋转磁场;转子是旋转部分,在定子与转子之间有一定的气隙,三相异步电动机的结构如图4-1所示。

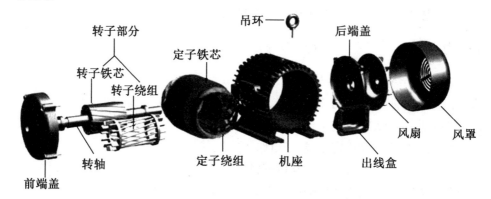

图 4-1　三相异步电动机的结构

1.定子部分结构

定子由定子铁芯、定子绕组与机座三部分组成。定子铁芯是电动机磁路的一部分,它由 0.5 mm 厚的硅钢片叠压而成,硅钢片的内圆中有定子槽,片与片之间是绝缘的。定子槽中安放绕组,硅钢片铁芯在叠压后成为一个整体,固定于机座上。

定子绕组是电动机的电路部分,由线圈连接而成,每个线圈有两个有效边,分别放两个槽里。三相对称绕组可连接成星形或三角形。三相绕组通入三相交流电流,定子铁芯中产生旋转磁场。

机座为整个电动机的支撑部分,主要用于固定与支撑定子铁芯,并起防护、散热的作用。机座有短型(S)、中型(M)和长型(L)三种类型。根据不同的冷却方式采用不同的机座形式。

2.转子部分组成及各部分作用

转子由转子铁芯、转子绕组和转轴组成。

转子铁芯是电动机磁路的一部分,并放置转子绕组。其一般由 0.5 mm 厚的硅钢片冲制叠压而成,并安装在转轴上(图 4 - 2),转子铁芯内冲有转子槽,安放线圈。转子铁芯、气隙与定子铁芯构成电动机的完整磁路。

转子绕组切割定子磁场,产生感应电动势和电流,并在旋转磁场的作用下受力使转子转动。根据构造的不同可分为鼠笼式和绕线式两种类型。异步电动机按绕组形式不同分为绕线式电动机和鼠笼式异步电动机。

绕线式转子绕组也做成三相对称绕组,嵌入并固定在转子铁芯槽内,最后使三组绕圈接成星形连接,三个引出线分别接到固定转轴上的三个铜滑环上,在各环上分别放置着固定不动的电刷,通过电刷与滑环的接触,使转子绕组与外加变阻器接通。绕线式转子绕组与外接变阻器的连接如图 4 - 3 所示。

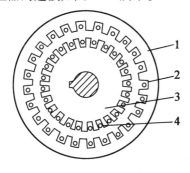

1—定子铁芯硅钢片;2—定子绕组;

3—转子铁芯硅钢片;4—转子绕组

图 4 - 2　定子和转子的铁芯结构

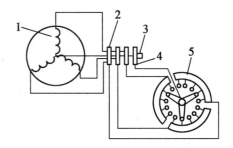

1—滑环转子绕组;2—滑环;3—轴;

4—电枢;5—变阻器

图 4 - 3　绕线式转子绕组与外接变阻器的连接

鼠笼式异步电动机转子铁芯的槽沟内插入铜条,在铜条两端焊接两个铜环,图 4 - 4 所示为鼠笼式转子。这样的转子绕组好像一个鼠笼。为了节约铜材和便于制造,目前绝大部分鼠笼制造材料均采用铝代替。转子铁芯如图 4 - 5 所示。

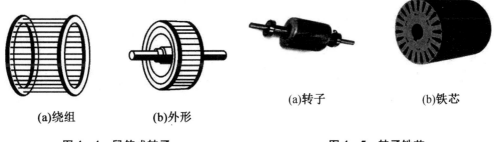

(a)绕组　　　　(b)外形　　　　　　　(a)转子　　　　(b)铁芯

图 4 - 4　鼠笼式转子　　　　　　**图 4 - 5　转子铁芯**

线绕式和鼠笼式两种电动机的转子构造虽然不同,但工作原理是一致的。转轴用以传递转矩及支撑转子,一般都由中碳钢或合金钢制成。

4.1.2　三相异步电动机的旋转磁场

1. 旋转磁场的产生

当电动机定子绕组通以三相电流时,各相绕组中的电流都将产生自己的磁场。由于电流随时间的变化而变化,它们产生的磁场也将随时间的变化而变化,而三相电流产生的总磁场（合成磁场）不仅随时间的变化而变化,而且是在空间旋转的,故称旋转磁场。

定子绕组中,各相电流的正方向为从绕组的首端到它的末端,取流过 A 相绕组的电流为参考正弦量,即 i_A 的初相位为零,三相绕组相序为 A→B→C,各项电流值为

$$i_A = I_m \sin \omega t \tag{4-1}$$

$$i_B = I_m \sin\left(\omega t - \frac{2\pi}{3}\right) \tag{4-2}$$

$$i_C = I_m \sin\left(\omega t - \frac{4\pi}{3}\right) \tag{4-3}$$

定子三相绕组如图 4-6 所示,三相电流的波形如图 4-7 所示。

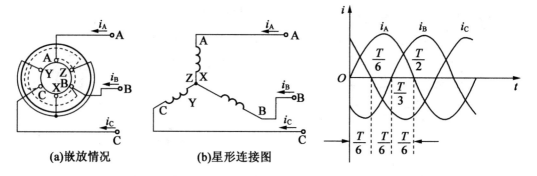

(a)嵌放情况　　　　　(b)星形连接图

图 4-6　定子三相绕组　　　　　　图 4-7　三相电流的波形

下面分析一下不同时刻的磁场。

当 $t=0$ 时,$i_A=0$;i_B 为负,电流实际方向与正方向相反,即电流从 Y 端流到 B 端;i_C 为正,即电流从 C 端流到 Z 端。用右手螺旋法则确定三相电流产生的合成磁场,如图 4-8(a)所示。

当 $t=T/6$ 时,$\omega t=\omega T/6=\pi/3$,$i_A$ 为正,电流从 A 端流到 X 端;i_B 为负,电流从 Y 端流到 B 端;$i_C=0$。合成磁场方向如图 4-8(b)所示,相对 $t=0$ 瞬间,磁场方向顺时针旋转 $\pi/3$。

当 $t=T/3$ 时,$\omega t=\omega T/3=2\pi/3$,$i_A$ 为正,电流从 A 端流到 X 端;$i_B=0$;i_C 为负,电流从 Z 端流到 C 端。合成磁场方向如图 4-8(c)所示,相对 $t=0$ 瞬间,磁场方向顺时针旋转 $2\pi/3$。

当 $t=T/2$ 时,$i_A=0$;i_B 为正,电流从 B 端流到 Y 端;i_C 为负,电流从 Z 端流到 C 端。

合成磁场方向如图 4-8(d)所示,相对 $t=0$ 瞬间,磁场方向顺时针旋转 π。

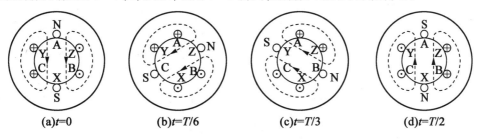

(a)$t=0$ (b)$t=T/6$ (c)$t=T/3$ (d)$t=T/2$

图 4-8 两级旋转磁场

当 $t=2T/3$ 时,相对 $t=0$ 瞬间,磁场方向顺时针旋转 $4\pi/3$;当 $t=5T/6$ 时,相对 $t=0$ 瞬间,磁场方向顺时针旋转 $5\pi/3$;当 $t=T$ 时,相对 $t=0$ 瞬间,磁场方向顺时针旋转 2π。

当三相电流随时间的变化而不断变化时,合成磁场的方向在空间也不断旋转,这样就产生了旋转磁场。

由图 4-6 和图 4-7 可知,A 相绕组内的电流,超前于 B 相绕组内的电流 $2\pi/3$,而 B 相绕组内的电流又超前 C 相绕组内的电流 $2\pi/3$,图 4-8 所示旋转磁场的旋转方向也是 A→B→C,即向顺时针方向旋转。所以,旋转磁场的旋转方向与三相电流的相序一致。

2. 旋转磁场的旋转方向

由于旋转磁场的旋转方向与三相电流的相序一致,因此如果改变磁场的旋转方向,需要改变三相电流的相序。

如果将定子绕组接至电源的三根导线中的任意两根线对调(绕组对调),如将 B、C 两根线对调(图 4-9),即使 B 相与 C 相绕组中电流的相位对调,此时 A 相绕组内的电流超前 C 相绕组内的电流 $2\pi/3$,而 C 相绕组内的电流又超前 B 相绕组内的电流 $2\pi/3$,因此旋转磁场的旋转方向也将变为 A→C→B,向逆时针方向旋转(图 4-10),即与未对调前的旋转方向相反。

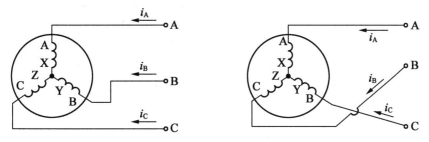

图 4-9 B、C 绕组对调

由此可见,要改变旋转磁场的旋转方向(亦即改变电动机的旋转方向),只要将定子绕组接到电源的三根导线中的任意两根对调即可。

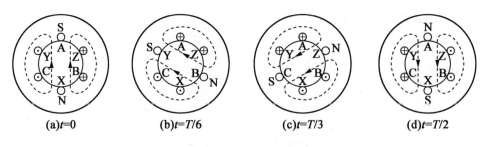

(a)$t=0$ (b)$t=T/6$ (c)$t=T/3$ (d)$t=T/2$

图 4 - 10 逆时针方向旋转磁场

3. 旋转磁场的极数与旋转速度

交流电动机中,旋转磁场的旋转速度称为同步转速。旋转磁场具有一对磁极(磁极对数用 p 表示),即 $p=1$。电流变化经过一个周期(360°电角度),旋转磁场在空间也旋转了一周(旋转了 360°机械角度)。若电流的频率为 f,旋转磁场每分钟将旋转 $60f$ 周,用 n_0 表示,即

$$n_0 = 60f$$

如果把定子铁芯的槽数增加 1 倍(12 个槽),四极旋转磁场的定子绕组形式如图 4 - 11 所示。其中,每相绕组由两个部分串联组成,再将这三相绕组接到对称三相电源上通入对称三相电流,便产生具有两对磁极的旋转磁场。

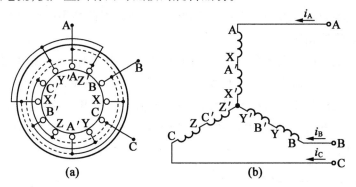

(a)　　　　　　　　(b)

图 4 - 11 四极旋转磁场的定子绕组

图 4 - 12 所示为四极旋转磁场,从图中可以看出,对应于不同时刻,旋转磁场在空间转到不同位置,此情况下电流变化半个周期,旋转磁场在空间只转过了 $\pi/2$,即 1/4 转,电流变化一个周期,旋转磁场在空间只转了 1/2 周。

由此可知,当旋转磁场具有两对磁极($p=2$)时,其旋转速度为一对磁极时的一半,即每分钟 $60f/2$ 周。当有 p 对磁极,转速为

$$n_0 = 60f/p \tag{4-4}$$

所以,旋转磁场的旋转速度(即同步转速)n_0 与电流的频率 f 成正比,与磁极对数 p 成反比。

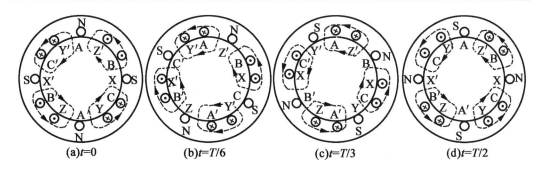

(a)$t=0$ (b)$t=T/6$ (c)$t=T/3$ (d)$t=T/2$

图 4 – 12 四极旋转磁场

在我国,因为标准工业频率(即电流频率)为 50 Hz,所以对应于 p 等于 1、2、3、4 时,同步转速分别为 3 000 r/min、1 500 r/min、1 000 r/min、750 r/min。实际上,旋转磁场不仅可以由三相电流来获得,任何两相以上的多相电流,流过相应的多相绕组,都能产生旋转磁场。

4.1.3 三相异步电动机的工作原理

三相异步电动机的工作原理,即定子旋转磁场(定子绕组内三相电流所产生的合成磁场)和转子电流(转子绕组内的电流)的相互作用。

当定子的对称三相绕组接到三相电源上时,绕组内将通过对称三相电流,并在空间产生旋转磁场,该磁场沿定子内圆周方向旋转,图 4 – 13 所示为三相异步电动机的定子绕组接线图和工作原理图。

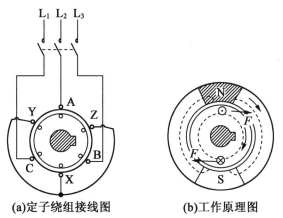

(a)定子绕组接线图 (b)工作原理图

图 4 – 13 三相异步电动机的定子绕组接线图和工作原理图

当磁场旋转时,转子绕组的导体切割磁通将产生感应电动势 e_2,假设旋转磁场向顺时针方向旋转,则相当于转子导体向逆时针方向旋转切割磁通。

由于感应电动势 e_2 的存在,转子绕组中将产生转子电流 i_2,根据安培电磁力定律,转子电流与旋转磁场相互作用将产生电磁力 F,F 方向由左手定则决定。假设 i_2 和 e_2 同相,F 在转子的轴上形成电磁转矩,且转矩的作用方向与旋转磁场的旋转方向相同,转子受此转矩作用,便按旋转磁场的旋转方向旋转起来。但是,转子的旋转速度 n(即电动机的转速)恒比旋转磁场的旋转速度 n_0(称为同步转速)小,如果两种转速相等,转子和旋转磁场没有相对运动,转子导体不切割磁通,便不能产生感应电动势 e_2 和电流 i_2,也就没有电磁转矩,转子将不会继续旋转。因此,转子和旋转磁场之间的转速差是保证转子旋转的主要因素。

由于转子转速不等于同步转速,所以这种电动机称为异步电动机,而把转速差 $n_0 - n$ 与同步转速 n_0 的比值称为异步电动机的转差率,用 S 表示,即

$$S = \frac{n_0 - n}{n_0} \qquad (4-5)$$

当转子旋转时,如果在轴上加有机械负载,则电动机输出机械能。从物理本质上来分析,异步电动机的运行和变压器相似,即电能从电源输入定子绕组(原绕组),通过电磁感应的形式,以旋转磁场做媒介,传送到转子绕组(副绕组),而转子中的电能通过电磁力的作用变换成机械能输出。由于在这种电动机中,转子电流的产生和电能的传递是基于电磁感应现象的,所以异步电动机又称为感应电动机。

通常,异步电动机在额定负载时,n 接近于 n_0,转差率 S 很小,一般为 $0.015 \sim 0.060$。

4.1.4 定子绕组线端连接方式

定子绕组的首端和末端通常都接在电动机接线盒内的接线柱上,一般按图 $4-14$ 所示的方法排列,这样可以很方便地接成星形(Y 形接法,图 $4-15$)或三角形($\triangle$ 形接法,图 $4-16$)。

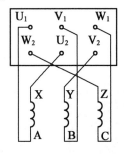

图 4-14　出线端

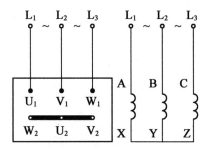

图 4-15　Y 形接法

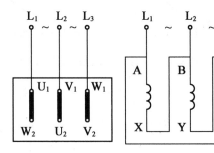

图 4-16　△形接法

　　定子三相绕组连接方式（Y 或△）的选择和普通三相负载一样,需视电源的线电压而定。如果接入电动机电源的线电压等于电动机的额定相电压(即每相绕组的额定电压),它的绕组应该接成三角形;如果电源的线电压是电动机额定相电压的 $\sqrt{3}$ 倍,其绕组就应该接成星形。通常电动机的铭牌上标有符号△/Y 和数字 220/380,前者表示定子绕组的接法,后者表示对应于不同接法应加的线电压值。

　　例 4.1　电源线电压为 380 V,现有两台电动机,其铭牌数据如下,选择定子绕组的连接方式。

　　(1)Y90S – 4,功率 1.1 kW,电压 220/380 V,连接方法△/Y,电流 4.67/2.7 A,转速 1 400 r/min,功率因数 0.79。

　　(2)Y112M – 4,功率 4.0 kW,电压 380/660 V,连接方法△/Y,电流 8.8/5.1 A,转速 1 440 r/min,功率因数 0.82。

　　解　Y90S – 4 电动机应接成星形(Y),Y112M – 4 电动机应接成三角形(△)。

4.2　异步电动机额定参数

4.2.1　三相异步电动机的额定值

　　电动机在制造工厂所拟定的情况下工作,称为电动机的额定运行,通常用额定值来表示其运行条件,这些数据大部分都标明在电动机的铭牌上。使用电动机时,必须看懂铭牌。

　　电动机的铭牌上通常标有下列数据。

　　(1)型号。

　　(2)额定功率 P_N。在额定运行情况下,电动机轴上输出的机械功率。

　　(3)额定电压 U_N。在额定运行情况下,定子绕组端所加的线电压值。如果标有两种电压值(如 220/380 V),则对应于定子绕组采用△/Y 连接时应加的线电压值。一般规定电动机的外加电压不应高于或低于额定值的 5%。

　　(4)额定频率 f_N。额定运行情况下,定子外加电压的频率($f_N = 50$ Hz)。

　　(5)额定电流 I_N。在额定频率、额定电压和轴上输出额定功率时,定子的线电流值。如果标有两种电流值(如 10.35/5.9 A),则对应于定子绕组为△/Y 连接的线电流值。

　　(6)额定转速 n_N。在额定频率、额定电压和电动机轴上输出额定功率时电动机的转速,与此转速相对应的转差率称为额定转差率 S_N。

　　(7)工作方式(定额)。

　　(8)温升(或绝缘等级)。

　　(9)电动机质量。

一般不标在电动机铭牌上的几个额定值如下。

（1）额定功率因数 $\cos \varphi_N$。在额定频率、额定电压和电动机轴上输出额定功率时，定子相电流与相电压之间相位差的余弦。

（2）额定效率 η_N。在额定频率、额定电压和电动机轴上输出额定功率时，电动机输出机械功率与输入电功率之比，其表达式为

$$\eta_N = \frac{P_N}{\sqrt{3}\, U_N I_N \cos \varphi_N} \times 100\%$$

（3）额定负载转矩 T_N。电动机在额定转速下输出额定功率时轴上的负载转矩。

（4）线绕式异步电动机转子静止时的滑环电压和转子的额定电流。

4.2.2　三相异步电动机的能流图

三相异步电动机的功率和损耗可用图 4 – 17 所示的能流图来说明。

从电源输送到定子电路的电功率为

$$P_1 = \sqrt{3}\, U_1 I_1 \cos \varphi_1$$

式中　U_1——定子绕组线电压；

　　　I_1——定子绕组的线电流；

　　　$\cos \varphi_1$——电动机的功率因数。

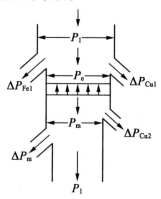

P_1 为异步电动机的输入功率，除了定子绕组的铜耗 ΔP_{Cu1} 和定子铁芯的铁耗 ΔP_{Fe1} 外，剩下的电功率 P_e 已借助于旋转磁场，从定子电路传递到转子电路，这部分功率称为电磁功率。

从电磁功率中减去转子绕组的铜耗 ΔP_{Cu2}（转子铁耗忽略不计）后，剩下的即转换为电动机的机械功率 P_m。

图 4 – 17　三相异步电动机能流图

在机械功率中减去机械损失功率 ΔP_m 后，即为电动机的输出（机械）功率 P_2，异步电动机的铭牌上所标的就是 P_2 的额定值。

输出功率与输入功率的比值，称为电动机的效率，即

$$\eta = \frac{P_2}{P_1} = \frac{P_1 - \sum \Delta P}{P_1}$$

式中　$\sum \Delta P$——电动机的总功率损失。

电动机在轻载时效率很低，随着负载的增大，效率逐渐增高，通常在接近额定负载时，效率达到了最高值。一般异步电动机在额定负载时的效率为 0.7 ~ 0.9。容量愈大，其效率也愈高。

若 ΔP_{Cu2} 和 ΔP_m 忽略不计，则

$$P_2 = T_2 \omega \approx P_1 = T\omega$$

式中　T——电动机的电磁转矩；

T_2——电动机轴上的输出转矩,且

$$T_2 = \frac{P_2}{\omega} = 9.55 \frac{P_2}{n}$$

电动机的额定转矩则可由铭牌上所标的额定功率和额定转速根据上式求得。

4.3 三相异步电动机的定子电路和转子电路

4.3.1 定子电路的分析

三相异步电动机电磁原理与变压器电磁原理类似,定子绕组相当于变压器的原绕组,转子绕组(一般是短接的)相当于副绕组。当定子绕组接上三相电源电压(相电压为u_1)时,则有三相电流通过(相电流为i_1),定子三相电流产生旋转磁场,其磁力线通过定子和转子铁芯而闭合,磁场不仅在转子每相绕组中要产生感应电动势e_2,而且在定子每相绕组中也要产生感应电动势e_1。图 4 – 18 所示为感应电动势。定子和转子每相绕组的匝数分别为N_1和N_2,图4 – 19所示为三相异步电动机的一相电路图。

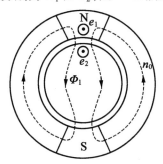
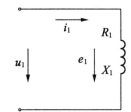
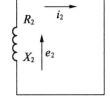

图 4 – 18　感应电动势　　　图 4 – 19　三相异步电动机的一相电路图

旋转磁场的磁感应强度沿定子与转子间空气隙的分布近于正弦规律。因此,当其旋转时,通过定子每相绕组的磁通也是随时间的变化而按正弦规律变化的,即

$$\Phi_1 = \Phi_m \sin \omega t$$

Φ_m是通过每相绕组的磁通最大值,在数值上等于旋转磁场的每极磁通Φ,即为空气隙中磁感应强度的平均值与每极面积的乘积。

定子每相绕组中产生的感应电动势为

$$e_1 = -N_1 \frac{\mathrm{d}\Phi_1}{\mathrm{d}t} \tag{4-6}$$

有效值为

$$E_1 = 4.44 K f_1 N_1 \Phi$$

式中　f_1——e_1的频率;

K——绕组系数，$K \approx 1$，常略去。

$$E_1 = 4.44 f_1 N_1 \Phi \qquad (4-7)$$

旋转磁场和定子间的相对转速为 n_0，则

$$f_1 = \frac{n_0 p}{60} \qquad (4-8)$$

该值等于定子电流的频率，即 $f_1 = f$。

定子电流除产生旋转磁通（主磁通）之外，还产生漏磁通 Φ_{L1}。该漏磁通只围绕某一相的定子绕组，而与其他相定子绕组及转子绕组不交接。因此，在定子每相绕组中还要产生漏磁电动势 e_{L1}，表达式为

$$e_{L1} = -L_{L1} \frac{\mathrm{d}i_1}{\mathrm{d}t}$$

式中　L_{L1}——定子绕组电感值。

变压器原绕组的情况一样，加在定子每相绕组上的电压也分成三个分量，即

$$\begin{aligned}
u_1 &= i_1 R_1 + (-e_{L1}) + (-e_1) \\
&= i_1 R_1 + L_{L1} \frac{\mathrm{d}i_1}{\mathrm{d}t} + (-e_1) \qquad (4-9)
\end{aligned}$$

如果用复数表示，则为

$$\begin{aligned}
\dot{U}_1 &= \dot{I}_1 R_1 + (-\dot{E}_{L1}) + (-\dot{E}_1) \\
&= \dot{I}_1 R_1 + \mathrm{j}\dot{I}_1 X_1 + (-\dot{E}_1) \qquad (4-10)
\end{aligned}$$

式中　R_1——定子每相绕组的电阻；

　　　X_1——定子每相绕组的漏磁感抗，$X_1 = 2\pi f_1 L_{L1}$。

由于 R_1 和 X_1（或漏磁通 Φ_{L1}）较小，其上电压降与电动势 E_1 比较起来常可忽略，于是

$$\begin{cases} \dot{U}_1 \approx -\dot{E}_1 \\ U_1 \approx E_1 = 4.44 f_1 N_1 \Phi \end{cases} \qquad (4-11)$$

4.3.2　转子电路的分析

异步电动机能转动，定子接上电源后，在转子绕组中产生感应电动势，从而产生转子电流，而这是电流同旋转磁场的磁通作用产生电磁转矩的原因。

旋转磁场在转子每相绕组中感应出的电动势为

$$e_2 = -N_2 \frac{\mathrm{d}\Phi_2}{\mathrm{d}t}$$

有效值为

$$E_2 = 4.44 f_2 N_2 \Phi \qquad (4-12)$$

式中　f_2——转子电动势 e_2 或转子电流 i_2 的频率。

因为旋转磁场和转子间的相对转速为 $n_0 - n$，所以

$$f_2 = \frac{(n_0 - n)p}{60} = \frac{(n_0 - n)}{n_0} \cdot \frac{n_0 p}{60} = S f_1 \tag{4-13}$$

可见转子频率 f_2 与转差率 S 有关,也就是与转速 n 有关,在 $n = 0$,即 $S = 1$(电动机开始启动瞬间)时,转子与旋转磁场间的相对转速最大,转子导体被旋转磁力线切割得最快,所以这时 f_2 最高,即 $f_2 = f_1$。异步电动机在额定负载时,S 为 1.5% ~ 6%,f_2 为 0.75 ~ 3 Hz($f_1 = 50$ Hz)。

将式(4-13)代入式(4-12),得

$$E_2 = 4.44 S f_1 N_2 \Phi \tag{4-14}$$

在 $n = 0$,即 $S = 1$ 时,转子电动势为

$$E_{20} = 4.44 f_1 N_2 \Phi \tag{4-15}$$

这时 $f_2 = f_1$,转子电动势最大。

由式(4-14)式(4-15)得出

$$E_2 = S E_{20} \tag{4-16}$$

可见转子电动势 E_2 与转差率 S 有关。

与定子电流一样,转子电流也要产生漏磁通 Φ_{L2},从而在转子每相绕组中还要产生漏磁电动势 e_{L2},有

$$e_{L2} = -L_{L2} \frac{\mathrm{d} i_2}{\mathrm{d} t}$$

因此,对于转子每相电路,有

$$e_2 = i_2 R_2 + (-e_{L2}) = i_2 R_2 + L_{L2} \frac{\mathrm{d} i_2}{\mathrm{d} t} \tag{4-17}$$

如果用复数表示,则为

$$\dot{E}_2 = \dot{I}_2 R_2 + (-\dot{E}_{L2}) = \dot{I}_2 R_2 + \mathrm{j} \dot{I}_2 X_2 \tag{4-18}$$

式中　R_2、X_2——转子每相绕组的电阻、漏磁感抗。

X_2 与转子频率 f 有关,即

$$X_2 = 2\pi f_2 L_{L2} = 2\pi S f_1 L_{L2} \tag{4-19}$$

在 $n = 0$,即 $S = l$ 时,转子感抗为

$$X_{20} = 2\pi f_1 L_{L2} \tag{4-20}$$

由式(4-19)式(4-20)得出

$$X_2 = S X_{20} \tag{4-21}$$

可见转子感抗 X_2 与转差率 S 有关。

转子每相电路的电流可由式(4-18)得出,即

$$I_2 = \frac{E_2}{\sqrt{R_2^2 + X_2^2}} = \frac{S E_{20}}{\sqrt{R_2^2 + (S X_{20})^2}} \tag{4-22}$$

可见转子电流 I_2 也与转差率 S 有关。当 S 增大时,转速 n 降低,转子与旋转磁场间的相对转速 $(n_2 - n)$ 增加,转子导体被磁力线切割的速度提高,于是 E_2 增加,I_2 也增加。I_2 和

$\cos\varphi_2$ 与转差率 S 的关系图如图 4-20 所示。

$I_2 = 0$，当 S 很小时，$R_2 \gg SX_{20}$，$I_2 \approx \dfrac{SE_{20}}{R_2}$，即与 S 近似成正比；当 S 接近 1 时，$SX_{20} \gg R_2$，$I_2 \approx \dfrac{E_{20}}{X_{20}}$ 为常数。

由于转子有漏磁通 Φ_{12}，相应的感抗为 X_2。因此，I_2 比 E_2 滞后 φ_2，因而转子电路的功率因数为

$$\cos\varphi_2 = \frac{R_2}{\sqrt{R_2^2 + X_2^2}} = \frac{R_2}{\sqrt{R_2^2 + (SX_{20})^2}}$$

$$(4-23)$$

$\cos\varphi_2$ 与转差率 S 有关。当 S 很小时，$R_2 \gg SX_{20}$，$\cos\varphi_2 \approx 1$；当 S 接近 1 时，转子电路的各个物理量，如电动势、电流、频率、感抗及功率因数等都与转差率有关，亦即与转速有关。

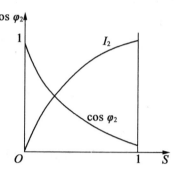

图 4-20 I_2 和 $\cos\varphi_2$ 与转差率 S 的关系图

4.4　三相异步电动机的转矩与机械特性

电磁转矩(以下简称转矩)是三相异步电动机最重要的物理量之一,机械特性是它的主要特性。

4.4.1　三相异步电动机的转矩

三相异步电动机的转矩(T)是由旋转磁场的每极磁通 Φ 与转子电流 I_2 相互作用而产生的,它与 Φ 和 I_2 的乘积成正比。此外,它还与转子电路的功率因数 $\cos\varphi_2$ 有关,$\cos\varphi_2$ 对转矩的影响如图 4-21 所示。

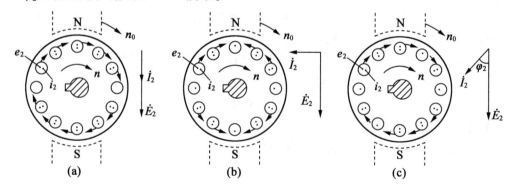

图 4-21　$\cos\varphi_2$ 对转矩的影响

(1)$\cos\varphi_2 = 1$,(图 4-21(a))忽略转子感抗,在图中旋转磁场方向为 N 到 S,根据右

手定则,转子在导体内产生感应电动势 e_2(用外层符号表示),此时 $\dot{I}_2$ 和 $\dot{E}_2$ 同向,i_2 的方向(用内层的符号表示)与电流的方向一致,根据左手定则确定转子各导体受力的方向。

由图可见,在 $\cos\varphi_2 = 1$ 时,所有作用于转子导体的力将产生同一方向的转矩。

(2) $\cos\varphi_2 = 0$,(图 4 – 21(b))忽略转子感抗,此时 $\dot{I}_2$ 较 $\dot{E}_2$ 滞后 90°,作用在转子各导体的力相互抵消,转矩为零。

(3) $\cos\varphi_2 < 0$,(图 4 – 21(c))此时 $\dot{I}_2$ 较 $\dot{E}_2$ 滞后 φ_2,各导体受力方向也不同,转矩大小为

$$T = K_{\mathrm{t}}\Phi I_2\cos\varphi_2 \qquad\qquad (4-24)$$

式中　K_{t}——仅与电动机结构有关的常数。

将式(4 – 15)代入式(4 – 22)得

$$I_2 = K_{\mathrm{t}}\Phi I_2\cos\varphi_2 = \frac{4.44Sf_1N_2\Phi}{\sqrt{R_2^2 + (SX_{20})^2}} \qquad\qquad (4-25)$$

再将式(4 – 25)式(4 – 23)代入式(4 – 24),并考虑到式(4 – 7)和式(4 – 11),则得出

$$T = K\frac{SR_2U^2}{R_2^2 + (SX_{20})^2} \qquad\qquad (4-26)$$

式中　K——与电动机结构参数、电源频率有关的一个常数,$K \propto 1/f_1$;

　　　U——定子绕组相电压、电源相电压;

　　　R_2——转子每相绕组的电阻;

　　　X_{20}——电动机静止($n = 0$)时,转子每相绕组的感抗。

4.4.2　三相异步电动机的机械特性

式(4 – 26)所表示的电磁转矩 T 与转差率 S 的关系 $T = f(S)$ 通常称为 $T-S$ 曲线。在异步电动机中,转速 $n = (1-S)n_0$。为了符合习惯画法,可将 $T-S$ 曲线换成转速与转矩之间的关系 $n-T$ 曲线,即 $n = f(T)$,称为异步电动机的机械特性。它有固有机械特性和人为机械特性之分。

1. 固有机械特性

在额定电压和额定频率下,异步电动机用规定的接线方式,定子和转子电路中不串联任何电阻或电抗时的机械特性称为固有(自然)机械特性,根据式(4 – 26)和式(4 – 5)可得到三相异步电动机固有机械特性曲线,如图 4 – 22 所示。从特性曲线可以看出,其上有四个特殊点可以决定特性曲线的基本形状和异步电动机的运行性能,这四个特殊点如下。

(1) $T = 0$,$n = n_0$($S = 0$),电动机处于理想空

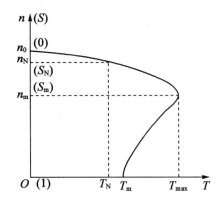

图 4 – 22　三相异步电动机固有机械特性曲线

载工作点,此时电动机的转速为理想空载转速 n_0。

（2） $T = T_N$, $n = n_N (S = S_N)$, 电动机处于额定状态工作点,此时额定转矩 T_N 和额定转差率 S_N 分别为

$$T_N = 9.55 \frac{P_N}{n_N} \qquad (4-27)$$

$$S_N = \frac{n_0 - n_N}{n_0} \qquad (4-28)$$

式中 P_N——电动机的额定功率;

n_N——电动机的额定转速,一般 $n_N = (0.94 \sim 0.985) n_0$;

S_N——电动机的额定转差率,一般 $S_N = 0.06 \sim 0.015$;

T_N——电动机的额定转矩。

（3） $T = T_{st}$, $n = 0(S = 1)$, 电动机启动工作点。将 $S = 1$ 代入式(4-26),可得

$$T_{st} = K \frac{R_2 U^2}{R_2^2 + X_{20}^2} \qquad (4-29)$$

由式(4-29)可知,异步电动机的启动转矩 T_{st} 与 U、R_2 及 X_{20} 有关,当施加在定子每相绕组上的电压 U 降低时,启动转矩会明显减小;当转子电阻适当增大时,启动转矩会增大;而转子电抗增大时,启动转矩则会大为减小,这是所不需要的。

通常把固有机械特性上启动转矩与额定转矩之比 $\lambda_{st} = T_{st}/T_N$ 作为衡量异步电动机启动能力的一个重要数据,一般 $\lambda_{st} = 1.0 \sim 1.2$。

（4） $T = T_{max}$, $n = n_m (S = S_m)$, 电动机的临界工作点。求转矩的最大值,可由式(4-26)令 $dT/dS = 0$,求得临界转差率为

$$S_m = \frac{R_2}{X_{20}} \qquad (4-30)$$

将 S_m 代入式(4-26),得

$$T_{max} = K \frac{U^2}{2X_{20}} \qquad (4-31)$$

从式(4-30)和式(4-31)可以看出,最大转矩 T_{max} 的大小与定子每相绕组上 U^2 成正比,这说明异步电动机对电源电压的波动是很敏感的。电源电压过低,会使轴上输出转矩明显下降,甚至小于负载转矩,而造成电机停转;最大转矩 T_{max} 的大小与转子电阻 R_2 的大小无关,但临界转差率 S_m 却正比于 R_2,这对绕线式异步电动机而言,在转子电路中串接附加电阻,可使 S_m 增大,而 T_{max} 却不变。

异步电动机在运行中经常会遇到短时冲击负载,如果冲击负载转矩小于最大电磁转矩,电动机仍然能够运行,而且电动机短时过载也不会引起剧烈发热。通常把在固有机械特性上最大电磁转矩与额定转矩之比

$$\lambda_{max} = \frac{T_{max}}{T_N} \qquad (4-32)$$

称为电动机的过载能力系数。它表征了电动机能够承受冲击负载的能力大小,是电动机

的又一个重要运行参数。各种电动机的过载能力系数在国家标准中有规定,如普通的 Y 系列鼠笼式异步电动机的 λ_m 为 $2.0 \sim 2.2$,供起重机械和冶金机械用的 YZ 和 YZR 型绕线式异步电动机的 λ_m 为 $2.5 \sim 3.0$。

在实际应用中,用式(4-26)计算机械特性非常麻烦,如果把它转换成用 T_{max} 和 S_m 表示的形式,则方便多了。为此,用式(4-26)除以式(4-31),并代入式(4-30),可得到

$$T = \frac{2T_{max}}{\left(\dfrac{S}{S_m} + \dfrac{S_m}{S}\right)} \tag{4-33}$$

式(4-33)为转矩-转差率特性的实用表达式,也称规格化转矩-转差率特性。

2. 人为机械特性

由式(4-26)得,异步电动机的机械特性与电动机的参数有关,与外加电源电压、电源频率有关,将转矩表达式中的参数人为地加以改变,而获得的特性称为异步电动机的人为机械特性,即改变定子电压 U、定子电源频率 f,以及定子电路串入电阻或电抗、转子电路串入电阻等,均可得到异步电动机的人为机械特性。

(1)降低电动机电源电压时的人为机械特性。根据 n_0、S_M、T_{max} 得出,电压 U 的变化对理想空载转速 n_0 和临界转差率 S_M 不产生影响,最大转矩 T_{max} 与 U^2 成正比,当降低定子电压时,n_0 和 S_M 不变,而 T_{max} 大大减小。改变电源电压时的人为机械特性如图 4-23 所示。

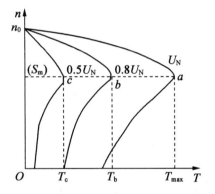

图 4-23　改变电源电压时的人为机械特性

如当 $U_a = U_N$ 时,$T_a = T_{max}$;当 $U_b = 0.8U_N$ 时,$T_b = 0.64T_{max}$;当 $U_C = 0.5U_N$ 时,$T_b = 0.25T_{max}$。

可见,电压越低,人为机械特性曲线越往左移。由于异步电动机对电网电压的波动非常敏感,运行时,如果电压降低太多,其过载能力与启动转矩会大大降低,电动机甚至会发生带不动负载或者根本不能启动的现象。例如,电动机运行在额定负载 T_N 下,即使 $\lambda_m = 2$,若电网电压下降到 $70\% U_N$,则有

$$T_{max} = \lambda_m T_N \left(\frac{U}{U_N}\right)^2 = 2 \times 0.7^2 \times T_N = 0.98T_N$$

此时电动机也会停转。此外,电网电压下降,在负载转矩不变的条件下,使电动机转速下降,转差率 S 增大,电流增加,引起电动机发热甚至烧坏。

(2)定子电路接入电阻或电抗时的人为机械特性。在电动机定子电路中接入外串电阻或电抗后,电动机端电压为电源电压减去定子外串电阻或电抗上的压降,致使定子绕组相电压降低,这种情况下的人为机械特性与降低电源电压时的人为机械特性相似,图 4-24 所示为定子电路串接电阻的人为机械特性。图中实线 1 为降低电源电压的人为机械特性,虚线 2 为定子电路串接 R_{1s} 电阻或电抗 X_{1s} 的人为机械特性。从图中可以看出,所

不同的是定子串接电阻或电抗后的最大转矩要比直接降低电源电压时的最大转矩大一些,这是因为随着转速的上升和启动电流的减小,在 R_{1s} 或 X_{1s} 上的压降减小,加到电动机定子绕组上的端电压自动增大,致使最大转矩大些;而降低电源电压在整个启动过程中,定子绕组的端电压是恒定不变的。

（3）改变定子电源频率时的人为机械特性。定子电源频率 f 对三相异步电动机机械特性的影响是比较复杂的,下面仅定性地分析 $n = f(T)$ 的近似关系。根据式 n_0、式 S_M、T_{st},并注意到 $X_{20} \propto f$、$K \propto 1/f$,且一般变频调速采用恒转矩调速,即希望最大转矩保持为恒值,为此在改变频率 f 的同时,电源电压 U 也要做相应的变化,使 U/f 等于常数,这实质上是使电动机气隙磁通保持不变。在上述条件下存在 $n_0 \propto f$、$S_m \propto 1/f$、$T_{st} \propto 1/f$ 和 T_{max} 不变的关系,即随着频率的降低,理想空载转速 n_0 要减小,临界转差率要增大,启动转矩要增大,最大转矩基本维持不变,图 4–25 所示为改变定子电源频率的人为机械特性。

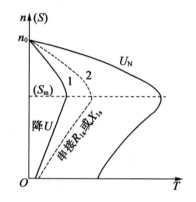

图 4–24　定子电路串接电阻的人为机械特性

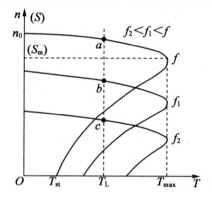

图 4–25　改变定子电源频率的人为机械特性

（4）转子电路串入电阻时的人为机械特性。在三相绕线式异步电动机的转子电路中串入电阻 R_{2r}（图 4–26(a)）后,转子电路中的电阻为 $R_2 + R_{2r}$。由式 S、式 S_m 和 T_{max} 可得,R_{2r} 的串入对理想空载转速 n_0、最大转矩 T_{max} 没有影响,但临界转差率 S_m 则随着 R_{2r} 的增大而增大,此时的人为机械特性将是一根比固有机械特性较软的一条曲线,如图 4–26(b) 所示。

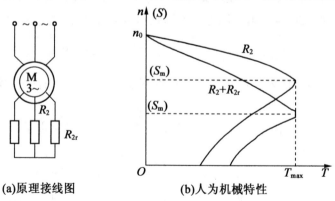

(a)原理接线图　　　　　(b)人为机械特性

图 4–26　异步电动机转子电路串入电阻时的原理接线图和人为机械特性

4.5　三相异步电动机的启动特性

采用电动机拖动生产机械时,对电动机启动的主要要求如下。

(1)有足够大的启动转矩,保证生产机械能正常启动。一般场合下希望启动越快越好,以提高生产效率。电动机的启动转矩要大于负载转矩,否则电动机不能启动。

(2)在满足启动转矩要求的前提下,启动电流越小越好。因为过大的启动电流冲击,对于电网和电动机本身都是不利的。对电网而言,它会引起较大的线路压降,特别是电源容量较小时,电压下降太多,会影响接在同一电源上的其他负载,例如影响到其他异步电动机的正常运行甚至停止转动;对电动机本身而言,过大的启动电流将在绕组中产生较大的损耗,引起绕组发热,加速电动机绕组绝缘老化,且在大电流冲击下,电动机绕组端部受电动力的作用,有发生位移和变形的可能,容易造成短路事故。

(3)要求启动平滑,即要求启动时平滑加速,以减小对生产机械的冲击。

(4)启动设备安全可靠,力求结构简单,操作方便。

(5)启动过程中的功率损耗越小越好。

其中,(1)和(2)两条是衡量电动机启动性能的主要技术指标。

异步电动机在接入电网启动的瞬时,由于转子处于静止状态,定子旋转磁场以最快的相对速度(即同步转速)切割转子导体,在转子绕组中感应出很大的转子电动势和转子电流,从而引起很大的定子电流,一般启动电流 I_{st} 可达额定电流 I_N 的 5～7 倍。但因启动时转差率 $S_{st}=1$,转子功率因数 $\cos \varphi_2$ 很低,因而启动转矩 $T_{st}=K_t\Phi I_{2st}\cos \varphi_{2st}$ 却不大,一般来说 $T_{st}=(0.8\sim1.5)T_N$。异步电动机的固有启动特性如图 4-27 所示。

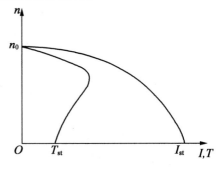

图 4-27　异步电动机的固有启动特性

异步电动机启动性能和生产机械的要求是相矛盾的。为了解决这些矛盾,必须根据具体情况,采取不同的启动方法。

4.5.1　鼠笼式异步电动机的启动方法

鼠笼式异步电动机的启动方法有直接启动和降压启动。

1.直接启动(全压启动)

直接启动就是将电动机的定子绕组通过闸刀开关或接触器直接接入电源,在额定电压下进行启动,直接启动原理图如图 4-28 所示。由于直接启动的启动电流很大,因此满足一定条件才可以直接启动。有关供电、动力部门都有规定,主要取决于电动机的功率与供电变压器的容量之比值。

（1）一般在有独立变压器供电（即变压器供动力用电）的情况下，若电动机启动频繁，则电动机功率小于变压器容量的20%时允许直接启动。

（2）如果电动机不经常启动，则电动机功率小于变压器容量的30%时也允许直接启动。

（3）如果在没有独立的变压器供电（即与照明共用电源）的情况下，电动机启动比较频繁，则常按经验公式来估算，满足下列关系即可直接启动：

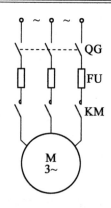

图4-28　直接启动原理图

$$\frac{I_{st}}{I_N} \leqslant \frac{3}{4} + \frac{P}{4P_N} \qquad (4-34)$$

式中　I_{st}——启动电流；

　　　I_N——额定电流；

　　　P——电源总功率；

　　　P_N——电动机功率。

例4.2　有一台要求经常启动的鼠笼式异步电动机，其 $P_N = 20$ kW，$I_{st}/I_N = 6.5$。如果供电变压器（电源）容量为 750 kV·A，且有照明负载。问：电动机可否直接启动？同样的 I_{st}/I_N 比值，功率为多大的电动机不允许直接启动？

解　　　$$\frac{3}{4} + \frac{P}{4P_N} = \frac{3}{4} + \frac{750}{4 \times 20} = 10.125$$

$\dfrac{I_{st}}{I_N} = 6.5 < 10.125$，满足直接启动条件，可以直接启动。

$6.5 \leqslant \dfrac{3}{4} + \dfrac{P}{4P_N}$，$P_N < 33$ kW，所以额定功率 P_N 大于 33 kW 不允许直接启动。

鼠笼式异步电动机是否可以直接启动，可利用表4-1给出的经验数据。

表4-1　鼠笼式异步电动机直接启动的经验数据

供电方式	电动机的启动情况	供电网络上允许的电压降	供电变压器容量/(kV·A)					
			100	180	320	560	750	1 000
			直接启动电动机的最大功率/kW					
动力与照明	经常启动	2%	4.2	7.5	13.3	23	31	42
混合	不经常启动	4%	8.4	15	27	47	62	84
动力专用	—	10%	21	37	66	116	155	210

直接启动因无须附加启动设备，且操作和控制简单、可靠，所以在条件允许的情况下应尽量采用，考虑到目前在大中型厂矿企业中，变压器容量已足够大，因此绝大多数中、

小型鼠笼式异步电动机都可采用直接启动。

2. 降压启动

鼠笼式异步电动机在不允许直接启动时,可采用降压启动。异步电动机降压启动方式有定子串接电阻或电抗器降压启动、Y - △降压启动、自耦变压器降压启动。

(1)定子串接电阻或电抗器降压启动。定子串接电阻或电抗器降压启动的原理接线图如 4 - 29 所示。启动时,接触器 KM_1 断开,KM 闭合,将启动电阻串入定子电路,使启动电流减小;待转速上升到一定程度后再将 KM 闭合,R_{st} 被短接,电动机接上全部电压而趋于稳定运行。

这种启动方法的缺点是:①启动转矩随定子电压的二次方关系下降,故它只适用于空载或轻载启动的场合;②不经济,在启动过程中,电阻器上消耗能量大,不适用于经常启动的电动机,若采用电抗器代替电阻器,则所需设备费较贵,且体积大。

(2)Y - △降压启动。Y - △降压启动的原理接线图如图 4 - 30 所示,启动时,接触器的触点 KM 和 KM_1 闭合,KM_2 断开,将定子绕组接成星形;转速上升到一定后再将 KM_1 断开,KM_2 闭合,将定子绕组接成三角形,电动机启动过程完成而转入正常运行。适用于运行时定子绕组三角形连接的情况。

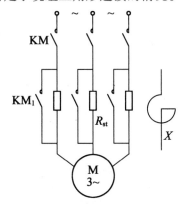

图 4 - 29 定子串接电阻或电抗器降压启动的原理接线图

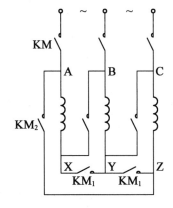

图 4 - 30 Y - △降压启动的原理接线图

设 U_1 为电源线电压,I_{stY}、$I_{st\triangle}$ 为定子绕组分别接成星形及三角形的启动电流(线电流),Z 为电动机在启动时每相绕组的等效阻抗,则有

$$\begin{cases} I_{stY} = \dfrac{U_1}{\sqrt{3}\,Z} \\[2mm] I_{st\triangle} = \dfrac{\sqrt{3}\,U_1}{Z} \end{cases}$$

可知,$I_{stY} = I_{st\triangle}/3$,即定子绕组接成星形时的启动电流等于接成三角形时启动电流的 1/3,而接成星形时的启动转矩为 $T_{stY} \propto (U_1/\sqrt{3})^2 = U_1^2/3$,接成三角形时的启动转矩为 $T_{st\triangle} \propto U_1^2$,所以 $T_{stY} = T_{st\triangle}/3\ T_{stY} = T_{st\triangle}/3$,即星形连接降压启动时的启动转矩只有三角形

连接直接启动时的 1/3。

Y - △降压启动方法的优点是设备简单、经济、启动电流小;缺点是启动转矩小,且启动电压不能按实际需要调节,故只适用于空载或轻载启动的场合,并只适用于正常运行时定子绕组按三角形连接的异步电动机。由于这种方法应用广泛,我国规定 4 kW 及以上的三相异步电动机,其定子额定电压为 380 V,连接方法为三角形连接。当电源线电压为 380 V 时,它们就能采用 Y - △降压启动。

(3)自耦变压器降压启动。自耦变压器降压启动的原理接线图如图 4 - 31(a)所示。启动时 KM_1、KM_2 闭合,KM 断开,三相自耦变压器 T 的三个绕组接成星形接于三相电源,使接在自耦变压器副边的电动机降压启动,当转速上升到一定值后,KM_1、KM_2 断开,自耦变压器被切除,同时 KM 闭合,电动机接上全电压运行。图 4 - 31(b)为自耦变压器启动时的单相电路。由变压器的工作原理可知,此时副边电压与原边电压之比为 $K = U_2/U_1 = N_2/N_1 < 1$,$U_2 = KU_1$。

启动时加在电动机定子每相绕组的电压是全压启动时的 K 倍,因而电流 I_2 也是全压启动时的 K 倍,即 $I_2 = KI_{st}$(I_2 为变压器副边电流,I_{st} 为全压启动时启动电流。)

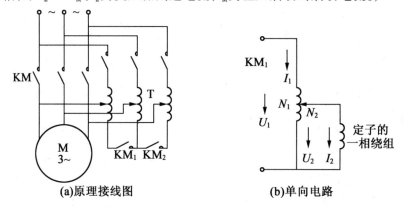

(a)原理接线图　　　　　　(b)单向电路

图 4 - 31　自耦变压器降压启动的原理接线图和单向电路

变压器原边电流为 $I_1 = KI_2 = K^2 I_{st}$,即从电网吸取的电流 I_1 是直接启动时电流 I_{st} 的 K^2 倍。这与 Y - △降压启动时的情况一样,只是在 Y - △降压启动时的 $K = 1/\sqrt{3}$ 为定值,而自耦变压器启动时的 K 是可调节的,这就是此种启动方法优于 Y - △降压启动方法之处,当然它的启动转矩也是全压启动时的 K^2 倍。这种启动方法的缺点是变压器的体积大、质量重、价格高、维修麻烦,且启动时自耦变压器处于过电流(超过额定电流)状态下运行,因此不适于启动频繁的电动机。所以,它在启动不太频繁、要求启动转矩较大、容量较大的异步电动机上应用较为广泛。通常把自耦变压器的输出端做成固定抽头(一般 K 有 80%、65% 和 50% 三种,可根据需要选择输出电压),连同转换开关和保护用的继电器等组合成一个设备,称为启动补偿器。

鼠笼式异步电动机常用启动方法的启动电压、启动电流和启动转矩的比较见表 4 - 2。

表 4 – 2　鼠笼式异步电动机几种常用启动方法的比较

启动方法	启动电压相对值 $K_U = \dfrac{U_{st}}{U_N}$	启动电流相对值 $K_I = \dfrac{I'_{st}}{I_{st}}$	启动转矩相对值 $K_T = \dfrac{T'_{st}}{T_{st}}$
直接(全压)启动	1	1	1
定子电路串电阻或 电抗器降压启动	0.80	0.80	0.64
	0.65	0.65	0.42
	0.50	0.50	0.25
Y – △降压启动	0.57	0.33	0.33
自耦变压器降压启动	0.80	0.64	0.64
	0.65	0.42	0.42
	0.50	0.25	0.25

表 4 – 2 中,U_N、I_{st} 和 T_{st} 分别为电动机的额定电压、全压启动时的启动电流和启动转矩,其数值可从电动机的产品目录中查到;U_{st}、I'_{st} 和 T'_{st} 分别为按各种方法启动时实际加在电动机上的线电压、实际启动电流(对电网的冲击电流)和实际的启动转矩。

3. 软启动器

上述的几种常用启动方法都是有级(一级)降压启动,启动过程中电流有两次冲击,其幅值比直接启动时电流(图 4 – 32 曲线 a)低,而启动过程时间略长(图 4 – 32 曲线 b)。

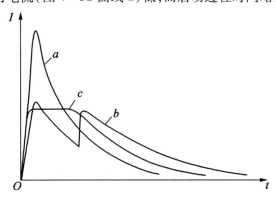

a—直接启动;b—有级降压启动;c—软启动器

图 4 – 32　异步电动机的启动过程与电流冲击

现代带电流闭环的电子控制软启动器可以限制启动电流并保持恒值,直到转速升高后电流自动衰减下来(图 4 – 32 曲线 c),启动时间也短于一级降压启动。主电路采用晶闸管交流调压器,用连续地改变其输出电压来保证恒流启动,稳定运行时可用接触器给晶闸管旁路,以免晶闸管不必要地长期工作。视启动时所带负载的大小,启动电流可在 $(0.5 \sim 4)I_N$ 之间调整,以获得最佳的启动效果,但无论如何调整都不宜满载启动。负载略重或静摩擦转矩较大时,可在启动时突加短时的脉冲电流,以缩短启动时间。软启动的功能同样也可以用于制动,以实现软停车。

4.5.2　绕线式异步电动机的启动方法

鼠笼式异步电动机的启动转矩小,启动电流大,因此不能满足某些生产机械高启动转矩、低启动电流的要求。而绕线式异步电动机由于能在转子电路中串入电阻,因此具有较大的启动转矩和较小的启动电流,即具有较好的启动特性。

在转子电路中串入电阻的启动方法常用的有逐级切除启动电阻法和频敏变阻器启动法。

1. 逐级切除启动电阻法

他励直流电动机逐级切除启动电阻法的目的和启动过程相似,主要是为了使整个启动过程中电动机能保持较大的加速转矩。逐级切除启动电阻法启动的原理接线图和机械特性如图 4 – 33 所示,启动过程如下。

如图 4 – 33(a)所示,启动开始时,触点 KM_1、KM_2、KM_3 均断开,启动电阻全部接入,KM 闭合,将电动机接入电网。

电动机的机械特性如图 4 – 33(b) 中曲线 Ⅲ 所示,初始启动转矩为 T_A,加速转矩 $T_{a1} = T_A - T_L$,这里 T_L 为负载转矩。在加速转矩的作用下,转速沿曲线Ⅲ上升,轴上输出转矩相应下降,当转矩下降至 T_B 时,加速转矩下降到 $T_{a2} = T_B - T_L$。这时,为了使系统保持较大的加速度,让 KM_3 闭合,各相电阻中的 R_{st3} 被短接(或切除),启动电阻由 R_3 减为 R_2,电动机的机械特性由曲线Ⅲ变化到曲线Ⅱ。只要 R_2 的大小选择合适,并掌握好切除时间,就能保证在电阻刚被切除的瞬间电动机轴上输出转矩重新回升到 T_A,即使电动机重新获得最大的加速转矩。以后各段电阻的切除过程与上述相似,直到转子电阻全部被切除,电动机稳定运行在固有机械特性曲线(即图中曲线Ⅳ),相应于负载转矩 T_L 的点 9 上,启动过程结束。

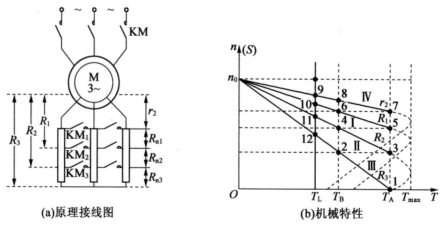

(a)原理接线图　　　　　　　　(b)机械特性

图 4 – 33　逐级切除启动电阻法启动的原理接线图和机械特性

2. 频敏变阻器启动法

采用逐级切除启动电阻法来启动绕线式异步电动机时,可以由手动操作"启动变阻器"或"鼓形控制器"来切除电阻,也可以用继电器－接触器自动切换电阻。前者很难实现较理想的启动要求,且对提高劳动生产率、减轻劳动强度不利;后者则增加附加设备等费用,且维修较麻烦。因此,单从启动而言,逐级切除启动电阻法不是很好的方法。若采用频敏变阻器启动法来启动线绕式异步电动机,则既可自动切除启动电阻,又不需要控制电器。

频敏变阻器实质上是一个铁芯损耗很大的三相电抗器,铁芯由一定厚度的几块实心铁板或钢板叠成,一般做成三柱式,每柱上绕有一个线圈,三相线圈连成星形,然后接到线绕式异步电动机的转子电路中,频敏变阻器电路原理图如图4－34所示。

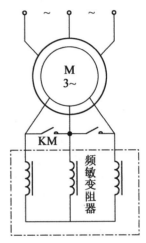

图 4－34 频敏变阻器电路原理图

在频敏变阻器的线圈中通过转子电流,它在铁芯中产生交变磁通,在交变磁通的作用下,铁芯中就会产生涡流,涡流使铁芯发热。从电能损失的观点来看,这和电流通过电阻发热而损失电能一样,所以可以把涡流的存在看成是一个电阻 R。另外,铁芯中交变的磁通又在线圈中产生感应电动势,阻碍电流流通,因而有感抗 X(即电抗)存在。所以,频敏变阻器相当于电阻 R 和电抗 X 的并联电路。启动过程中频敏变阻器内的实际电磁过程如下。

启动开始时 $n=0$、$S=1$,转子电流的频率($f_2=Sf$)高,铁耗大(铁耗与 f_2^2 成正比),相当于 R 大,且 $X \propto f_2$,所以 X 也很大,即等效阻抗大,从而限制了启动电流。另外,由于启动时铁耗大,频敏变阻器从转子取出的有功电流也较大,从而提高了转子电路的功率因数,增大了启动转矩。随着转速的逐步上升,转子频率 f_2 逐渐下降,从而使铁耗减小,感应电动势也减小,即由 R 和 X 组成的等效阻抗逐渐减小,这就相当于启动过程中逐渐自动切除电阻和电抗。当转速 $n \propto n_N$ 时 f_2 很小,R 和 X 近似为零,这相当于转子被短路,启动完毕,进入正常运行。这种电阻和电抗对频率的敏感特性,就是频敏变阻器名称的由来。

与逐级切除启动电阻法相比,频敏变阻器启动法的主要优点是具有自动平滑调节启动电流和启动转矩的良好启动特性,且结构简单,运行可靠,无须经常维修。它的缺点是功率因数低(一般为 0.3～0.8),因而启动转矩的增大受到限制,且不能用做调速电阻。因此,频敏变阻器用于对调速没有什么要求、启动转矩要求不大、经常正反向运转的绕线式异步电动机的启动是比较合适的。它广泛应用于冶金、化工等传动设备上。

4.6　三相异步电动机的调速方法与特性

由异步电动机的旋转磁场转速 n_0 和转差率 S 可得到

$$n = n_0(1 - S) = \frac{60f}{P}(1 - S) \qquad (4 - 35)$$

由式(4-35)可知,异步电动机在一定负载稳定运行的条件($T - T_L$)下,欲得到不同的转速 n,其调速方法有改变极对数 p、改变转差率 S(即改变电动机机械特性的硬度)和改变电源频率 f。交流电动机调速种类如下。

(1)变极对数调速。改变鼠笼式异步电动机定子绕组的极对数。

(2)变转差率调速主要包括以下几种。

①调压调速,如改变定子电压。

②转子电路串电阻调速,如绕线式异步电动机转子电路串电阻。

③串级调速,如绕线式异步电动机转子电路串电动势。

④电磁转差离合器调速,如滑差电动机调速。

(3)变频调速。改变定子电源的频率。

在以上三种调速方法中,变极对数调速是有级的。变转差率调速不用调节同步转速,低速时电阻能耗大,效率较低;只有串级调速情况下,转差功率才得以利用,效率较高。变频调速要调节同步转速,可以从高速到低速都保持很小的转差率,效率高,调速范围大,精度高,是一种比较理想的交流电动机调速方法。

4.6.1　改变极对数调速

在生产中,大量的生产机械并不需要连续平滑调速,只需要几种特定的转速就可以了,而且对启动性能也没有高的要求,一般只在空载或轻载下启动。在这种情况下采用变极对数调速的多速鼠笼式异步电动机是合理的。

因为同步转速 n_0 与极对数 p 成反比,故改变极对数 p 即可改变电动机的转速。

下面以单绕组双速电动机为例,对变极对数调速的原理(图4-35)进行分析,单绕组双速电动机定子绕组由两个相等圈数的"半绕组"组成。如图4-35(a)所示,两个"半绕组"串联,其电流方向相同;如图4-35(b)所示,两个"半绕组"并联,其电流方向相反。它们分别代表两种极对数,即 $2p = 4$ 与 $2p = 2$ 可见,改变极对数的关键在于使每相定子绕组中一半绕组内的电流改变方向,即可用改变定子绕组的接线方式来实现。若在定子上装两套独立绕组,各自具有所需的极对数,两套独立绕组中每套又可以有不同的连接,这样就可以分别得到双速、三速或四速等电动机,通称为多速电动机。

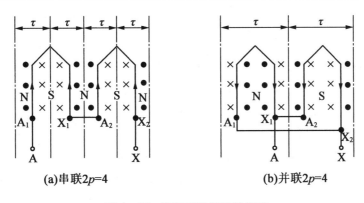

$$(a)串联2p=4 \qquad (b)并联2p=4$$

图 4 – 35　变极对数调速的原理

注意:多速电动机的调速性质也与连接方式有关,如将定子绕组由 Y 连接改成 YY 连接(图 4 – 36(a)),即每相绕组由串联改成并联,则极对数减少了一半($n_{YY} = 2n_Y$)可以证明,此时转矩维持不变,而功率增加了一倍,即属于恒转矩调速;而当定子绕组由 △ 连接改成 YY 连接(图 4 – 36(b)) 时,极对数也减少了一半($n_{YY} = 2n_{\triangle}$),可以证明,此时功率基本维持不变,而转矩约减小了一半,即属于恒功率调速。

另外,为了改变极对数后仍能维持原来的转向不变,必须在改变极对数的同时,改变三相绕组接线的相序,如图 4 – 36 所示,将 B 和 C 相对换一下。这是设计变极对数调速电动机控制线路时需注意的问题。

多速电动机启动时宜先接成低速,然后再换接成高速,这样可获得较大的启动转矩。多速电动机虽体积稍大、价格稍高,只能有级调速,但结构简单,效率高,且调速时所需附加设备少,因此广泛用于机电联合调速的场合,特别是在中、小型机床上用得较多。

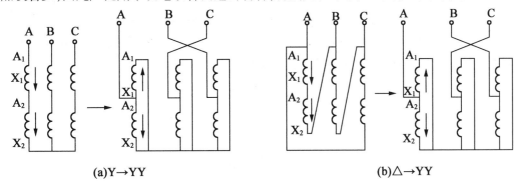

$$(a)Y{\rightarrow}YY \qquad (b)\triangle{\rightarrow}YY$$

图 4 – 36　单绕组双速电动机的极对数变换

4.6.2　变转差率调速

1. 调压调速

(1)异步电动机调压特性。普通异步电动机(改变定子电压时)的机械特性如图 4 – 37(a)所示,电压 U 改变时,T_{max} 变化,而 n_0 和 S_m 不变。对于恒转矩性负载 T_L,可见其调速范围很小。若电动机拖动离心式通风机型负载曲线 2 与不同电压下机械特性的交点为 d、e、f，则可以看出，调速范围稍大。但是，随着电动机转速的降低，会引起转子电流相应增大，可能引起过热而损坏电动机。所以，为了使电动机能在低速下稳定运行又不致过热，要求电动机转子绕组有较高的电阻，故应选用高转差率异步电动机，它具有如图 4 - 37(b) 所示的机械特性。

这种调速方法能够无级调速，但当降低电压时，转矩按电压的二次方比例减小，调速范围不大。且这种软机械特性的电动机除运行效率较低外，在低速运行时工作点还不易稳定，如图 4 - 37(b) 中的点 c。要提高调压调速机械特性的硬度，就要采用速度闭环控制系统。

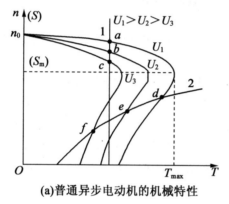

(a)普通异步电动机的机械特性

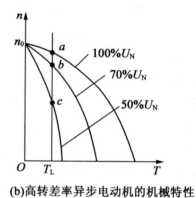

(b)高转差率异步电动机的机械特性

图 4 - 37　异步电动机调压时的机械特性

(2)异步电动机调压调速时的损耗及容量限制。根据异步电动机的运行原理，当电动机定子接入三相电源后，定子绕组中建立的旋转磁场在转子绕组中感应出电流，二者相互作用产生转矩 T。这个转矩将转子加速直到最后稳定运转在低于同步转速 n_0 的某一速度 n 为止。由于旋转磁场和转子具有不同的速度，因此传到转子上的电磁功率为

$$P_e = T \frac{n_0}{9\,550}$$

转子轴上产生的机械功率为

$$P_m = T \frac{n}{9\,550}$$

二者之间存在功率差为

$$P_s = P_e - P_m = T \frac{n_0 - n}{9\,550} = S P_e$$

该功率称为转差功率，它将通过转子导体发热而消耗掉。可以看出，在较低转速时，转差功率将很大，所以这种调压调速方法不太适合于长期工作在低速的工作机械。

另外，如果负载具有转矩随转速降低而减小的特性(如通风机类型的工作机械 $T_L = Kn^2$)，则当向低速方向调速时转矩减小，电磁功率及输入功率也减小，从而转差功率较恒

转矩负载时小得多。因此,定子调压调速的方法特别适合于通风机及泵类等机械。

2. 转子电路串电阻调速

转子电路串电阻调速的原理接线图和机械特性与图 4 – 33 所示的相同。从图中可看出,绕线式异步电动机转子电路串联不同的电阻时,其 n_0 和 T_{max} 不变,但 S_m 随外加电阻的增大而增大。对于恒转矩负载 T_L,由负载特性曲线与不同外加电阻下电动机机械特性的交点可知,随着外加电阻的增大,电动机的转速降低。

这种调速方法只适用于绕线式异步电动机,其启动电阻可兼作调速电阻用,不过此时要考虑稳定运行时的发热,应适当增大电阻的容量。

转子电路串电阻时,调速简单可靠,但它是有级调速。随转速降低,特性变软。转子电路电阻损耗与转差率成正比,低速时转差率 S_m 大,损耗大。所以,这种调速方法大多用在重复短期运转的生产机械中,如用在起重运输设备中。

4.6.3　变频调速

异步电动机的转速 n 正比于定子电源的频率 f_1,若连续调节定子电源频率 f_1,即可实现连续地改变电动机的转速 n_0。变频调速是目前交流电动机调速的一种主要方法,它在许多方面已经取代了直流调速系统,交流调速技术已成为当前机电传动控制系统研究的主要内容之一。变频调速的方案现在已有很多,下面仅介绍变频调速的基本方法。

1. 变压变频调速

变压变频调速适合于基频(额定频率 f_{1N})以下调速。在基频以下调速时,需要调节电源电压,否则电动机将不能正常运行,其理由如下。

三相异步电动机每相定子绕组的电压方程(相量式)为

$$\dot{U}_1 = -\dot{E}_1 + \dot{I}_1 R_1 + j\dot{I}_1 X_1 = -\dot{E}_1 + \dot{I}_1(R_1 + jX_1) = -\dot{E}_1 + \dot{I}_1\dot{Z}_1 \qquad (4-36)$$

式中　　$\dot{I}_1\dot{Z}_1$——定子电流在绕组阻抗上产生的电压降。

电动机在额定功率下运行时,有 $I_1 Z_1 \ll U_1$,所以

$$U_1 \approx E_1 = 4.44 f_1 N_1 \Phi_m \qquad (4-37)$$

由式(4-37)有

$$\Phi_m \approx \frac{U_1}{4.44 f_1 N_1} = K \frac{U_1}{f_1} \qquad (4-38)$$

由于电源电压通常是恒定的,即 U_1 为恒定,可见当电压频率变化时,磁极下的磁通也将发生变化。

为了充分利用铁芯通过磁通的能力,通常将铁芯额定磁通 Φ_{mN}(或额定磁感应强度 B)选在磁化曲线的弯曲点,以使电动机产生足够大的转矩(因转矩 T 与磁通 Φ_m 成正比)。若减小频率,则磁通将会增加,使铁芯饱和;当铁芯饱和时,要使磁通再增加,则需要很大的励磁电流。这将导致电动机绕组的电流过大,会造成电动机绕组过热,甚至烧坏电动机,这是不允许的。因此,当降低 f_1 时,为了防止磁路饱和,就应使 Φ_m 保持不变,

于是要保持 E_1/f_1 等于常数。但因 E_1 难以直接控制,故近似地采用 U_1/f_1 等于常数。这表明,在基频以下变频调速时,要实现恒磁通调速,应使电压和频率按比例地配合调节,这相当于直流电动机的调压调速,也称恒压频比控制方式。

2. 恒压弱磁调速

恒压弱磁调速适合于基频(额定频率 f_{1N})以上调速。在基频以上调速时,当频率调节到超过基频(即 $f_1 > f_{1N}$)时,若仍保持 $\Phi_m = \Phi_{mN}$,则电压 U_1 将超过额定电压 U_m,而这在电动机的运行中是不允许的(会损坏绝缘层)。因此在基频以上,只好保持电压不变(不超过电动机绝缘要求的额定电压),即 $U_1 = U_{1N}$ 为常数,这时 f 越高,Φ_m 越弱,这相当于直流电动机的弱磁调速,也称恒压弱磁升速控制方式。

把基频以下和基频以上两种情况结合起来,可得如图 4-38 所示的异步电动机变压变频调速控制特性。如果电动机在不同转速下都具有额定电流,则电动机都能在温升允许下长期运行。基频以下属于恒转矩调速,而基频以上,基本上属于恒功率调速。

综上所述,异步电动机基频以下,采取恒磁恒压频比调速方式;基频以上,采取恒压弱磁升速调速方式。变频调速的机械特性($n = f(T)$)如图 4-39 所示。

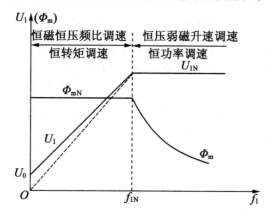

图 4-38 异步电动机变压变频调速控制特性

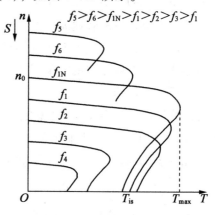

图 4-39 变频调速的机械特性

值得指出的是,上述在基频以下分析的依据 $\Phi_m \approx KU_1/f_1$,是在略去 I_1Z_1 的情况下得出的。事实上,在负载不变的情况下,随着 f_1 的减小,U_1 将成比例地减小,I_1Z_1 的影响实质上就是 E_1 减小,也就是在 $\Phi_m < \Phi_{mN}$ 条件下,f_1 与 U_1 减小得越多,I_1Z_1 的影响就越大。为了补偿 I_1Z_1 对 E_1 的影响,在减小 f_1 时使 U_1 减小得少一些,也就是相当于增加 U_1 来补偿的 I_1Z_1 影响,这样 U_1/f_1 就不等于常数了。控制特性曲线 $U_1 - f_1$ 将为图 4-38 中 $f < f_{1N}$ 直线。当然此时机械特性 $n = f(T)$ 也要做相应的改变。

目前,变频调速已能和直流电动机的调速性能媲美,其主要优点如下。

(1)调速范围广。通用变频器的最低工作频率为 0.5 Hz,如额定频率 $f_{1N} = 50$ Hz,则在额定转速以下,调速范围可达 $D \approx 50/0.5 = 100$。D 实际是同步转速的调节范围,与实际转速的调节范围略有出入。挡别较高的变频器的最低工作频率仅为 0.1 Hz,则额定转速以下的调速范围可达 $D \approx 50/0.1 = 500$。

（2）调速平滑性好。在频率给定信号为模拟量时，其输出频率的分辨率大多为 0.05 Hz，以 4 极电动机（$p=2$）为例，每两挡之间的转速差为

$$\varepsilon_n \approx \frac{60 \times 0.05}{2} \text{r/min} = 1.5 \text{ r/min}$$

如频率给定信号为数字量，则输出频率的分辨率可达 0.002 Hz，每两挡间的转速差为

$$\varepsilon_n \approx \frac{60 \times 0.002}{2} \text{r/min} = 0.06 \text{ r/min}$$

（3）工作特性（静态特性与动态特性）能做到和直流系统不相上下的程度。

（4）经济效益高。例如，带风机、水泵等离心式通风机型负载的三相交流异步电动机，每年要消耗电厂发电总量的 1/3 以上，如果改用变频调速，则全国每年可以节省大量电力。这也是变频调速技术发展得十分迅速的主要原因之一。

为了便于根据实际情况选择适应不同要求的调速方法，现将异步电动机各种调速方法的调速性能进行比较，并列于表 4 - 3 中。

表 4 - 3　异步电动机各种调速方法调速性能的比较

比较项目	调速方法					
	变极	变转差率				变频
		转子串电阻	调压调速	电磁转差离合器调速	串级调速	
是否改变同步转速	变	不变	不变	不变	基本不变	变
静差率	小（好）	大（差）	开环时大，闭环时小	开环时大，闭环时小	小（好）	小（好）
调速范围（满足一般静差率要求）	较小（$D=2\sim4$）	小（$D=2$）	闭环时较大（X10）	闭环时较大（$D<10$）	较小（$D=2\sim4$）	较大（$D>10$）
调速平滑性（有级/无级）	差，有级调速	差，有级调速	好，无级调速	好，无级调速	好，无级调速	好，无级调速
适应负载类型	恒转矩，恒功率	恒转矩	通风机，恒转矩	通风机，恒转矩	通风机，恒转矩	恒转矩，恒功率
设备投资	少	少	较少	较少	较多	多
能量损耗	小	大	大	大	较少	较少
电动机类型	多速电动机（鼠笼式）	绕线式	鼠笼式	滑差电动机	绕线式	鼠笼式

4.7　三相异步电动机的制动特性

4.7.1　反馈制动

当异步电动机的运行速度高于它的同步速度时，$n > n_0$，$S \approx \dfrac{n_0 - n}{n_0}$，电动机进入发电状态。这时转子导体切割旋转磁场的方向与电动状态时的方向相反，电流 I_2 改变了方向，电磁转矩 $T = K_m \Phi I_2 \cos \varphi_2$ 也随着改变方向，即 T 与 I_2 的方向相反，T 起制动作用。反馈制动时，电动机从轴上吸收功率后，一部分转换为转子铜耗，大部分则通过空气隙进入定子，并在供给定子铜耗和铁耗后，反馈给电网，所以反馈制动又称发电制动。这时异步电动机实际上是一台与电网并联运行的异步发电机。由于 T 为负，$S < 0$，所以反馈制动的机械特性曲线是电动状态机械特性曲线向第二象限的延伸，图 4－40 所示为反馈制动状态异步电动机的机械特性。

异步电动机的反馈制动运行状态有两种情况。一种是负载转矩为位能性转矩的起重机械在下放重物时的反馈制动运行状态，如桥式吊车、电动机反转（在第三象限）下放重物。开始在反转电动状态工作，电磁转矩和负载转矩方向相同，重物快速下降，直至 $|-n| > |-n_0|$，即电动机的实际转速超过同步转速后，电磁转矩成为制动转矩，当 $T = T_L$ 时，达到稳定状态，重物匀速下降，电动机运行在图 4－40 中的点 a。改变转子电路内的串入电阻，可以调节重物下降的稳定运行速度，电动机运行在图 4－40 中的点 b。转子电阻越大，电动机转速就越高，但为了避免电动机转速太高而造成运行事故，转子附加电阻的值不允许太大。

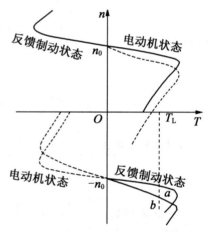

图 4－40　反馈制动状态异步电动机的机械特性

另一种是电动机在变极调速或变频调速过程中，极对数突然增多或供电频率突然降低，使同步转速 n_0 突然降低时的反馈制动运行状态。

例如，某生产机械采用双速电动机传动，高速运转四极（$2p = 4$），转速为

$$n_{01} = \frac{60f}{p} = \frac{60 \times 50}{2} = 1\,500\,(\text{r}/\text{min})$$

高速运转二极（$2p = 8$），转速为

$$n_{02} = \frac{60f}{p} = \frac{60 \times 50}{4} = 750\,(\text{r}/\text{min})$$

变频或变级调速时反馈制动的机械特性如图
4-41 所示，电动机由高速挡切换到低速挡时，由
于转速不能突变，在降速开始一段时间内，电动机运
行到 n_{02} 的机械特性的发电区域内（点 b），此时电枢
所产生的电磁转矩为负，和负载转矩一起，迫使电动
机降速。在降速过程中，电动机将运行系统中的动
能转换成电能反馈到电网，当电动机在高速挡所储
存的动能消耗完后，电动机就进入 $2p=8$ 的电动状
态，一直到电动机的电磁转矩又重新与负载转矩相
平衡，电动机稳定运行在点 c 点。

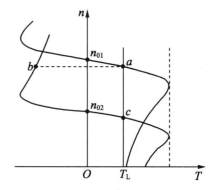

图 4-41 变频或变级调速时反馈制
动的机械特性

4.7.2 反接制动

1. 电源反接制动

如果正常运行时异步电动机三相电源的相序突然改变，即电源反接，则旋转磁场的
方向就将改变，电动状态下的机械特性曲线就由第一象限的曲线 1 变成了曲线 2 在第三
象限的部分。但由于机械惯性，转速不能突变，系统运行点 a 只能平移至特性曲线 2 的
点 b，电磁转矩由正变负，则转子将在电磁转矩和负载转矩的共同作用下迅速减速，在从
点 b 到点 c 的整个第二象限内，电磁转矩 T 和转速 n 的方向都相反，电动机进入反接制动
状态。当 $n=0$（即点 c）时，应将电源切断，否则电动机将反向启动运行。图 4-42 所示
为电源反接制动的机械特性。

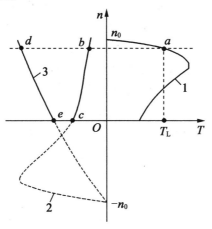

图 4-42 电源反接制动的机械特性

由于反接制动时电流很大，对于鼠笼式电动机，常在定子电路中串接电阻，对于绕线
式电动机，则在转子电路中串接电阻。这时的人为机械特性如图 4-42 中曲线 3 所示，制
动时工作点由点 a 转换到点 d，然后沿特性曲线 3 减速，至 $n=0$（即点 e），切断电源。

2. 倒拉反接制动

倒拉反接制动(倒拉制动)出现在位能负载转矩超过电磁转矩时,如起重机下放重物,为了使下降速度不致太快,就常用这种倒拉制动。倒拉制动的机械特性如图4-43所示,若起重机提升重物时稳定运行在特性曲线1的点a,欲使重物下降,就需在转子电路内串入较大的附加电阻,此时系统运行点将从特性曲线1的点a移至特性曲线2的点b,负载转矩T_L将大于电动机的电磁转矩T,电动机减速到点c(即$n=0$)。

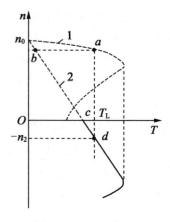

图4-43 倒拉制动的机械特性

由于电磁转矩T仍小于负载转矩T_L,重物将迫使电动机反向旋转,重物被下放,即电动机转速n由正变负,$S>1$,机械特性曲线由第一象限延伸到第四象限,电动机进入反接制动状态。随着下放速度的增加,S增大,转子电流I_2和电磁转矩随之增大,直至$T=T_L$,系统达到相对平衡状态,重物以$-n_S$等速下放。可见,与电源反接的过渡制动状态不同,倒拉制动状态是一种能稳定运转的制动状态。

在倒拉制动状态下,转子轴上输入的机械功率转变成电功率后,连同从定子输送来的电磁功率一起,消耗在转子电路的电阻上。

4.7.3 能耗制动

异步电动机的电源反接制动用于准确停车有一定的困难,因为它容易造成反转,而且电能损耗也比较大;反馈制动虽是比较经济的制动方法,但它只能在高于同步转速下使用;而能耗制动却是比较常用的准确停车的方法。

异步电动机能耗制动的原理线路图如图4-44(a)所示。进行能耗制动时,首先将定子绕组从三相交流电源断开(KM₁),接着立即将一低压直流电源通入定子绕组(KM₂闭合)。直流电流通过定子绕组后,在电动机内部建立一个固定不变的磁场,由于转子在运动系统储存的机械能作用下继续旋转,转子导体内就产生感应电势和电流,该电流与恒定磁场相互作用产生作用方向与转子实际旋转方向相反的制动转矩。在它的作用下,电动机转速迅速下降,此时运动系统储存的机械能被电动机转换成电能后消耗在转子电路的电阻中。

能耗制动的机械特性如图4-44(b)所示。制动时系统运行点从特性曲线1的点a平移至特性曲线2的点b。在制动转矩和负载转矩的共同作用下沿特性曲线2迅速减速,直至$n=0$为止,当$n=0$时$T=0$。所以,能耗制动能准确停车,不像电源反接制动那样,若不及时切断电源会使电动机反转。不过,当电动机停止后不应再接通直流电源,因为那样将会烧坏定子绕组。另外,制动的后阶段,随着转速的降低,能耗制动转矩也很快减小,所以制动较平稳,但制动效果比电源反接制动效果差。可以用改变定子励磁电流I,或转子电路串入电阻(线绕式异步电动机)的大小来调节制动转矩,从而调节制动的强弱。由于制动时间很短,因此通过定子的直流电流可以大于电动机的定子额定电流,一

般取 $I_f = (2 \sim 3)I_{1N}$。

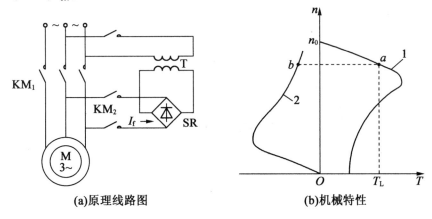

(a)原理线路图　　　　　　　　　　(b)机械特性

图 4-44　能耗制动的原理线路图和机械特性

4.8　单相异步电动机

单相异步电动机定子绕组为单相,是一种容量从几瓦到几百瓦、由单相交流电源供电的电动机,具有结构简单,成本低廉,运行可靠等一系列优点,所以广泛用于电风扇、洗衣机、电冰箱、吸尘器、医疗器械及自动控制装置中。

4.8.1　单相异步电动机的磁场

单相异步电动机的定子绕组为单相,转子一般为鼠笼式,如图 4-45 所示。

当接入单相交流电源时,它在定子、转子气隙中产生一个如图 4-46(a)所示的交变脉动磁场。此磁场在空间并不旋转,只是磁通或磁感应强度的大小随时间做正弦变化,即

$$B = B_m \sin \omega t \qquad (4-39)$$

式中　B_m——磁感应强度的幅值;

　　　ω——交流电源角频率。

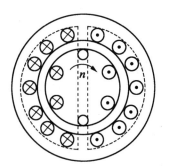

图 4-45　单相异步电动机

可以证明,一个空间轴线固定而大小按正弦规律变化的脉动磁场(用磁感应强度 B 表示),可以分解成两个转速相等而方向相反的旋转磁场 B_{m1} 和 B_{m2},如图 4-46(b)所示,磁感应强度的大小为

$$B_{m1} = B_{m2} = B_m/2$$

当脉动磁场变化一个周期时,对应的两个旋转磁场正好各转一周。若交流电源的频率为 f,定子绕组的磁极对数为 p,则两个旋转磁场的同步转速为

$$n_0 = \pm \frac{60f}{p}$$

与三相异步电动机的同步转速相同。

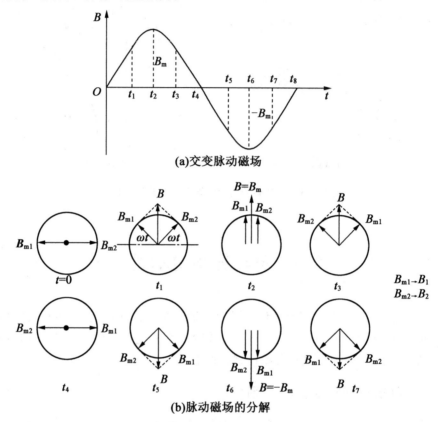

(a)交变脉动磁场

(b)脉动磁场的分解

图 4 – 46　脉动磁场分成两个转向相反的旋转磁场

两个旋转磁场分别作用于鼠笼式转子而产生两个方向相反的转矩,单相异步电动机 $T = f(t)$ 曲线如图 4 – 47 所示。图中,T^+ 为正向转矩,由旋转磁场 B_{m1} 产生;T^- 为反向转矩,由反向旋转磁场 B_{m2} 产生,而 T 为单相异步电动机的合成转矩,S 为转差率。

从曲线可以看出,在转子静止($S = 1$)时,由于两个电磁转矩大小相等方向相反,故其作用互相抵消,合成转矩为零,即 $T = 0$,因而转子不能自行启动。

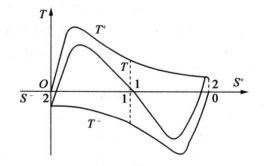

图 4 – 47　单相异步电动机 $T = f(t)$ 曲线

如果外力拨动转子沿顺时针方向转动,此时正向转矩 T^+ 大于反向转矩 T^-,其合成转矩 $T = T^+ - T^-$ 为正,使转子继续沿顺时针方向旋转,直至达到稳定运行状态。同理,如果沿反方向推一下,电动机就会反向旋转。

由此可得出如下结论。

（1）在脉动磁场作用下的单相异步电动机没有启动能力，即启动转矩为零。

（2）单相异步电动机一旦启动，它能自行加速到稳定运行状态，其旋转方向不固定，完全取决于启动时的旋转方向。

因此，要解决单相异步电动机的应用问题，首先必须解决它的启动转矩问题。

4.8.2　单相异步电动机的启动方法

单相异步电动机在启动时若能产生一个旋转磁场，就可以建立启动转矩而自行启动。下面介绍两种常见的单相异步电动机。

1. 电容分相式异步电动机

电容分相式异步电动机的接线原理图如图 4−48 所示。定子上有两个绕组 AX 和 BY，AX 为运行绕组（或工作绕组），BY 为启动绕组，它们都嵌入定子铁芯中，两绕组的轴线在空间互相垂直。在启动绕组 BY 电路中串有电容 C，适当选择参数使该绕组中的电流 i_B 在相位上超前 AX 绕组中的电流 $i_A = 90°$。其目的是通电后能在定子、转子气隙内产生一个旋转磁场，使其自行启动。

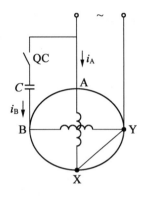

图 4−48　电容分相式异步电动机的接线原理图

根据两个绕组的空间位置及图 4−49（a）所示的两相电流波形，画出 t 为 $T/8$、$T/4$、$T/2$ 时刻磁力线的分布如图 4−49（b）所示。从该图可以看出，磁场是旋转的，且旋转磁场旋转方向的规律也和三相旋转磁场一样，是由 BY 到 AX，即由电流超前的绕组转向电流滞后的绕组。在此旋转磁场作用下，鼠笼转子将跟着旋转磁场一起旋转。若在启动绕组 BY 支路中接入一离心开关 QC，如图 4−48 所示，电动机启动后，当转速达到额定值附近时，借离心力的作用将 QC 打开，电动机就成为单相运行了。此种结构形式的电动机称为电容分相启动电动机。也可不用离心开关，即在运行时并不切断电容支路，这种结构形式的电动机称为电容分相运转电动机。

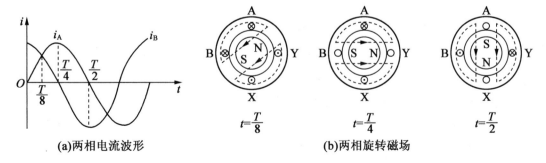

　　（a）两相电流波形　　　　　　　　（b）两相旋转磁场

图 4−49　电容分相式异步电动机旋转磁场的产生

值得指出的是,欲使电动机反转,必须以调换电容 C 的串联位置来实现,即改变 QB 的接通位置,就可改变旋转磁场的方向,从而实现电动机的反转。洗衣机中的电动机,就是靠定时器中的自动转换开关来实现这种切换的。图 4 – 50 所示为电容分相式异步电动机正反转接线原理图。

2. 罩极式单相异步电动机

罩极式单向异步电动机的结构如图 4 – 51 所示,在磁极的一侧开一个小槽,用短路铜环罩住磁极的一部分。磁极的磁通 Φ 分为 Φ_1 和 Φ_2 两部分,当磁通变化时,由于电磁感应作用,在罩极线圈中产生感应电流,其作用是阻止通过罩极部分的磁通的变化,使罩极部分的磁通 Φ_2 在相位上滞后于未罩部分的磁通 Φ_2。这种在空间上相差一定角度,在时间上又有一定相位差的两部分磁通,合成效果与前面所述旋转磁场相似,即产生一个由未罩部分向罩极部分移动的磁场,从而在转子上产生一个启动转矩,使转子转动。

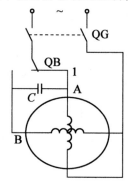
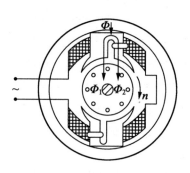

图 4 – 50　电容分相式异步电动机正反转接线原理图　　**图 4 – 51　罩极式单相异步电动机的结构**

4.9　同步电动机

同步电动机也是一种三相交流电动机,它除了用于电力传动(特别是大容量的电力传动)外,还用于补偿电网功率因数。

4.9.1　同步电动机的基本结构

同步电动机分定子和转子两大基本部分。定子由铁芯、定子绕组(又称电枢绕组,通常是三相对称绕组,并同有对称三相交流电流)、机座以及端盖等主要部件组成。转子则包括主磁极、装在主磁极上的直流励磁绕组、特别设置的鼠笼式启动绕组、电刷以及集电环等主要部件。

同步电动机按转子主磁极的形状分为隐极式和凸极式两种,其结构如图 4 – 52 所示。隐极式转子的优点是转子圆周的气隙比较均匀,适用于高速电动机;凸极式转子呈圆柱形,转子有可见的磁极,气隙不均匀,但制造较简单,适用于低速(转速低于

1 000 r/min)运行。

同步电动机中作为旋转部分的转子只通以较小的直流励磁功率(一般为电动机额定功率的 0.3% ~2%),故特别适用于大功率高电压的场合。

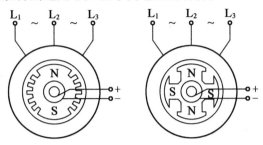

图 4 - 52 同步电动机的结构

4.9.2 同步电动机的工作原理和运行特性

同步电动机的工作原理如图 4 - 53 所示。电枢绕组通以对称三相交流电流后,气隙中便产生一个电枢旋转磁场,其旋转速度为同步转速,即

$$n_0 = \frac{60f}{p} \tag{4 - 40}$$

式中　f——三相交流电源的频率;

　　p——定子旋转磁场的极对数。

在转子励磁绕组中通以直流电流后,同一气隙中,又出现一个大小和极性固定、极对数与电枢旋转磁场相同的直流励磁磁场。这两个磁场的相互作用,使转子被电枢旋转磁场拖着以同步转速一起旋转,即 $n = n_0$。

在电源频率 f 与电动机转子极对数 p 一定的情况下,转子的转速($n = n_0$)为一常数,因此同步电动机具有恒定转速的特性,它的运转速度是不随负载转矩而变化的。同步电动机的机械特性如图 4 - 54 所示。

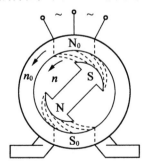

图 4 - 53 同步电动机的工作原理

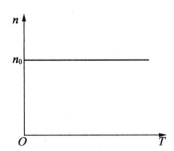

图 4 - 54 同步电动机的机械特性

因为异步电动机的转子没有直流电流励磁,它所需要的全部磁动势均由定子电流产生,所以异步电动机必须从三相交流电源吸取滞后电流来建立电动机运行时所需要的旋

转磁场。这样,异步电动机的运行状态就相当于电源的电感性负载了,它的功率因数总是小于 1 的。同步电动机与异步电动机则不相同,同步电动机所需要的磁动势是由定子与转子共同产生的。同步电动机转子励磁电流 I_f 产生磁通 Φ_f,而定子电流 I 产生磁通 Φ_0,总的磁通 Φ 为二者的合成。当外加三相交流电源的电压 U 一定时,总的磁通 Φ 也应该一定,这一点与感应电动机的情况是相似的。因此,当改变同步电动机转子的直流励磁电流 I_f 使 Φ_f 改变时,如果要保持总磁通 Φ 不变,那么 Φ_0 就要改变,故产生 Φ_0 的定子电流 I 必然随之改变。当负载转矩 T_L 不变时,同步电动机输出的功率 $P_2 = T \cdot n/9\,550$ 也是恒定的,若略去电动机的内部损耗,则输入的功率 $P_1 = \sqrt{3}\,U \cdot I\cos\varphi$ 也是不变的。所以,当改变 I_f 而影响 I 改变时,功率因数 $\cos\varphi$ 是随之改变的。因此,可以利用调节励磁电流 I_f 使 $\cos\varphi$ 刚好等于 1,这时电动机的全部磁动势都是由直流产生的,交流方面无须供给励磁电流。在这种情况下,定子电流 I 与外加电压 U 同相,该励磁状态称为正常励磁。

当直流励磁电流 I_f 小于正常励磁电流时,称为欠励。若直流励磁的磁动势不足,定子电流将要增加一个励磁分量,即直流电源需要供给电动机一部分励磁电流,以保证总磁通不变。当定子电流出现励磁分量时,定子电路便成为电感性电路了,输入电流滞后于电压,$\cos\varphi$ 小于 1,定子电流比正常励磁时要增大一些。另外,当直流励磁电流 I_f 大于正常励磁电流时,称为过励。直流励磁过剩,在交流方面不仅不需要电源供给励磁电流,而且还向电网发出电感性电流与电感性无功功率,正好补偿了电网附近电感性负载的需要,使整个电网的功率因数提高。过励的同步电动机与电容器有类似的作用,这时同步电动机相当于从电源吸取电容性电流与电容性无功功率,成为电源的电容性负载,输入电流超前于电压,$\cos\varphi$ 也小于 1,定子电流也要加大。

根据上面的分析可以看出,调节同步电动机转子的直流励磁电流 I_f 便能控制 $\cos\varphi$ 的大小和性质(容性或感性),这是同步电动机最突出的优点。

同步电动机有时在过励下空载运行,在这种情况下电动机仅用以补偿电网滞后的功率因数,这种专用的同步电动机称为同步补偿机。

4.9.3　同步电动机的启动

同步电动机虽具有功率因数可以调节的优点,但长期以来却没有像异步电动机那样得到广泛应用,这不仅是由于它结构复杂,价格高,而且由于它启动困难,具体如下。

同步电动机启动转矩如图 4-55 所示,当转子尚未转动时加以直流励磁,产生固定磁场 N-S;当定子接上三相电源,流过三相电流时,就产生了旋转磁场,并立即以同步转速 n_0 旋转。在图 4-55(a)所示的情况下,二者相吸,定子旋转磁场欲吸着转子旋转,但由于转子的惯性,它还没有来得及转动,旋转磁场就已转到图 4-55(b)所示的位置了,二者又相斥。这样,转子忽被吸,忽被斥,平均转矩为零,不能启动。也就是说,在恒压恒频电源供电下,同步电动机的启动转矩为零。

为了启动同步电动机,以前常采用异步启动法,即在转子磁极的极掌上装有和鼠笼绕组相似的启动绕组,如图 4 – 56 所示。启动时先不加入直流磁场,只在定子上加上三相对称电压以产生旋转磁场,使鼠笼绕组内感生电动势,产生电流,从而使转子转动起来。等转速接近同步转速时,再在励磁绕组中通入直流励磁电流,产生固定极性的磁场,在定子旋转磁场与转子励磁磁场的相互作用下,便可把转子拉入同步。转子达到同步转速后,启动绕组与旋转磁场同步旋转,即无相对运动,这时启动绕组中便不产生电动势与电流。

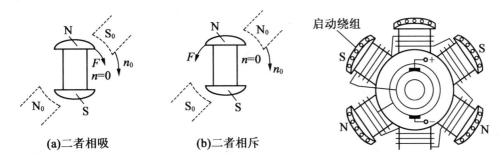

(a)二者相吸　　　**(b)二者相斥**

图 4 – 55　同步电动机启动转矩　　**图 4 – 56　同步电动机启动绕组**

采用变频调速方法后,同步电动机可以在低频下直接启动,再由低频调到高频达到高速运行,从而克服了启动问题、重载时的失步和振荡问题。因此,同步电动机的变频调速现已得到广泛应用。因为同步电动机具有运行速度恒定、功率因数可调、运行效率高等特点,所以除了在低速和大功率的场合,如大流量低水头的泵、面粉厂的主传动轴、橡胶磨和搅拌机、破碎机、切片机、造纸工业中的纸浆研磨机和匀浆机、压缩机、大型水泵、轧钢机等采用同步电动机传动外,同步电动机已与异步电动机一样成为最通用的调速电动机了。

习　　题

1. 简述三相异步电动机的组成。

2. 简述三相异步电动机的工作原理。

3. 如何实现三相异步电动机的反转?

4. 有一台三相异步电动机,额定转速为 $n = 960$ r/min,电源频率为 $f = 50$ Hz,求电动机的极对数及在额定转速下的转差率。

5. 在图 4 – 57 中完成三项异步电动机的 Y 形连接和 △ 形连接。

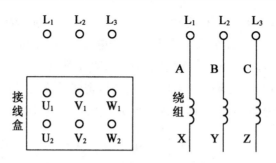

图 4 - 57

6. 一台三相异步电动机, 技术要求见表 4 - 4。

表 4 - 4

P_N/kW	U_N/V	满载时			$\dfrac{I_{st}}{I_N}$	$\dfrac{T_{st}}{T_N}$	$\dfrac{T_{max}}{T_N}$
		n_N/(r·min^{-1})	I_N/A	$\cos \varphi_N$			
3	220/380	960	12.8/7.2	0.75	6.5	2.0	3.0

(1) 若线电压为 220 V, 三相定子绕组应如何接?

(2) 求 n_0、S_N、T_N、T_{max}、T_{st}、I_{st}。

7. 简述三相异步电动机的固有机械特性曲线及意义。

8. 什么是三相异步电动机人为机械特性曲线? 简述实现的方法?

9. 三相异步电动机带动一定的负载运行时, 若电源电压降低了, 此时电动机的转矩、电流及转速会有什么变化?

10. 简述采用电动机拖动生产机械时, 对电动机启动的主要要求。

11. 简述鼠笼式异步电动机采用直接启动的要求。

12. 简述鼠笼式异步电动机降压启动的方法。

13. 简述线绕式异步电动机启动的方法。

14. 异步电动机有几种调速方法? 简述每种调速方法的特点及应用。

15. 简述三相异步电动机反馈制动原理。

16. 简述三相异步电动机反接制动原理

17. 简述三相异步电动机能耗制动原理。

18. 简述单相异步电动机的启动方法。

19. 简述同步电动机的结构及应用。

20. 简述同步电动机的启动方法。

21. 三相异步电动机在空载和满载下启动, 启动电流和启动转矩是否一样大?

第5章 特种电机及新型电机

【知识要点】

1. 步进电动机结构及工作原理。
2. 伺服电动机基本工作原理、主要运行特性及特点。
3. 力矩电动机基本工作原理、主要运行特性及特点。
4. 直线电动机基本工作原理、主要运行特性及特点。
5. 测速发电机的基本结构和工作原理。

【能力点】

1. 了解机电传动与控制系统中一些常用控制电机的基本结构。
2. 掌握控制电机基本工作原理、主要运行特性及特点。
3. 了解控制电机的发展趋势和应用领域。

【重点和难点】

重点：
掌握常用控制电机的基本工作原理、运行特性与特点。
难点：
掌握交流伺服电动机"自转"现象及消除该现象的原理。

【问题引导】

1. 控制电机与普通电机的基本结构和工作原理有什么不同？
2. 对控制电机的基本要求是什么？
3. 伺服电动机如何消除"自转"现象？

5.1 步进电动机

步进电动机是一种将电脉冲信号变换成相应的角位移或直线位移的机电执行元件。每当输入一个电脉冲时，它便转过一个固定的角度，这个角度称为步距角，简称步距。脉冲一个一个地输入，电动机便一步一步地转动，步进电动机因此而得名。又因为它输入的既不是正弦交流电,又不是恒定直流电,而是电脉冲,所以又称它为脉冲电动机。

步进电动机的位移量与输入脉冲数严格成比例,这样就不会引起误差的累积,其转速与脉冲频率和步距角有关。控制输入脉冲数量、频率及电动机各相绕组的通电次序,可以得到各种需要的运行特性,如脉冲数增加,直线或角位移就随之增加;脉冲频率高,则电动机旋转速度就高;分配脉冲的相序改变后,电动机便反转。从电动机绕组所加的电源形式来看,与一般的交直流电动机也有所区别。

5.1.1　步进电动机的结构与工作原理

1.结构特点

步进电动机和旋转电动机一样,分为定子和转子两大部分。定子由硅钢片叠成,装上一定相数的控制绕组,对多相定子绕组轮流进行励磁;转子用硅钢片叠成或用软磁性材料做成凸极结构,转子本身没有励磁绕组的称为反应式步进电动机,用永久磁铁作为转子的电动机称为永磁式步进电动机。步进电动机的结构形式和工作原理都相同,下面仅以三相反应式步进电动机为例加以说明。图5-1所示为三相反应式步进电动机的结构示意图。其定子有六个磁极,每两个相对的磁极上绕有一相控制绕组,转子上有四个齿。

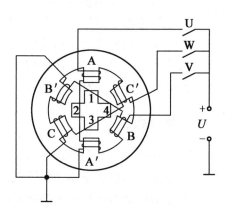

图5-1　三相反应式步进电动机的结构示意图

2.工作原理

反应式步进电动机的工作原理,类似于电磁铁的工作原理。图5-2所示为三相反应式步进电动机单三拍通电方式,设A相绕组先通电,B相和C相绕组都不通电。由于磁通具有总是要沿着磁阻最小的路径通过的特点,图5-2(a)中将使转子齿1、3的轴线向定子A极的轴线对齐,即在电磁吸力的作用下,将转子1、3齿吸引到A极下。此时,因转子只受径向力而无切向力,故转矩为零,转子被自锁在这个位置上,B、C两相的定子齿则和转子齿在不同方向各错开30°角。下一时刻,A相断电,B相绕组通电,转子齿和B相定子齿对齐,转子顺时针方向旋转30°如图5-2(b)所示。随后,B相绕组断电,C相绕组通电,同理转子齿和C相定子齿对齐,转子又顺时针方向旋转30°如图5-2(c)所示。

可见通电顺序为A→B→C→A时,电动机的转子一步一步地按顺时针方向转动。每步转过的角度均为30°,步进电动机每步转过的角度称为步距角。电流换接三次,磁场旋转一周,转子前进一个齿距角,图中转子有4个齿时齿距角为90°。若按A→C→B→A的顺序通电,则电动机就反向旋转。因此只要改变通电顺序,就可改变电动机的旋转方向。

3.通电方式

步进电动机的通电方式分为单相通电、双相通电和单双相轮流通电等。定子绕组每改变一次通电方式称为一拍。单是指每次切换前后只有一相绕组通电;双是指每次有两相绕组通电。下面以三相步进电动机为例说明步进电动机的通电方式。

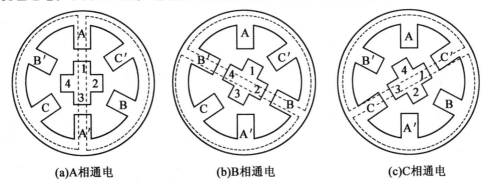

(a)A相通电　　　　　　(b)B相通电　　　　　　(c)C相通电

图 5 - 2　三相反应式步进电动机单三拍通电方式

（1）三相单三拍通电方式。"三相"即表示三相步进电动机，每次只有一相绕组通电，而每一个循环只有三次通电。其通电顺序可以为 A→B→C→A。

单三拍通电方式每次只有一相绕组通电吸引转子，容易使转子在平衡位置附近产生振荡，运行稳定性较差。在切换时，由于一相绕组断电，另一相绕组同时通电，容易造成失步，目前应用比较少。

（2）三相双三拍通电方式。三相双三拍通电方式每次两相同时通电，每个循环三次通电，通电顺序为 AB→BC→CA→AB。转子受到感应力矩大，静态误差小，定位精度高。转换时始终有一相绕组通电，因此工作稳定，不易失步。

（3）三相单双六拍通电方式。三相单双六拍通电方式是单、双相轮流通电，每个循环通电六次，其通电顺序为 A→AB→B→BC→C→CA→A。这种通电方式具有双三拍的特点，且通电状态增加一倍，而使步距角减少一半。

三相双三拍和三相单双六拍的工作方式，能够保证切换时始终有一相绕组通电，保证电动机运行的平稳性和可靠性，因此实际中经常采用。

推广四相步进电动机四相双四拍和四相八拍的通电工作方式。

四相双四拍通电方式为 AB→BC→CD→DA→AB（正转）；AD→DC→CB→BA→AD（反转）。

四相八拍通电方式为 AB→B→BC→C→CD→D→DA→A→AB（正转）；AD→D→DC→C→CB→B→BA→A→AD（反转）。

4. 步距角与转速

上述步进电动机的结构为了讨论工作原理而进行了简化，实际电动机一般都属于小步距角步进电动机，如图 5 - 3 所示，电动机定子 6 个磁极上面绕有控制绕组且并联成 A、B、C 三相。图 5 - 4 所示为其定子、转子展开图。定子每段极弧上各有 5 个小齿，转子上均匀分布 40 个齿，定子、转子的齿宽和齿距都相等。当 A 相绕组通电，定子上小齿和转子齿对齐时，B 相的定子齿应相对于转子齿顺时针方向错开 $\tau/3$（τ 为齿距，3 为相数，即错开 3°），而 C 相的定子齿又应相对于转子齿顺时针方向错开 $2\tau/3$。

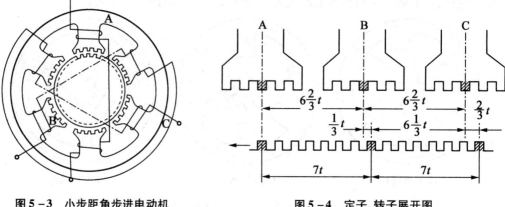

图 5 - 3　小步距角步进电动机　　　图 5 - 4　定子、转子展开图

反应式步进电动机的转子齿数 z 必须满足一定条件,即当一相磁极下定子与转子的齿相对时,下一相磁极下定子与转子齿的位置应错开 τ,m 为相数,则齿距为

$$t = \frac{360°}{z} \tag{5-1}$$

因为各项绕组轮流通电一次,转子就走一步,转子就转过一个齿距,故步距角为

$$\beta = \frac{齿距}{拍数} = \frac{360°}{kmz} \tag{5-2}$$

式中　k——通电系数(相数等于拍数时,$k=1$;相数不等于拍数时,$k=2$);

　　　m——定子相数;

　　　z——转子齿数。

设步进电动机的齿数 $z=40$,若三相单三拍运行,则步距角为

$$\beta = \frac{360°}{1 \times 3 \times 40} = 3°$$

若三相六拍运行,则步距角为

$$\beta = \frac{360°}{2 \times 3 \times 40} = 1.5°$$

若五相十拍运行,则步距角为

$$\beta = \frac{360°}{2 \times 5 \times 40} = 0.9°$$

由此可见,步进电动机的转子齿数 z 和定子相数(或运行拍数)越多,步距角就越小,控制精度越高。

当定子控制绕组按照一定顺序不断地轮流通电时,步进电动机就持续不断地旋转。如果通电频率为 f,步距角用弧度表示,则步进电动机的转速为

$$n = 60\frac{\beta f}{2\pi} = 60\frac{\frac{2\pi f}{kmz}}{2\pi} = \frac{60f}{kmz} \tag{5-3}$$

可见,步进电动机在一定脉冲频率下,相数和转子齿数越多,转速就越低。相数越

多,驱动电源也越复杂,成本也就较高。

5.1.2　步进电动机的主要特性

1. 矩角特性

矩角特性是指步进电动机不改变通电状态,电磁转矩 T 与转角 θ 变化的关系。定子一相绕组通以直流电后,如果转子上没有负载转矩的作用,转子齿会和通电相磁极上的小齿对齐,这个位置称为步进电动机的初始平衡位置,此时 $\theta = 0°$,如图 5－5(a)所示,电动机无切向磁拉力,转矩为零;若转子齿相对定子齿向右错开一个小角度,出现了切向磁拉力,产生了转矩。当 $\theta < 90°$ 时,θ 越大,T 也越大,如图 5－5(b)所示;当 $\theta > 90°$ 时,由于磁力线减少,T 也减小;当 $\theta = 180°$ 时,转子齿处于定子两齿的中线上,两个定子齿对转子的磁拉力相互抵消,T 为零,如图 5－5(c)所示。当 θ 继续加大,下一个定子齿对转子齿的磁拉力变大,使转矩 T 变正,如图 5－5(d)所示。可见,此曲线可近似地用一条正弦曲线表示,图 5－6 所示为步进电动机的转角特性。

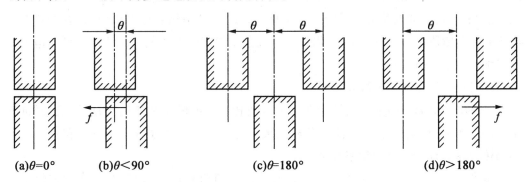

(a)$\theta=0°$　　　(b)$\theta<90°$　　　　　　(c)$\theta=180°$　　　　　(d)$\theta>180°$

图 5－5　步进电动机的转矩与转角关系图

从图 5－6 可以看出,$\theta = 90°$ 即在定子齿与转子齿错开 1/4 个齿距时,转矩 T 达到最大值,称为最大静转矩。步进电动机的负载转矩必须小于最大静转矩,否则根本带不动负载。为了能稳定运行,负载转矩一般只能是最大静转矩的 30% ~ 50%。这一特性反映了步进电动机带负载的能力,它是步进电动机最主要的性能指标之一。

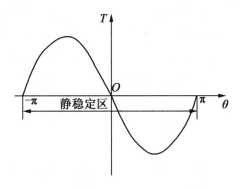

图 5－6　步进电动机的转角特性

2. 矩频特性

当步进电动机控制绕组的电脉冲时间间隔大于电动机机电过渡过程所需的时间时,步进电动机进入连续运行状态,这时电动机产生的转矩称为动态转矩。矩频特性(图 5－7)描述了步进电动机在负载转动惯量一定且稳态运行时的最大输出转矩与脉冲重复频率的关系。可见,步进电动机的最大输出转矩随脉冲重复频率的升高而下降。

步进电动机的绕组为感性负载,电流按指数函数增长。在绕组通电时,电流上升减缓,使有效转矩变小;绕组断电时,电流逐渐下降,产生与转动方向相反的转矩,使输出转矩变小。随着脉冲重复频率的升高,电流波形的前后沿占通电时间的比例越来越大,如图5-7所示,频率愈高,平均电流愈小,输出转矩也就愈小。当驱动脉冲频率高到一定程度时,步进电动机的输出转矩已不足以克服自身的摩擦转矩和负载转矩,

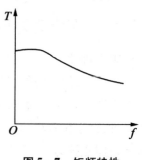

图5-7　矩频特性

转子就会在原位置振荡而不能做旋转运动,即步进电动机堵转或失步。

为了提高步进电动机的矩频特性,必须设法减小控制绕组的电感,使控制绕组匝数减少。所以步进电动机控制绕组的电流一般都比较大。有时也在控制绕组回路中再串接一个较大的附加电阻,以降低回路的电气时间常数,但这样就增加了在附加电阻上的功率损耗,导致步进电动机及系统效率降低。这时可以采用双电源供电,即在控制绕组电流的上升阶段由高压电源供电,以缩短达到预定稳定值的时间。然后改为低压电源供电以维持其电流值。

3. 启动频率和连续运行频率

步进电动机的启动频率 f_{st} 是指在一定负载转矩下能够不失步时启动的最高脉冲频率。启动频率的大小与驱动电路和负载的大小有关。步距角 β 越小,负载(包括负载转矩和转动惯量)越小,启动频率就越高。

步进电动机的连续运行频率 f_c 是指步进电动机启动后,当控制脉冲频率连续上升时,能不失步运行的最高频率,它的值也与负载有关。步进电动机的运行频率比启动频率高得多,这是因为在启动时除了要克服负载转矩外,还要克服轴上的惯性转矩。启动时转子的角加速度较大,它的负担要比连续运转时重。若启动时脉冲频率过高,电动机就可能发生丢步或振荡,所以启动时,脉冲频率不宜过高,然后再逐渐升高脉冲频率。步进电动机的运行频率远大于启动频率。

4. 精度

步进电动机的精度有两种表示方法:一种是用步距误差最大值,另一种是用步距累积误差最大值。

最大步距误差是指电动机旋转一周相邻两步之间实际步距和理想步距的最大差值。连续走若干步后步距误差会形成累积值,但转子转过一周后,会回到上一周的稳定位置,所以步进电动机步距的误差不会无限累积,只会在旋转一周的范围内存在一个最大累积误差。

最大累积误差是指在旋转一周范围内从任意位置开始经过任意步之后,角位移误差的最大值。

步距误差和累积误差是两个概念,精度的定义没有完全统一起来。从使用的角度看,大多数情况下用累积误差来衡量精度比较方便。

5.2　伺服电动机

伺服电动机也称为执行电动机,在控制系统中用作执行元件,将电信号转换为轴上的转角或转速。伺服电动机控制速度、位置的精度非常准确。伺服电动机转速受输入信号控制,并能快速反应, 在自动控制系统中,用做执行元件,且具有机电时间常数小、线性度高、始动电压低等特性,可把所收到的电信号转换成电动机轴上的角位移或角速度输出。伺服电动机分为直流和交流伺服电动机两大类,它们的最大特点是转矩和转速受信号电压控制。改变控制电压的大小和极性(或相位),电动机的转向跟着变化。因此,它与普通电动机相比具有如下特点。

(1)调速范围广。伺服电动机的转速随着控制电压的改变而改变,能在宽范围内连续调节。

(2)转子的惯性小,响应快。能实现迅速启动、停转。

(3)控制功率过载能力强,可靠性好。

5.2.1　直流伺服电动机

直流伺服电动机的基本结构和工作原理与普通直流电动机相同,不同之处只是做得比较细长一些,以满足快速响应的要求。按励磁方式的不同,直流伺服电动机可分为电磁式和永磁式两种,直流伺服电动机原理图如图 5 - 8 所示。电磁式又分为他励式、并励式和串励式三种,但一般多用他励式。除传统形式之外,还有低惯量式直流伺服电动机,其分为无槽电枢、杯形电枢、圆盘电枢、无刷电枢几种,直流伺服电动机的特点及应用范围见表 5 - 1。

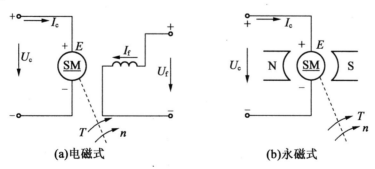

(a)电磁式　　　　　　　　　(b)永磁式

图 5 - 8　直流伺服电动机原理图

表 5-1　直流伺服电动机的特点及应用范围

种类	励磁方式	产品型号	结构特点	性能特点	适用范围
一般直流伺服电动机	电磁或永磁	SZ 或 SY	与普通直流电动机相同,但电枢铁芯长度与直径之比大一些,气隙较小	具有下垂的机械特性和线性的调节特性,对控制信号响应迅速	一般直流伺服系统
无槽电枢直流伺服电动机	电磁或永磁	SWC	电枢铁芯为光滑圆柱体,电枢绕组用环氧树脂粘在电枢铁芯表面,气隙较大	具有一般直流伺服电动机的特点,而且转动惯量和机电时间常数小,换向良好	需要快速动作、功率较大的直流伺服系统
杯形电枢直流伺服电动机	永磁	SYK	电枢绕组用环氧树脂浇注成杯形,置于内、外定子之间,内、外定子分别用软磁材料和永磁材料做成	具有一般直流伺服电动机的特点,且转动惯量和机电时间常数小,低速运转平滑,换向好	需要快速动作的直流伺服系统
圆盘电枢直流伺服电动机	永磁	SN	在圆盘形绝缘薄板上印制裸露的绕组构成电枢,磁极轴向安装	转动惯量小,机电时间常数小,低速运行性能好	低速和启动、反转频繁的控制系统
无刷电枢直流伺服电动机	永磁	SW	由晶体管开关电路和位置传感器代替电刷和换向器,转子用永久磁铁做成,电枢绕组在定子上,且做成多相式	既保持了一般直流伺服电动机的优点,又克服了换向器和电刷带来的缺点,寿命长,噪声低	要求噪声低、对无线电不产生干扰的控制系统

　　电磁式直流伺服电动机有两种控制方式,一种是电枢控制方式,另一种是磁场控制方式。电枢控制方式是把励磁绕组接到恒定的电源电压 U_f 上,在电枢绕组两端加上控制电压 U_C,由 U_C 对它进行控制。加上 U_C 直流伺服电动机立即旋转,去掉 U_C 该电动机立刻停转,其转速与 U_f 成正比。磁场控制方式时,两个绕组上施加的电压刚好相反,在电枢绕组两端加上恒定电压 U_f,而把控制电压 U_C 加到励磁绕组上。

　　直流伺服电动机的机械特性公式与他励直流电动机机械特性公式相同,即

$$n = \frac{U_C}{K_e \Phi} - \frac{R}{K_e K_t \Phi^2} T \tag{5-4}$$

式中　　U_C——控制电压;

　　　　R——电枢电阻;

　　　　Φ——磁通。

直流伺服电动机的机械特性曲线如图 5 – 9 所示。在一定负载转矩下,当磁通 Φ 不变时,如果升高电枢电压 U_c,电动机的转速就上升;反之,转速下降;当 $U_c = 0$ 时,电动机立即停止,无自转现象。直流伺服电动机的堵转矩大,特性曲线线性度好,机械特性较硬;缺点是有换向器,因而结构复杂,产生无线电干扰。

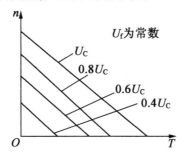

图 5 – 9 直流伺服电动机的机械特性曲线

5.2.2 交流伺服电动机

1. 两相交流伺服电动机

(1)两相交流伺服电动机的结构。交流伺服电动机的转子分两种:鼠笼式转子和杯形转子。鼠笼式转子与三相鼠笼式电动机的转子结构相似,为了减小转动惯量而做得细长一些。杯形转子伺服电动机的结构如图 5 – 10 所示。为了减小转动惯量,杯形转子通常用高电阻系数的非磁极性材料制成空心薄壁圆筒,在空心杯形转子内放置固定的内定子,起闭合磁路的作用,以减小磁路的磁阻,杯形转子可以把铝杯看作由无数根鼠笼导条并联组成,其原理与鼠笼式相同。这种形式的伺服电动机由于转子质量小、惯性小、启动电压低、对信号反应快、调速范围宽,因此多用于运行平滑的系统。目前用得最多的是鼠笼式交流伺服电动机。交流伺服电动机的特点和应用范围见表 5 – 2。

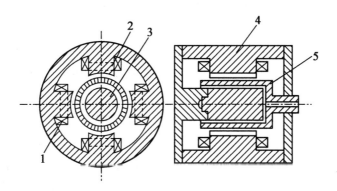

1—励磁绕组;2—控制绕组;3—内定子;4—外定子;5—转子

图 5 – 10 杯形转子伺服电动机的结构

表 5-2 交流伺服电动机的特点和应用范围

种类	产品型号	结构特点	性能特点	应用范围
鼠笼式转子	SL	与一般鼠笼式电动机结构相同,但转子做得细而长,转子导体用高电阻率的材料制成	励磁电流较小,体积较小,机械强度高,但是低速运行不够平稳,有时快时慢的抖动现象	小功率的自动控制系统
杯形转子	SK	转子做成薄壁圆筒形,放在内、外定子之间	转动惯量小,运行平滑,无抖动现象,但是励磁电流较大,体积也较大	要求运行平滑的系统

两相交流伺服电动机的结构与单相电容式异步电动机的结构相似,定子用硅钢片叠加而成,在定子铁芯的内圆表面上嵌入两个相差 90° 电角度的绕组,分别为励磁绕组 WF 和控制绕组 WC,交流伺服电动机的接线如图 5-11 所示。两个绕组通常是分别接在频率相同、两相不同的交流电源上。

（2）基本工作原理。两相交流伺服电动机是以单相异步电动机原理为基础的,励磁绕组接到电压一定的交流电网上,控制绕组接到控制电压上,当有控制信号输入时,两相绕组便产生旋转磁场。该磁场与转子中的感应电流相互作用产生转矩,使转子跟随旋转磁场以一定的转差率转动起来,其同步转速为

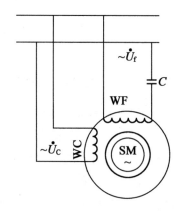

图 5-11 交流伺服电动机的接线

$$n_0 = \frac{60f}{p}$$

转向与旋转磁场的方向相同,把控制电压的相位改变 180°,可改变电动机的旋转方向。

伺服电动机控制电压一旦取消,电动机必须立即停转。但根据单相异步电动机的原理,电动机转子开始转动以后再取消控制电压,虽然仅剩励磁电压单相供电,但它仍将继续转动,即存在"自转"现象,这意味着失去控制作用,是不允许的。

（3）消除自转现象的措施。消除自转现象的办法就是,使转子导条具有较大电阻。从三相异步电动机的机械特性可知,转子电阻对电动机的转速和转矩特性影响很大,不同转子电阻 R_2 下的 $n = f(T)$ 曲线如图 5-12 所示,转子电阻增大到一定程度时,最大转矩可出现在 $S = 1$ 附近。为此目的,把伺服电动机的转子电阻 R 设计得很大,使电动机在失去控制信号成单相运行时,正转矩或负转矩的最大值均出现在 $S_m > 1$ 处,这样就可得出图 5-13 所示 $U_C = 0$ 时交流伺服电动机的 $n = f(T)$ 曲线。

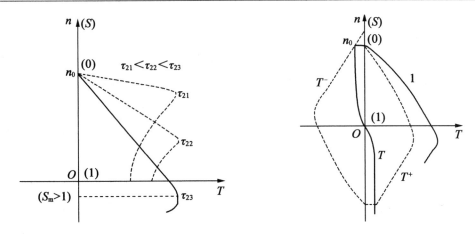

图 5 − 12 不同转子电阻 R_2 下的 $n = f(T)$ 曲线 **图 5 − 13 $U_C = 0$ 时交流伺服电动机的 $n = f(T)$ 曲线**

图 5 − 13 中曲线 1 是有控制电压时伺服电动机的机械特性曲线。曲线 T^+ 和 T^- 为去掉控制电压后,脉动磁场分解为正、反两个旋转磁场对应产生的转矩曲线。曲线 T 为 T^+ 和 T^- 合成的转矩曲线。从图中可以看出,其与异步电动机的机械特性曲线不同。它是在第二和第四象限内,当速度 n 为正时,电磁转矩 T 为负;当 n 为负时,T 为正,即去掉控制电压后,电磁转矩的方向总是与转子转向相反,是一个制动转矩。制动转矩的存在可使转子迅速停止转动,保证不会存在自转现象。停转所需要的时间,比两相电压 U_C 和 U_f 同时作用,单靠摩擦等制动方法所需的时间要少得多。这是两相交流伺服电动机工作,励磁绕组始终接在电源上的原因。

综上所述,增大转子电阻 R_2,可使单相供电时合成的电磁转矩在第二和第四象限内,成为制动转矩,有利于消除"自转"现象。同时 R_2 增大,还使稳定运行段加宽,启动转矩增大,有利于调速和启动。这就是两相交流伺服电动机的鼠笼导条通常都用高电阻材料制成,以及杯形转子的壁做得很薄的缘故。

(4)特性和应用。交流伺服电动机运行时,若改变控制电压的大小或改变它与激励电压之间的相位角,则旋转磁场都将发生变化,从而影响到电磁转矩。两相交流伺服电动机的控制方法主要有三种。

①幅值控制。在保持 $\dot{U}_C$ 与 $\dot{U}_f$ 相差 90° 的条件下,改变 $\dot{U}_C$ 的幅值大小。

②相位控制。在保持 $\dot{U}_C$ 幅值不变的条件下,改变 $\dot{U}_C$ 与 $\dot{U}_f$ 之间的相位差。

③幅相控制。同时改变 $\dot{U}_C$ 的幅值和相位。

幅值控制的控制电路实际中应用最多,下面只讨论幅值控制法。图 5 − 14 所示为幅值控制接线图,图中两相绕组接于同一单相电源,适当选择电容 C,$\dot{U}_C$ 与 $\dot{U}_f$ 相角差为 90°,改变电阻 R 的大小,即改变控制电压 $\dot{U}_C$ 的大小,可以得到不同控制电压下的机械特性曲线,如图 5 − 15 所示。可见,在一定负载转矩下,控制电压越高,转差率越小,电动机的转速就越高,不同的控制电压对应着不同的转速。

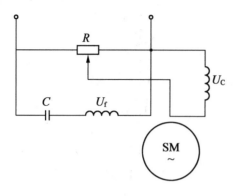

图 5 – 14　幅值控制接线图

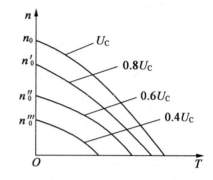

图 5 – 15　不同控制电压下的机械特性曲线

　　交流伺服电动机可以方便地利用控制电压 $\dot{U}_C$ 来控制电机的启动、停止,利用改变电压幅值(或相位)的大小来调节转速的高低,利用改变 $\dot{U}_C$ 的极性来改变电动机的转向。它控制的是系统中的原动机,如雷达系统中扫描天线的旋转,流量和温度控制中阀门的开启,数控机床中刀具的运动,甚至船舰方向舵与飞机驾驶盘的控制。图 5 – 16 所示为交流伺服电动机在自动控制系统中的典型应用方框图。

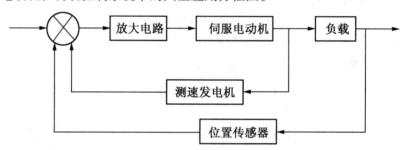

图 5 – 16　交流伺服电动机在自动控制系统中的典型应用方框图

　　伺服电动机的性能直接影响着整个系统的性能。因此,系统对伺服电动机的静态特性、动态特性都有相应的要求。

　　2. 无刷直流电动机

　　(1)无刷直流电动机的结构。直流电动机具有启动转矩大、机械特性曲线的线性度好、机械特性较硬的特点,但有机械换向器和电刷,使其结构复杂,运行时降低了电动机的可靠性,电动机的维护和保养也不方便。永磁无刷直流电动机在结构上克服了有刷直流电动机存在电刷和机械换向器而带来的限制,同时具有直流电动机的优异性能,因此应用广泛。

　　无刷直流电动机的运行特点是输入定子的电流为方波电流,它的气隙磁场是按方波分布的。它的运行特性与直流电动机相同,由于无电刷及换向器,因此称为无刷直流电动机。

　　无刷直流电动机系统主要由电动机本体、电动机位置检测器和控制器等组成,如图

5－17 所示。

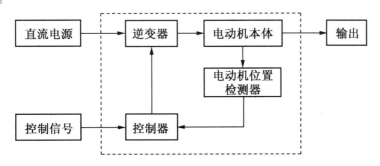

图 5－17　无刷直流电动机系统组成

　　无刷直流电动机的本体由定子和转子组成。其结构上相当于一台反装式直流电动机。定子为电枢,嵌有电枢绕组,大多是三相或者多相,其中三相绕组方式最常见,电枢绕组可以 Y 接和△接。因为 Y 接方式三相绕组对称且无中性点,应用较多。转子为永久磁体。而普通直流电动机的电刷则由机械换向器和转子位置检测器所代替,所以无刷直流电动机本体上是一种永磁同步电动机,无刷直流电动机结构如图 5－18 所示。无刷直流电动机本体截面如图 5－19 所示。

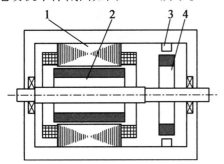

1—定子;2—永磁转子;3—检测器定子;4—检测器转子。

图 5－18　无刷直流电动机结构

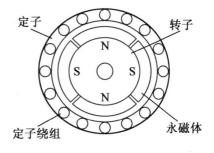

图 5－19　无刷直流电动机本体截面

　　除了普通的内转子无刷直流电动机之外,在电动机驱动中还常常采用外转子结构,将无刷直流电动机装在轮毂之内,直接驱动电动车辆。外转子无刷直流电动机的结构是其定子绕组出线和位置传感器引线都从电动机轴引出。

　　逆变器将直流电转换成交流电向电动机供电。与一般逆变器不同,它输出的频率不是独立调节的,而是受控于转子位置信号,是一个"自控式逆变器"。由于采用自控式逆变器,无刷直流电动机输入电流的频率和电动机转速始终保持同步,电动机和逆变器不会产生振荡和失步。

　　位置检测器的作用是检测转子磁极相对于定子绕组的位置信号,为逆变器提供正确的换相信息。位置检测包括有位置传感器检测和无位置传感器检测两种方式。转子位置检测器也由定子和转子两部分组成,其转子与电动机本体同轴,以跟踪电动机本体转子磁极的位置;其定子固定在电动机本体定子或端盖上,检测和输出转子位置信号。转子位置传感器的种类包括磁敏式、电磁式、光电式、接近开关式以及编码器等。

控制器控制无刷直流电动机正常运行并实现各种调速伺服,它主要完成以下功能。

①对转子位置检测器输出的信号、PWM 调制信号、正反转和停车信号进行逻辑综合,为驱动电路提供各开关管的斩波信号和选通信号,实现电动机的正反转及停车控制。

②产生 PWM 调制信号,使电压随给定速度信号而自动变化,实现电动机开环调速。

③对电动机进行速度闭环调节和电流闭环调节,使系统具有较好的动态和静态性能。

④实现短路、过电流、过电压和欠电压等故障保护功能。

(2)无刷直流电动机的工作原理。无刷直流电动机驱动系统如图 5-20 所示。电动机本体的电枢绕组为三相星形连接,位置传感器与电动机本体同轴,控制电路对位置信号进行逻辑变换后产生驱动信号,驱动信号经驱动电路隔离放大后控制逆变器的功率开关管,使电动机的各相绕组按一定的顺序工作。

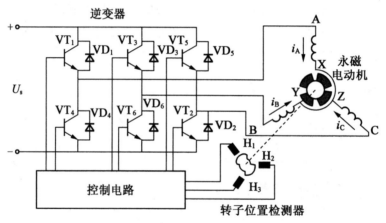

图 5-20　无刷直流电动机驱动系统

无刷直流电动机工作原理图如图 5-21 所示。当转子旋转到图 5-21(a)所示的位置时,转子位置传感器输出的信号经控制电路逻辑交换后驱动逆变器,使 VT_1、VT_6 导通,即 A、B 两相绕组通电,电流从电源的正极流出,经 VT_1 流入 A 相绕组,再从 B 相绕组流出,经 VT_6 到电源的负极。电枢绕组在空间产生的磁动势 F_a,此时定子、转子磁场互相作用 , 使电动机的转子顺时针转动。

当转子在空间转过 60 °电角度,到达图 5-21(b)所示位置时,转子位置传感器输出的信号经控制电路逻辑交换后驱动逆变器, 使 VT_1、VT_2 导通,A、C 两相绕组通电,电流从电源的正极流出,经 VT_1 流入 A 相绕组,再从 C 相绕组流出,经 VT_2 回到电源的负极。电枢绕组在空间产生磁动势 F_a,此时定子、转子磁场互相作用,使电动机的转子继续顺时针转动。

转子在空间每转过 60°电角度,逆变器开关就发生一次切换,功率开关管的导通逻辑

为 VT_1、$VT_6 \rightarrow VT_1$、$VT_2 \rightarrow VT_3$、$VT_2 \rightarrow VT_3$、$VT_4 \rightarrow VT_5$、$VT_4 \rightarrow VT_5$、$VT_6 \rightarrow VT_1$、VT_6。在此期间，转子始终受到顺时针方向的电磁转矩作用，沿顺时针方向连续旋转。

在图 5–21(a)到图 5–21(b)的 60°电角度范围内，转子磁场沿顺时针连续旋转，而定子合成磁场在空间保持图 5–21(a)中 F_a 的位置静止。只有当转子磁场连续旋转 60°电角度，到达图 5–21(b)中的 F_r 位置时，定子合成磁场才从图 5–21(a)的 F_a 位置跳跃到图 5–21(b)中的 F_a 位置。可见，定子合成磁场在空间不是连续旋转的，而是一种跳跃式旋转磁场，每个步进角是 60°电角度。

转子在空间每转过 60°电角度，定子绕组就进行一次换流，定子合成磁场的磁状态就发生一次跃变。可见，电动机有 6 种磁状态，每一种状态有两相导通，每相绕组的导通时间对应于转子旋转 120°电角度。

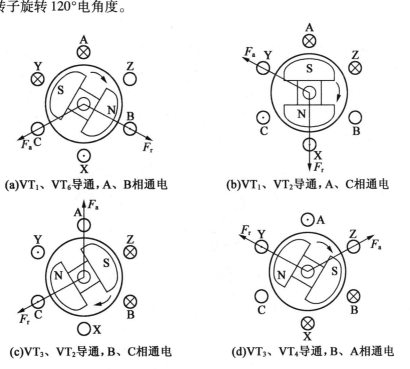

(a)VT_1、VT_6导通，A、B相通电　　　　(b)VT_1、VT_2导通，A、C相通电

(c)VT_3、VT_2导通，B、C相通电　　　　(d)VT_3、VT_4导通，B、A相通电

图 5–21　无刷直流电动机工作原理图

由于定子合成磁动势每隔 1/6 周期(60°电角度)跳跃前进一步，在此过程中，转子磁极上的永磁磁动势却是随着转子连续旋转的，这两个磁动势之间平均速度相等，保持同步，但是瞬时速度却是有差别的，二者之间的相对位置是时刻有变化的，因此它们互相作用下所产生的转矩除了平均转矩外，还有脉动分量。

5.3 力矩电动机

力矩电动机是一种能够长期处于堵转状态下工作的低转速、高转矩的特殊电动机。在自动控制系统中可以作为一个执行元件,不经过齿轮等减速机构而直接驱动负载,避免了减速装置间隙引起的闭环控制系统的自激振荡。力矩电动机分为交流和直流两大类。

5.3.1 直流力矩电动机

1.结构特点

直流力矩电动机按照不同的励磁方式分为电磁式和永磁式,直流力矩电动机的工作原理和传统型直流伺服电动机相同,只是在结构和外形尺寸上有所不同。一般直流伺服电动机为了减小其转动惯量,大部分做成细长圆柱形,而直流力矩电动机为了能在相同体积和电枢电压的前提下,产生比较大的转矩及较低的转速,一般都做成扁平状,图5-22所示为永磁直流力矩电动机的机构示意图。

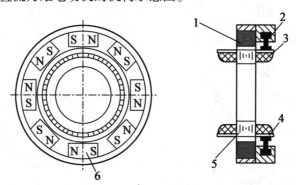

1—定子;2—电刷;3—电枢绕组;4—换相片;5—转子;6—永磁铁

图5-22 永磁直流力矩电动机的机构示意图

直流力矩电动机产生的转矩大,转速低,主要与其结构相关。

(1)转矩大的原因。从直流电动机基本工作原理可知,设直流电动机每个磁极下磁感应强度平均值为B,电枢绕组导体上的电流为I_a,导体的有效长度为l,则每根导体所受的电磁力为

$$F = BI_a l \tag{5-5}$$

电磁转矩为

$$T = NF\frac{D}{2} = NBI_a l \frac{D}{2} = \frac{NBI_a l}{2}D \tag{5-6}$$

式中　N——电枢绕组总匝数;

D——电枢铁芯直径。

式（5 - 6）表明了电磁转矩与电动机结构参数 l、D 的关系。电枢体积的大小在一定程度上反映了整个电动机体积的大小。因此，在电枢体积相同的条件下，即保持 $\pi D^2 l$ 不变，当 D 增大时，铁芯长度 l 就应减小；在相同电流 I_a 以及相同用铜量的条件下，电枢绕组的导线粗细不变，则总导体数 N 应随 l 的减小而增加，以保持 Nl 不变。满足上述条件，则式中 $NBI_a l/2$ 近似为常数，故转矩 T 与直径 D 近似呈正比例关系。

（2）转速低的原因。导体在磁场中运动切割磁力线所产生的感应电动势为

$$e_a = Blv$$

导体运动的线速度为

$$v = \frac{\pi Dn}{60}$$

设一对电刷之间的并联支路数为 2，则一对电刷间 $N/2$ 根导体串联后总的感应电动势为 E_a，且在理想空载条件下，外加电压 U_a 应与 E_a 相平衡，所以

$$U_a = E_a = \frac{NBl\pi Dn_0}{120}$$

$$n_0 = \frac{120 U_a}{\pi NBlD} \tag{5 - 7}$$

式（5 - 7）说明，在保持 Nl 不变的情况下，理想空载转速 n_0 和电枢铁芯直径 D 成反比，电枢直径 D 越大，电动机理想空载转速 n_0 就越低。

可知，在其他条件相同的情况下，增大电动机转子直径，减小轴向长度，有利于增加电动机的转矩和降低空载转速，故力矩电动机都做成扁平圆盘状结构。

2. 特点及应用

由于在堵转情况下能产生足够大的力矩而不损坏，加上其电气时间常数小、动态响应迅速、线性度好、精度高、振动小、机械噪声小、结构紧凑，能获得很好的精度和动态性能，在无爬行的平稳低速运行时这些特点显著。因此，它常在低速、需要转矩调节和需要一定张力的随动系统中作为执行元件。例如，数控机床、雷达天线、人造卫星天线的驱动和天文望远镜的驱动及电焊枪的焊条传动等。将它与测速发电机等检测元件配合，可组成高精度的宽调速伺服系统，调速范围为 0.000 17 ~ 25 r/min，故常称为宽调速直流力矩电动机。

5.3.2　交流力矩电动机

交流力矩电动机有异步型和同步型两种，异步型应用比较广泛，以下对异步型交流力矩电动机做简要介绍。

异步型交流力矩电动机结构简单，运行可靠，可控性好，工作原理与普通两项交流伺服电动机相同。外形与直流力矩电动机相似，径向尺寸大，轴向尺寸小，转子结构常采用鼠笼式。力矩电动机要求经常工作在低速大转矩的情况下，为了使气隙中旋转磁场的转

速低,电机多采用较多的磁极对数。

交流力矩电动机性能上缺点为功率因数和效率较低。低速性能不如直流力矩电动机。

5.4　测速发电机

测速发电机是一种微型发电机,它的作用是将转速变为电压信号,在理想状态下,测速发电机的输出电压 U_{o} 与转速成正比,可表示为

$$U_{\mathrm{o}} = k_1 n = k_1 k_2 \frac{\mathrm{d}\theta}{\mathrm{d}t} = k \frac{\mathrm{d}\theta}{\mathrm{d}t} \tag{5-8}$$

式中　k——比例常数;

n——转子旋转速度;

θ——转子旋转角度。

测速发电机主要用于以下场合。

(1)测速发电机的输出电压与转速成正比,可以用来测量转速,作为校正元件用,以提高系统的精度和稳定性。

(2)如果以转子旋转角度 θ 为参数变量,其输出电压正比于转子转角对时间的微分,在解算装置中可作为机电微分、积分器。

根据结构和工作原理的不同,测速发电机分为直流测速发电机和交流测速发电机。近年来还出现了采用新原理、新结构研制成的霍尔效应测速发电机。

5.4.1　直流测速发电机

1.基本结构与工作原理

直流测速发电机的结构与普通小型直流发电机基本相同。定子上装有磁极,按励磁方式可分为电励磁和永磁式两种,转子装有电枢绕组。工作原理与普通直流电动机相同,图5-23所示为他励直流测速发电机接线图。

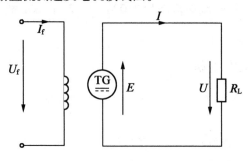

图5-23　他励直流测速发电机接线图

图 5 - 23 中 U_f 与 I_f 为励磁绕组的电压与电流，E、U、I 分别是测速发电机的电动势、电压及电流。当负载电阻 $R_L \to \infty$ 时，输出端开路，测速发电机处于空载状态。与普通直流发电机一样，如果磁场保持不变，则有

$$U_o = E_0 = \frac{pN}{60a} \Phi_0 n = k_e \Phi_0 n \qquad (5-9)$$

式中　　P——磁极对数；

　　　　N——电枢绕组总匝数；

　　　　a——电枢绕组并联支路数。

可以看出，在空载时电枢电流 $I_a = 0$，直流测速发电机的输出电压等于空载感应电动势，即输出电压 U_o 与转速成正比。当负载电阻不为无穷大时，测速发电机有一定的负载电流。如果电枢回路总电阻为 R_a，这时测速发电机的输出电压为

$$U = E_0 - IR_a = k_1 n - \frac{U}{R_L} R_a$$

$$U = \frac{k_1}{1 + \dfrac{R_a}{R_L}} n = kn \qquad (5-10)$$

当 R_a 和 R_L 一定时，k 为常数，这时电压与转速 n 呈线性关系。直流测速发电机输出特性曲线如图 5 - 24 所示，负载电阻 $R_L \to \infty$ 时，测速发电机空载，$k = k_1$ 获得最大值，随着 R_L 的减小，k 减小，但是实际上，因电枢反应及温度变化的影响，输出特性曲线不完全是线性的。同时还可看出，负载电阻越小、转速越高，输出特性曲线弯曲得越厉害。

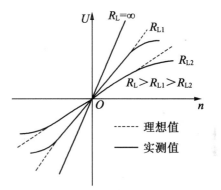

图 5 - 24　直流测速发电机输出特性曲线

2. 主要误差

直流测速发电机输出电压与转速呈线性关系的条件是 Φ_0、R_a、R_L 保持不变。实际上，直流测速发电机在运行时，有一些因素会引起这些量发生变化，这些因素主要包括以下几点。

(1)周围环境温度的变化，励磁绕组长期通电发热而引起的励磁绕组电阻的变化，将引起励磁电流及磁通的变化，从而造成线性误差。

(2)直流测速发电机有负载时电枢反应的去磁作用，使测速发电机气隙磁通减小，引起线性误差。

(3)电枢电路总电阻中包括电刷与换向器的接触电阻，而这种接触电阻是随负载电流变化而变化的。当发电机转速较低时，相应的电枢电流较小，接触电阻较大，这时测速发电机虽然有输入信号(转速)，但输出电压却很小，因而在输出特性上引起线性误差。

为了减小由温度变化而引起的磁通变化，一方面在实际使用时可在励磁回路中串联一个电阻值较大的附加电阻。附加电阻可用温度系数较低的康铜材料绕制而成。当励

磁绕组温度升高时,电阻值虽然有所增加,但励磁回路的总电阻值却变化很小。另一方面,设计时可使发电机磁路处于饱和状态。这样,即使由电阻值变化引起的励磁电流变化可能较大,发电机的气隙磁通变化却非常小。为了减小电枢反应的去磁作用,在设计时可在定子磁极上安装补偿绕组,并选取较小的线负荷和适当加大发电机气隙,在使用时尽可能采用大的负载电阻,并选用适当的电刷,以减小电刷接触压降。

5.4.2 交流测速发电机

1. 基本结构和工作原理

交流测速发电机的结构和空心杯形转子伺服电动机相似,其原理图如图 5 – 25 所示。在定子上安放两套彼此相差 90°的绕组,FW 作为励磁绕组,接于单相额定交流电源,CW 作为工作绕组(又称输出绕组),接入测量仪器作为负载。交流电源以旋转的杯形转子为媒介,在工作绕组上感应出数值与转速成正比,频率与电网频率相同的电势。

杯形转子可看成一个导条数目多的鼠笼转子,当频率为 f_1 的励磁电压 U_1 加在绕组 FW 上时,在测速发电机内外定子间的气隙中,将产生一个与 FW 轴线一致、频率为 f_1 的脉动磁通 Φ_f,$\Phi_f = \Phi_{fm} \sin \omega t$,如果转子静止不动,则相当于一台变压器,励磁绕组相当于变压器的原绕组,转子绕组相当于变压器的副绕组。磁通 Φ_f 在杯形转子中感应变压器电动势和涡流,涡流产生的磁通阻碍 Φ_f 的变化,合成磁通 Φ_1 的轴线仍与励磁绕组的轴线重合,而与输出绕组 CW 的轴线相互垂直,故不会在输出绕组上感应出电动势,所以输出电压 $U_o = 0$。但如果转子以 n 的转速顺时针方向旋转,则杯形转子还要切割磁通 Φ_1 产生切割电动势 e_{2p} 及电流 i_{2p}。因 $e = Blv$,由于 B 与 Φ_m 成正比,U 与 n 成正比,因此 e_{2p} 的有效值 E_{2p} 与 Φ_m、n 成正比。当励磁电压 U_f 一定时,因 $U_f = 4.44 f_1 N_1 \Phi_{1m}$,$\Phi_{1m}$ 保持不变,可得 $E_{2p} \propto n$

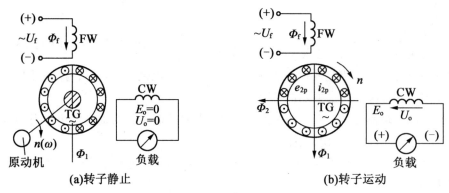

图 5 – 25 交流测速发电机原理图

由 e_{2p} 产生的电流 i_{2p} 也要产生一个脉动磁通 Φ_2,其方向正好与输出绕组 CW 轴线重合,且穿过 CW,在输出绕组 CW 上感应出变压器电动势 e_0,其有效值 E_0 与磁通 Φ_2 成正比,即

$$E_0 \propto \Phi_2, \qquad \Phi_2 \propto E_{2p}$$

可得

$$E_0 \propto n$$

交流测速发电机输出特性曲线如图 5 – 26 所示。

2. 交流测速发电机的主要技术指标

(1)剩余电压。剩余电压是指测速发电机的转速为零时的输出电压。它会使控制系统产生误动作,从而引起系统误差。一般规定剩余电压为几毫伏到十几毫伏。它是由加工工艺不完善及磁路不对称等因素造成的,因此在转子不动时,输出绕组仍有电压输出。

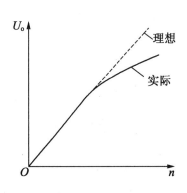

图 5 – 26 交流测速发电机输出特性曲线

(2)线性误差。励磁绕组的电阻和漏抗及转子漏抗的存在,使输出电压和转速之间的关系不再是直线关系,这种由非线性引起的误差称为线性误差,其计算式为

$$\delta = \frac{\Delta U_{max}}{U_{max}} \times 100\% \qquad (5-11)$$

图 5 – 27 所示为输出特性的线性度,ΔU_{max} 为实际输出电压和工程上选取的输出特性输出电压的最大差值;ΔU_{max} 为对应最大转速的输出电压。

一般系统 δ 为 $1\% \sim 2\%$,精密系统要求 δ 为 $0.1\% \sim 0.25\%$。在选用时,前者一般在自动控制系统中作为校正元件,后者一般作为解算元件。

(3)相位误差。在控制系统中希望交流测速发电机的输出电压和励磁电压同相,而实际上二者之间有相位移 φ,且 φ 随转速 n 变化。相位误差就是指在规定的转速范围内,输出电压与励磁电压之间相位移的变化量,一般要求交流测速发电机相位误差不超过 $2°$。

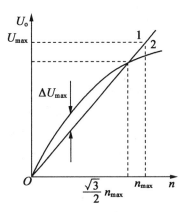

图 5 – 27 输出特性的线性度

(4)灵敏度。灵敏度是指额定励磁条件下,单位转速(1 000 r/min)产生的输出电压。交流测速发电机的输出斜率比较小,故灵敏度比较低,这是交流测速发电机的缺点。

异步测速发电机的主要优点是不需要电刷和换向器,因而结构简单、维护容易、惯量小、无滑动接触、输出特性稳定、精度高、摩擦转矩小、不产生无线电干扰信号、工作可靠,以及正、反向旋转时输出特性对称。其缺点是存在剩余电压和相位误差,且负载的大小和性质会影响输出电压的幅值和相位。

直流测速发电机的主要优点是没有相位波动,没有剩余电压,输出特性的斜率比异步测速发电机的大。其主要缺点是由于有电刷和换向器,因此结构复杂、维护不便、摩擦转矩大、有换向火花、会产生无线电干扰信号、输出特性不稳定,且正、反向旋转时输出特性不对称。

选用时应注意以上特点,根据其在系统中所起的作用,提出不同的技术要求,如应根据系统的频率、电压、工作速度范围、精度要求等来选用。

5.5 直线电动机

直线电动机是一种不需要中间转换装置,而能直接将电能转换为直线运动机械能的电动机械,电动机的输出为直线运动。一般电动机工作时,输出轴都是转动的。但是用旋转的电动机驱动机器的一些部件也要做直线运动,这就需要增加把旋转运动变为直线运动的一套装置。在工程应用中,一般是用旋转电动机通过螺旋传动、曲柄滑块或齿轮齿条等传动机构来获得直线运动。由于存在中间传动环节,系统存在整体结构复杂、质量大、体积大、精度差等缺点,而直线电动机没有中间传动环节,能量转换效率更高,推力更大,具有动态响应快、响应精度高等优点,因此在交通运输、机械工业和仪器仪表工业中得到广泛应用。

直线电动机与旋转电动机在结构上有许多的共同点,直线电动机可以看作是旋转电动机的定子和转子"展开"的电动机,因此直线电动机不会产生转矩,而是会沿其长度方向产生线性的推力,直接带动负载进行直线运动。

由于直线电动机可以看作是旋转电动机的变形,因此在理论上,每一种旋转电动机都有其相应的直线电动机。直线电动机按工作原理可分为直线感应电动机、直线同步电动机、直线直流电动机和直线步进电动机等。

由于直线感应电动机成本较低,适宜做得较长,所以应用最广泛。但是交流直线感应电动机存在纵向和横向边缘效应,其运行原理和设计方法与旋转电动机有所不同。直线直流电动机由于可以做得惯量小、推力大,故在小行程场合有较多的应用。直线直流电动机的结构和运行方式都比较灵活,与旋转电动机差别较大。直线同步电动机由于成本较高,目前在工业上应用不多,但它的效率高,适宜作为高速的水平或垂直运输的推进装置。它又可分成电磁式、永磁式和磁阻式三种。电子开关控制的永磁式和磁阻式直线同步电动机将有很好的发展前景。直线步进电动机作为高精度的直线位移控制装置已有一些应用。直线同步电动机和直线步进电动机的运行原理和设计方法与旋转电动机差别较小。

5.5.1 直线感应电动机

直线感应电动机与鼠笼式异步电动机工作原理完全相同,二者只是在结构形式上有所差别。

直线感应电动机按结构可分为平板型和管型。平板型直线感应电动机可以看作是

由普通的旋转感应(异步)电动机直接演变而来的。直线感应电动机的演变如图 5-28
所示,旋转电动机沿着轴向"切开",平铺展平后,就得到了最简单的平板型直线感应电动
机。旋转电动机的定子相当于直线电动机的初级,转子相当于直线电动机的次级,初级
和次级均可作为定子或转子。实际应用时,将初级和次级制造成不同的长度,以保证在
所需行程范围内初级与次级之间的耦合保持不变。

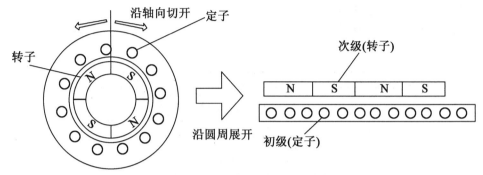

图 5-28 直线感应电动机的演变

平板型直线电动机的初级和次级依图 5-29(a)所示箭头方向卷曲,就成为管型直线
感应电动机,如图 5-29(b)所示。

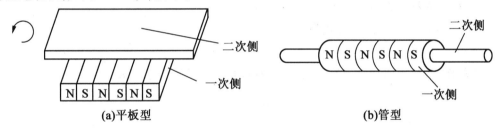

图 5-29 管型电动机的演变

直线感应(异步)电动机具有结构简单,成本较低的优点,在许多对控制精度要求不
高的场合应用广泛,但是由于感应电动机次级没有独立磁场,因此转子的运动速率时刻
受到负载变化的影响,响应速率慢,功率因数滞后,所以不适合用于要求高精度、高响应
速度的场合,如磁悬浮列车、电磁弹射、高速立体车库、电磁炮等。

直线电动机工作原理也与旋转电动机相似。当初级通入三相电流后,在初、次级之
间的气隙中产生气隙基波磁场,而这个磁场的磁通密度波是按通电顺序,随时间变化的,
且以稳定速率前进的正弦波磁场,只是直线电动机的气隙磁场是沿直线方向平移的,而
非旋转的,延展开的直线方向呈正弦形分布,故称为行波磁场。直线电动机工作原理图
如图 5-30 所示,当三相电流随时间变化时,气隙磁场将按 A、B、C 相序沿直线移动,行波
磁场的移动速度与旋转磁场在定子内圆表面上的线速度是一样的,称为同步速度 v_s,且
同步速度为

$$v_s = \frac{D}{2} \frac{2\pi n_0}{60} = \frac{D}{2} \frac{2\pi}{60} \frac{60f}{p} = 2\tau f \qquad (5-12)$$

式中　τ——极距，$\tau = \dfrac{\pi D}{2p}$；

　　　p——电动机的极对数；

　　　f——电源的频率，Hz；

　　　n_0——同步转速，$\mathrm{rad/min}$。

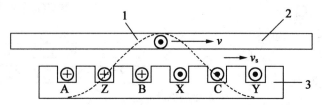

1—行波磁场；2—次级；3—初级

图 5 – 30　直线电动机工作原理图

行波磁场切割次级侧导条，将在导条中产生感应电动势和电流，导条的电流和气隙磁场相互作用，产生切向电磁力。如果初级侧固定不动，则次级侧便在这个电磁力的作用下，顺着行波磁场的移动方向做直线运动。

直线异步电动机的推力公式为

$$F = kPI_2 \Phi_m \cos \varphi_2 \qquad (5-13)$$

在推力 F 作用下，次级运动速度 v 应小于同步速度 v_s，则转差率 S 为

$$S = \frac{v_s - v}{v_s} \qquad (5-14)$$

次级移动速度为

$$v = (1 - S)v_s = 2f\tau(1 - S) \qquad (5-15)$$

式（5 – 15）表明直线感应电动机的速度与电动机极距及电源频率成正比，因此改变极距或电源频率都可改变电动机的速度。

与旋转型感应电动机一样，通过对换任意两相的电源线，改变直线电动机初级绕组的通电相序，可改变次级侧移动的方向，由此直线电动机可做往复直线运动。

直线电动机通常也是靠改变电源电压或频率来实现对速度的连续调节。直线感应电动机的启动和调速以及制动方法与旋转异步电动机也相同。

直线感应电动机与旋转感应电动机在工作原理上并无本质区别，只是所得到的机械运动方式不同而已。但是两者在电磁性能上却存在很大的差距，主要表现在以下三个方面。

（1）旋转感应电动机定子三相绕组是对称的，若所施加的三相电压对称，三相电流就对称。直线感应电动机的初级三相绕组在空间位置上不对称，位于边缘的线圈和位于中间的线圈电感值相差很大，即相电抗不相等。因此，即使三相电压对称，三相绕组电流也

不对称。

（2）旋转感应电动机定子、转子之间的气隙是圆形的，连续不断的，不存在始端和终端。但直线感应电动机初、次级之间的气隙存在着始端和终端。当次级的一端进入或退出气隙时，都会在次级导体中感应附加电流，这就是边缘效应。由于边缘效应的影响，直线感应电动机与旋转感应电动机在运行特性上有较大的不同。

（3）由于直线感应电动机初、次级之间在直线方向上要延续一定的长度，因此在机械结构上一般将初、次级之间的气隙做得较长。这样，其功率因数比旋转感应电动机还要低。

5.5.2　直线直流电动机

与直线感应电动机相比，直线直流电动机没有功率因数低的问题。运行效率高，且控制方便、灵活。若与闭环控制系统结合在一起，则可以精密地控制直线位移，其速度和加速度控制范围广，调速平滑性好。但是电刷和换向器之间存在机械磨损，虽然在短行程系统中，可以采用无刷结构，但在长行程系统中，很难实现无刷无接触运行。

直线直流电动机可做成动线圈型（简称动圈型），也可做成动磁铁型（简称动铁型）。图 5-31 所示为永磁动圈型直线电动机原理图，从图中可以看出，动圈型结构是在软铁架两端装有极性同向放置的两块永久磁铁，通电线圈可在滑道上做直线运动。这种结构具有结构简单、体积小、成本低和效率高等优点，但行程一般较短。动铁型需要一个固定的长电枢，线圈绕在一个软铁框架上，线圈的长度要包括整个行程，电枢绕组用铜量大，结构复杂，移动系统质量也较大，惯性大，消耗功率多，但电动机行程可做得很长，又可做成无接触式直线直流电动机。目前，实际生产中动圈型用得很多。

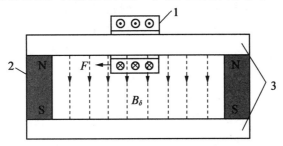

1—移动线圈；2—永久磁铁；3—软铁

图 5-31　永磁动圈型直线电动机原理图

动圈型结构的移动线圈可沿软铁轴向移动。在线圈的行程范围内，永久磁铁给予它大致均匀的磁场 B_δ。当线圈中通入直流电源 I_a 时，载有电流的导体在磁场中就会受到电磁力的作用。电磁力的方向可由弗来明（Fleming）左手定则来确定。设在铁芯轴下线圈截面中的电流方向为垂直纸面向内，则线圈所受电磁力的方向如图中 F 所示。电磁力的大小为

$$F = B_\delta L I_a = B_\delta l N I_a \qquad (5-16)$$

式中　N——线圈匝数；

　　　l——线圈导体每匝处在磁场中的平均有效长度，m；

　　　B_δ——线圈所在空间的磁感应强度，T；

　　　I_a——线圈导体中的电流，A。

只要线圈受到的电磁力大于线圈支架上存在的静摩擦阻力 F_s，线圈就沿着滑轨做直线运行，其运动的方向可由左手定则确定，改变直流电流 I_a 的大小和方向，可改变电磁力的大小和方向。

根据磁动势（或磁通）源的不同，动圈型直线直流电动机可分为永磁式和电磁式两大类。永磁式是采用永久磁铁作为磁通源，而电磁式是用直流电流来激励的。永磁式具有结构简单，无旋转部件，容易达到无刷无接触运行，速度易控，反应速度快，体积小等优点，多数电动机都做成永磁式结构，多用在功率较小的自动控制仪器仪表中。任何一种永磁式直线直流电动机都可改为电磁式直线直流电动机，只要把永久磁铁所产生的磁通改为由绕组通入直流电励磁所产生，即为电磁式直线直流电动机，多用在驱动功率较大的机构中。

5.5.3　直线同步电动机

直线同步电动机在原理上与相应的旋转同步电动机一样。利用定子合成移动磁场和动子行波磁场相互作用产生同步推力，从而带动负载做直线同步运动。其激励方式可以采用绕组通入直流电激励，由超导体绕组励磁，也可以采用永磁体励磁，其中永磁式的可靠性和效率更高一些。直线同步电动机根据其动子励磁的不同，可分为动子磁极由直流励磁的常规直线同步电动机和动子磁极为永磁体的永磁直线同步电动机。前者励磁磁场的大小由直流电流的大小决定。通过控制励磁电流可以改变电动机的切向牵引力和侧向吸引力。永磁直线同步电动机磁极磁场由永磁体提供，磁极动子不需要外加电源励磁，电动机结构简单，效率高，但磁极磁场不可调。图 5-32 所示为永磁式同步电动机原理图，电动机工作时，在定子中通入三相对称的正弦交流电，电动机空间将会产生沿水平方向直线平移的磁场，该磁场与永磁体转子的磁场产生电磁相互作用，从而产生电磁推力，而次级是固定不动的，则在该电磁推力的作用下，磁极就沿着行波磁场运动的方向做直线运动，而且磁极运动的速度与行波磁场的速度相同。

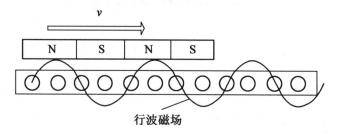

图 5-32　永磁式同步电动机原理图

同步直线电动机,结构简单,功率因数高。次级具有独立的励磁电路,能够产生独立磁场,转子运动速率与定子电磁场变化速率相同,且无论负载如何变化,只要不失步,运动速率就不会变化,对外界干扰具有较好的稳定性,可靠性高。同时随着高性能永磁材料的出现,新一代永磁同步直线电动机简化了同步直线电动机的结构,取消了转子的励磁电路,提高了可靠性。但永磁材料成本较高,易吸附铁磁物质,磁场不可调,所以更适合于轨道较短或封闭环境的场合,如导弹或分机发射架,在车辆上的应用比较少。

近年来,由于体积较小,控制精度高,圆筒型直线永磁电动机在伺服系统中的应用越来越多,特别是数控设备等需要高精度定位的场合,基本上采用的都是永磁交流直线同步电动机。直线同步电动机相对于直线感应电动机而言,具有更大的驱动力,控制性能和位置精度更好。因此,直线同步电动机在高速地面运输和直线提升装置的驱动系统中应用更受重视,各种类型直线同步电动机是直线驱动的主要选择。

5.5.4　直线步进电动机

直线步进电动机是由旋转式步进电动机演变而来的,是一种将输入的电脉冲信号转换成微步直线运动的驱动装置。当这种电动机外加一个电脉冲时,就会直线地运动一步,并准确地锁定在所希望的位置上。因为其运动形式是直线步进的,因而称为直线步进电动机。输入直线的电流脉冲信号,可由数字控制器或微处理机来提供。直线步进电动机在不需要闭环控制系统的条件下,能够提供一定精度且可靠的位置和速度控制。这是直线直流电动机和直线感应电动机所不能做到的。直线步进电动机结构简单,可动部分质量轻、惯性小、无漂移、无累积定位误差,且在开环控制条件下,就能够做到高速、高定位精度。可广泛地应用于需要快速直线运动,并且精确定位的各种精密设备如自动绘图仪、计算机设备、智能仪器仪表、机器人、电子设备及各种自动化检测和控制等领域当中。

直线步进电动机按其电磁推力产生的原理,可分为反应式(变磁阻式,不含永久磁铁)和混合式(含永久磁铁)两种。变磁阻式直线步进电动机结构简单、成本低,缺点是无定位力矩,不宜微步控制,推力仅靠磁路不对称提供,数值偏小,力矩波动大。混合式直线步进电动机是利用永久磁铁供磁和电流励磁的最佳结合来产生电磁推力的。而混合式直线步进电动机在加入稀土永磁材料以后,即使在断电的情况下,永磁体也能够产生一定的锁定力矩,并可保持转子在期望的步距位置上。在相同体积情况下产生的推力要比磁阻式直线步进电动机大,容易实现微步控制,而且控制步距对参数不敏感,一致性好。

图 5-33 所示为三相变磁阻式直线步进电动机的原理结构图,当某一相或两相绕组有脉冲电流流过时,这些相绕组磁势产生的磁通总是沿着磁阻最小的路径分布。变磁阻式直线步进电动机内部的磁场力,由通入各相绕组的脉冲电流产生。转子磁极 A、B、C 的齿与定子的齿相对,顺次错开 1/3 齿距,由于磁力线的张力特性,电动机定子、转子向磁路磁阻最小方向的磁力,使转子到达励磁绕组相应磁路磁阻最小的位置,因而使电动

机产生直线的步进运动。如果三相绕组按 A→B→C→A 顺序轮流通电励磁,则转子就以 $\tau/3$ 的步距做步进移动。

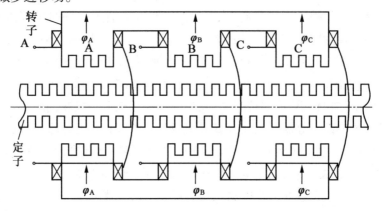

图 5-33 三相变磁阻式直线步进电动机的原理结构图

混合式直线步进电动机的基本结构与变磁阻式直线步进电动机相似,不同的是磁路中含有永久磁铁。该固定磁场可由永久磁铁产生,也可以由通有固定直流电流的励磁线圈来产生。各相控制绕组中的电流发生变化,使得各极下的磁场位置发生变化,因而带动步进电动机转子产生直线运动。图 5-34 所示为两相平板型混合式直线步进电动机的原理结构,定子是由开有等距齿槽的叠片铁芯组成,齿距(或齿槽)为 τ_t。转子是由永久磁铁再加上"Ⅱ"形电磁铁 EMA 和 EMB 组成。电磁铁 EMA 具有磁极 1 和磁极 2;电磁铁 EMB 具有磁极 3 和磁极 4。每个磁极上一般都有几个平行齿(图中每个磁极上有两个齿)。

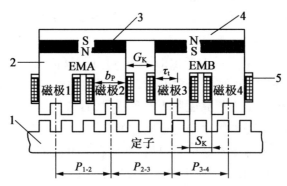

1—定子;2—转子;3—永久磁铁;4—轭铁;5—励磁线圈

图 5-34 两相平板型混合式直线步进电动机的原理图

选择适当的齿距和磁极宽度,磁极 1 的齿和定子齿对齐时,磁极 2 的齿中心正对着定子槽中心,磁极 3 和磁极 4 的齿中心分别正好都处在定子齿中心和槽中心之间。主磁路回路由电磁铁,电磁铁和定子之间的空气隙和定子自身的磁路形成。当电磁铁不通电时,永久磁铁向所有的磁极提供了大致相等的常值磁通,为永久磁通提供的总磁通的一半。当线圈 A 中通以正向电流时,磁极 1 受的磁场力最大,磁极 2 受到的磁场力几乎为 0,磁极 3 和磁极 4 受到的磁场力由定子、转子的相对位置决定,其水平方向的分力方向相反,大小为最大磁场力的一半,因此转子的运动主要是由磁极 1 所受的磁场力决定。在磁场力的作用下,磁极 1 必定运动到和定子齿对齐为止。只有在齿对齿的情况下,对应磁路的磁导最大,这时转子所受水平推力为零,处在平衡状态。若线圈 B 通电,转子向右移动了 $\tau/4$。依此类推,转子以 $\tau/4$ 步距向右移动。

变磁阻式直线步进电动机原理直观,结构简单。在控制方面,仅需单极性驱动电源,因此控制电路简单,总成本低,可靠性高,由于电动机始终处于开关运行状态,耗电省,发热少。但该电动机不宜微步控制,推力仅靠磁路不对称提供,数值偏小,力矩波动大,在不需要微步距的场合,总是优先考虑成本低廉的变磁阻式直线步进电动机。

在相同体积的情况下,混合式步进电动机产生的推力比变磁阻式步进电动机大,在体积质量要求严格的航空条件下,以及在小步距、大推力、高精度的应用场合中,混合式直线步进电动机应用广泛。易于实现微步控制,细分电路简单,在位置精度和分辨率要求较高的场合具有很大的优点。特别是在稀土永磁混合式直线步进电动机不加控制电流的情况下,永久磁铁磁通能够产生一定的锁定能力。

转子运动的速度由输入脉冲的频率决定,移动的距离由输入脉冲的个数决定。能将数字脉冲输入转换成模拟输出的直线运动,是数控系统和计算机系统中理想的直线运动驱动元件。

5.5.5　直线电动机控制

直驱式伺服系统在工作时,负载的变化会直接反映在电动机上。外部干扰,如工件质量和刀具切削力的变化等,也会直接影响电动机的性能。这些因素是直线电动机控制的难点。在控制系统中必须对这些干扰进行控制或应对,否则容易造成直线电动机控制系统的不稳定。

总体而言,控制器的设计应满足稳定跟进精度高、动态响应快、抗干扰能力强、鲁棒性好等。不同的直线电动机或不同的应用场合需求不同的控制系统,应按照具体情况采用合适的控制方法。按照变频调速的方式,直线电动机的控制可以分为恒压频比开环控制(VVVF)、矢量控制(VC)和直接推力控制(DTC)三种方式。

恒压频比开环控制在突加负载或速度突变时,易发生失步现象,且无快速的动态响应能力,故该方式只能适合于动态性能要求不高的场所,很少用在直线电动机调速系统中。

矢量控制是目前电动机控制的最主要方式,其基本思想是通过空间矢量坐标变换及磁场定向的方法,将电动机模型转换成类似于直流电动机的等效模型来进行控制。基本上可以分为三个方面:一是传统控制技术,如 PID 控制和解耦控制,在交流伺服系统中得到了广泛的应用,其中 PID 控制采用比例、微分、积分控制,其配置几乎为最优,具有较强的鲁棒性,是交流伺服电动机驱动系统中最基本的控制方式,为了提高控制效果,往往采用解耦控制和矢量控制技术;二是现代控制技术,如非线性控制、自适应控制、滑模变结构控制,采用传统控制技术主要针对对象模型确定、不变化且是线性的以及操作条件、运行环境是确定不变的,但是在高精度、微进给、高性能场合,就必须考虑对象结构与参数的变化、各种非线性的影响,运行环境的改变及环境干扰等时变和不确定因素,才能得到满意的控制效果,因此现代控制技术在直线伺服电动机控制的研究中引起了很大的重视;三是智能控制技术,如模糊控制、人工智能(如人工神经网络系统)控制等,主要用于解决复杂非线性系统的控制问题,包括系统中模型的不确定性、高度非线性等。智能控制具有的特点:一是突破了传统控制策略中对系统数学模型的依赖性,将数学解析和知识系统相结合的广义模型作为研究目标;二是继承了人脑思维的非线性特征,具有自组织、自学习和自适应功能。直线电动机伺服系统是一种强耦合、多变量的复杂非线性系统。因此,智能控制非常适合直线电动机系统的控制。

由于矢量控制是将交流矢量转换为旋转坐标系下的直流标量进行控制,因此需要复杂的坐标系变换计算,这严重影响了电动机系统的动态响应性能,因此提出了直接转矩控制(Direct Torque Control, DTC)。然而,直线电动机不会产生转矩,而是直接产生推力,因此直接转矩控制在直线电动机系统的应用称为直接推力控制。矢量控制需要通过控制定子电流才能达到控制电动机转矩的目的,而直接推力控制的核心则是推力和磁链的控制。直接推力控制通过推力和磁链误差,直接选择合适的电压矢量进行控制,这使得直接推力控制系统相比于矢量控制系统,具有结构简单,可靠性高,动态响应快的优点。

习　题

1. 实用的步进电动机为什么要采用小步距角?

2. 步进电动机步距角的含义是什么? 一台步进电动机可以有两个步距角,如 1.5°/0.75° 是什么意思? 步进电动机常见的通电方式有哪几种?

3. 一台五相反应式步进电动机,采用五相十拍运行方式时,步距角为 1.5°,若脉冲电源的频率为 3 000 Hz,试问转速是多少?

4. 一台五相反应式步进电动机,其步距角为 3°/1.5°,该电动机的转子齿数是多少?

5. 步进电动机有哪些主要性能指标? 了解这些性能指标有何实际意义?

6. 步进电动机的运行特性与输入脉冲频率有什么关系?

7. 步距角小、最大静转矩大的步进电动机,为什么启动频率和运行频率高?

8. 负载转矩和转动惯量对步进电动机的启动频率和运行频率有什么影响?

9. 一台四相反应式步进电动机,其步距角为 1.8°/0.9°。试求:(1)步进电动机转子的齿数是多少? (2)写出四相八拍运行方式时的通电顺序。(3)测得电流频率为600 Hz,此时其转速为多少?

10. 有一台直流伺服电动机,电枢控制电压和励磁电压均保持不变,当负载增加时,电动机的控制电流、电磁转矩和转速如何变化?

11. 有一台直流伺服电动机,当电枢控制电压为 $U_C = 110$ V 时,电枢电流为 $I_{a1} = 0.05$ A,转速为 $n_1 = 3\ 000$ r/min;加负载后,电枢电流为 $I_{a2} = 1$ A,转速为 $n_2 = 1\ 500$ r/min。试作出其机械特性曲线 $n = f(T)$。

12. 若直流伺服电动机的励磁电压一定,当电枢控制电压为 $U_C = 100$ V 时,理想空载转速为 $n_0 = 3\ 000$ r/min;当 $U_C = 50$ V 时,n_0 等于多少?

13. 什么是自转现象? 两相交流伺服电动机怎样克服这一现象?

14. 两相交流伺服电动机的控制方法主要有哪些?

15. 有一台两相交流伺服电动机,若加上额定电压,电源频率为 50 Hz,极对数 $p = 1$,试问它的理想空载转速是多少?

16. 简述无刷直流电动机的结构,每部分结构的作用是什么?

17. 无刷直流电动机控制器的主要功能有哪些?

18. 简述直流力矩电动机转矩大,转速低的原因。

19. 为什么多数数控机床的进给系统宜采用大惯量直流电动机?

20. 什么是直线电动机?

21. 直线电动机较之旋转电动机有哪些优缺点?

22. 直流测速发电机与交流测速发电机各有何优缺点?

23. 交流测速发电机在理想情况下为什么转子不动时没有输出电压? 转子转动后,为什么输出电压与转子转速成正比?

24. 交流测速发电机的主要技术指标有哪些?

25. 简述直线感应电动机的速度如何调节。

26. 简述动圈型直线直流电动机的工作原理。

27. 简述直线电动机的控制方法。

第6章 机电传动系统中电动机的选择

【知识要点】

1. 电动机的分类原则,不同工作环境选取电动机的原则。
2. 电动机发热与冷却的原理。
3. 不同电动机的用途。
4. 选择电动机的基本方法。

【能力点】

1. 掌握电动机的定义。
2. 按不同种类划分电动机的原则。
3. 热平衡方程以及发热、冷却原理。

【重点和难点】

1. 理解电动机发热与冷却的平衡状态,以及温升曲线变化。
2. 不同工作场景选择电动机的原则。

【问题引导】

结合生活实际,列举不同场合的电动机选择。

6.1 电动机选择的一般概念

电机是指依据电磁感应定律实现电能转换或传递的一种电磁装置。电动机俗称马达,在电路中用字母"M"表示。它的主要作用是产生驱动转矩,作为用电器或各种机械的动力源。发电机在电路中用字母"G"表示,其主要作用是将机械能转换为电能。

机电传动系统中电动机的选择,首先应该满足生产机械对工作环境、启动、调速、制动等方面的要求,然后再经济合理地选择电动机的功率。

如果功率选得过大,会造成浪费,设备投资增大,而且电动机经常欠载运行,效率及交流电动机的功率因数较低,运行费用较高,经济性不好;如果功率选小了,电动机过载运行,易造成电动机过早损坏,影响使用寿命。

电动机在进行机电能量转换的过程中产生的主要损耗,包括铜损耗、铁耗及机械损耗等。其中铜损耗随负载大小而变,其他损耗则与负载无关。这些损耗最终将转变为热能,使电动机的温度升高。

在旋转电动机中,绕组和铁芯是产生损耗和发出热量的主要部件。当电动机的温度超过某一限度时,与该部件相接触的绝缘材料将迅速老化,使其机械强度和绝缘性能很快降低,寿命缩短。在电动机中,耐热最差的是绕阻的绝缘材料,不同等级的绝缘材料,其最高允许温度是不同的。电动机中常用的绝缘材料有五种等级,其允许工作温度见表 6-1。

表 6-1　电动机中常用绝缘材料的允许工作温度

绝缘材料等级	A	E	B	F	H
最高允许温度/℃	105	120	130	155	180
最高允许温升/℃	60	75	80	105	125

当电动机温度不超过所用绝缘材料的最高允许温度时,使用寿命较长,可达 20 年;反之,如温度超过上述最高允许温度,则绝缘材料会碳化、变质,缩短电动机的寿命,严重时,会烧毁电动机。可见,绝缘材料的最高允许温度是电动机最高允许的工作温度,绝缘材料的好坏直接影响电动机的使用寿命。

电动机铭牌上所标的额定功率即指环境温度为 40 ℃时,电动机带动额定负载长期连续工作,温度逐渐升高,稳定后最高温度可达到绝缘材料允许的极限。当环境温度低于 40 ℃时,电动机可带动高于额定值的负载;反之,当环境温度高于 40 ℃时,所带负载应适当降低,以保证两种情况下电动机最终都不超过绝缘材料最高允许额度。

另外,在讨论电动机发热时,常把电动机温度与周围环境温度之差称为"温升"。使用不同绝缘材料的电动机,其最高允许温升是不同的。电动机铭牌上所标的温升是指所用绝缘材料的最高允许温度与 40 ℃之差,各绝缘等级允许的温升见表 6-1。

电动机运行时其温升随负载而变化,但由于热惯性,温升的变化会滞后负载的变化,短期工作时,当负载出现较大的冲击时,电动机的温升变化并不大,决定电动机容量的主要因素不是发热而是电动机的过载能力。因此在确定电动机的额定功率时,除应使其不超过容许温升限值以外,还需要考虑其承受短时过载的能力。

综上,电动机容量选择应根据以下三项基本原则。

(1)发热。电动机在运行时,必须保证电动机的实际最高工作温度 θ_{max} 等于或小于电动机绝缘的允许最高工作温度 θ_a,即 $\theta_{max} < \theta_a$。

(2)过载能力。电动机在运行时必须具有一定的过载能力。异步电动机的短时过载能力受到最大转矩 T_{max} 的限制,所选电动机的最大转矩 T_{max} 必须大于运行过程中可能出现的最大负载转矩 T_{Lmax},可按下式进行校验:

$$T_{max} \leqslant \lambda_m \cdot T_N = T_{Lmax} \qquad (6-1)$$

式中 λ_m——过载能力系数(一般异步电动机 λ_m 为 1.8 ~ 2.2)。

对于直流电动机的短时过载倍数受换向条件的限制,可以用电流过载能力系数 λ_I 表示($\lambda_I = I_{max}/I_N$),所选电动机的最大允许电流 I_{max} 必须大于运行过程中可能出现的最大负载电流 I_{Lmax},也可以用 λ_m 表示,直流电动机在额定状态下,一般 λ_m 为 1.5 ~ 2。

(3)启动能力。由于鼠笼式异步电动机的启动转矩一般较小,所以为使电动机能可靠启动,必须保证启动转矩大于负载转矩。

6.2 电动机的发热与冷却

在电动机运行过程中,由于损耗的存在,因此热量将不断产生,电动机本身的温度就要升高。当单位时间内发出的热量等于散出的热量时,电动机自身的温度就不再增加,处于发热与散热平衡的状态,整个过程是一个发热的过渡过程,称为发热。如果电动机在运行过程中,减少它的负载或是停车,电动机内部的损耗功率及单位时间内产生的热量将减少或不再继续产生,电动机的温度下降,电动机的温升又稳定在一个新的数值上或电动机的温度下降到周围介质的温度,这个温度下降的过程称为冷却。

因为电动机是由许多种材料及形状各异的部件构成的复杂件,所以它的发热过程十分复杂。各部分的发热情况不一样,其散热形式也不相同。为了简化分析过程,可以忽略某些次要因素,因此做如下假设:电动机各部分的温度总是均匀、相等的,周围介质的温度是恒定不变的。

6.2.1 电动机的发热

电动机单位时间内产生的热量为 $Q = 1.005\Delta P$,dt 时间内产生的总热量为 Qdt,Q 的单位为 kJ/s,ΔP 的单位为 kW。

电动机单位时间内散出的热量为 $A\tau$,其中 A 为散热系数,单位为 $kJ/(s \cdot ℃)$;τ 为电动机的温升,单位为 $℃$。那么,在 dt 时间内散出的热量为 $A\tau dt$。

在发热的过渡过程中,电动机本身也要吸收一部分热量,设电动机的热容量为 C,若在 dt 时间内电动机的温升为 $d\tau$,则电动机吸收的热量为 $Cd\tau$,C 的单位为 $kJ/℃$。

这样 dt 时间内电动机所产生的总热量应等于自身吸收热量与散发热量的和,即

$$Qdt = Cd\tau + A\tau dt \qquad (6-2)$$

这就是热平衡方程式,整理后得

$$\frac{C}{A}\frac{d\tau}{dt} + \tau = \frac{Q}{A}$$

令 $T_Q = \dfrac{C}{A}$,$\tau_{st} = \dfrac{Q}{A}$,则描述电动机发热过程的微分方程式为

$$T_Q \frac{\mathrm{d}\tau}{\mathrm{d}t} + \tau = \frac{Q}{A} \qquad (6-3)$$

该方程式在初始条件为 $\tau = 0, \tau = \tau_0$ 时的解为

$$\tau = \tau'_{st} - (\tau_0 - \tau_{st}) e^{-\frac{t}{T_Q}} \qquad (6-4)$$

式中　　T_Q——发热时间常数,它表征了电动机热惯性的大小,s;

　　　　τ_{st}——稳定温升,℃;

　　　　τ_0——发热的起始温升,℃。

由式(6-3)开始,按指数规律上升,在 $t \to \infty$ 时,达到稳定温升。可以看出,电动机的温升曲线是按指数规律变化的。在电动机长期未运行条件下,当它带某一负载运行时 $\tau_0 = 0$,电动机的温升从介质温升 $t = (3 \sim 4) T_Q$ 时,其温升值已达 $(97 \sim 98)\% \tau_{st}$,工程上近似认为这时发热过渡过程已结束;若电动机运行一段时间后停车,在温度还未降至介质温度时,再投入运行,或者是正运行着的电动机负载增加,这时 $\tau_0 \neq 0$,而为某一具体数值,电动机的发热曲线从 $\tau_0 = \tau_{qs}$ 开始按指数规律增加至稳定温升。

6.2.2　电动机的冷却

由于热平衡方程式对电动机冷却过程同样适用,所以可用式(6-3)研究电动机的冷却过程。只是其中的起始值 τ_0、稳定温升值 τ_{st} 及冷却时间常数不同而已。电动机的冷却常发生在下述两种情况下。

(1)电动机运行过程中负载减少。当运行过程中的电动机负载减少时,其损耗减少,单位时间内产生的热量减少为 Q',则电动机的初始温升为 $\tau_0 = \tau_{st}$,稳态值为 τ_{st},假设电动机的散热率 A 保持不变,此时 $\tau = f(t)$,即

$$\tau = \tau'_{st} - (\tau'_{st} - \tau_{st}) e^{-\frac{t}{T_Q}} \qquad (6-5)$$

式中　　τ'_{st}——冷却过程的稳态温升,$\tau'_{st} = \dfrac{Q'}{A}$;

　　　　T_Q——电动机的冷却时间常数,$T_Q = \dfrac{L}{A}$。

冷却过程的温升曲线是按指数衰减规律变化的曲线,如图6-1中的曲线1所示。

(2)断电停车。电动机脱离电源后,对应的损耗为零,不再产生热量,其温度逐渐下降,直到与周围介质温度相同为止。因此,稳态温升 $\tau'_{st} = 0$,有

$$\tau = \tau_{st} e^{-\frac{t}{T_Q}} \qquad (6-6)$$

此时冷却过程的温升曲线如图6-1中的曲线2所示。

由于电动机的散热率 A 与通风条件有关,所以

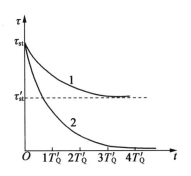

图6-1　电动机的冷却曲线 $\tau = f(t)$

在某些条件下,$T_Q = T'_Q$。如果电动机采用的是自带风扇的散热条件,即自扇冷式,则电动

机断电停车,或速度降低时,散热条件变差,散热率 A 减小,这时 T'_Q 一般为 T_Q 的 $2 \sim 3$ 倍。如果电动机是依靠自然环境散热,或由另一台电动机带动风扇来散热,则发热时间常数与冷却时间常数是相等的。

从上面对电动机发热与冷却过程的分析可以看出,电动机的温升曲线 $\tau = f(t)$,依赖于起始值、稳态值和时间常数三个要素,热过渡过程也是一个典型的一阶过渡过程,其中 T_Q 反映了热惯性对温度变化过程的影响,电动机容量越大,T_Q 值也就越大,达到热平衡所需时间就越长。而电动机的热惯性比自身的电磁惯性和机械惯性要大得多,故电动机内部温度变化是一个比较缓慢的过程。

6.3　不同工作制下电动机容量的选择

6.3.1　电动机工作制

电动机常用的工作制一般分为以下几种。

(1)连续工作制。对于负载功率 P_L 恒定不变的生产机械(如风机、泵、鼓风机、造纸机、机床主轴等负载)电动机连续工作时间很长,其温升可达稳定值。显然,工作时间 $t > (3 \sim 4) T_Q$ (发热时间常数),可达几小时甚至几昼夜。恒定负载长期连续工作时工作的负载图及温升曲线如图 6 - 2 所示。

(2)短时工作制。有些生产机械不是长期工作,电动机的工作时间 t_p 较短,在工作时间内温升达不到稳定值,停车时间 t_0 较长,电动机的温度降到周围环境温度。例如,闸门开闭机、升降机属于短时工作制的机械。恒定负载短时工作的负载图及温升曲线如图 6 - 3 所示。

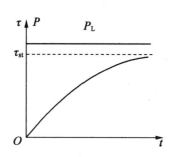

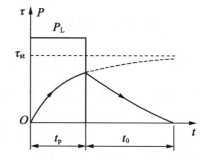

图 6 - 2　恒定负载长期连续工作的负载图及温　　图 6 - 3　恒定负载短时工作的负载图及温升
　　　　　升曲线　　　　　　　　　　　　　　　　　　　　曲线

我国规定的短时工作的标准时间有 15 min、30 min、60 min 及 90 min 四种。

(3)断续周期工作制。在这种工作制中,工作时间 t_p 和停歇时间 t_0 轮流交替,两段时间都较短。在 t_p 区间,电动机温升来不及达到稳定值,而 t_0 段区间,温升也来不及降到环境温度。这样经过每一周期温升有所上升。属于这类工作制的生产机械有起重机、电

梯、轧钢辅助机械等。恒定负载断续工作的负载
图和温升曲线图如图 6 − 4 所示。这类电动机常
用暂载率 ε 来表示工作情况，即

$$\varepsilon = \frac{t_p}{t_p + t_0} \times 100\% \qquad (6-7)$$

我国生产的专供重复短时工作制的电动机，
规定的标准暂载率 ε 为 15%、25%、40% 和 60%
四种，并以 25% 为额定负载暂载率 ε_{SN}，同时规定一
个周期的总时间不超过 10 min。每一个电动机在不
同的暂载率下，都有不同的额定功率。

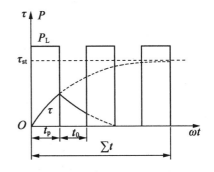

图 6 − 4　恒定负载断续工作的负载图及
温升曲线

对于不同工作制下，电动机有不同的选择方法。

6.3.2　连续工作制电动机容量的选择

1. 带恒定负载时电动机容量的选择

工作机械选择电动机时，可以按设计手册中的计算公式算出负载所需功率 P_L，选择
电动机的额定功率 P_N 大于负载所需功率 P_L 即可，即

$$P_N > P_L$$

因为连续工作制电动机的启动转矩和最大转矩均大于额定转矩，故一般不必校验启
动能力和过载能力，仅在重载启动时，才需要校验启动能力。

2. 带变动负载时电动机容量的选择

在多数生产机械中，电动机的负载大小是变动的。例如，小型车床、自动车床的主轴
电动机一直在转动，但因加工工序多，每个工序加工结束后可能需要退刀或进刀加工，负
载会发生变化。有的负载是连续的，但其大小是变动的，变动负载连续工作的负载图和
温升曲线如图 6 − 5 所示。在这种负载下选用的电动机一般都是为恒定负载工作设计
的。如果按生产机械的最大负载来选择电动机的容量，电动机不能充分利用，如果按最
小负载来选择，容量又不够，因此必须进行相应的发热校验。

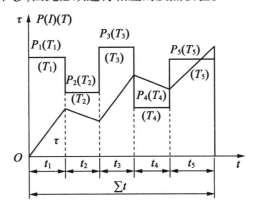

图 6 − 5　变动负载连续工作的负载图和温升曲线

带变动负载时电动机功率选择的一般步骤如下。

(1)计算并绘制生产机械负载图 $P = f(t)$ 或 $T = f(t)$。

(2)预选电动机的功率。预选是在上述负载图的基础上进行的,可算出负载的平均功率 P_d 或平均转矩 T_d。

考虑到过渡过程中,电动机的发热情况,电动机额定功率初选为

$$P_N = (1.1 \sim 1.6)P_d = (1.1 \sim 1.6)\frac{T_d n_N}{9\,550} \tag{6-8}$$

在式(6-8)中,如果过渡过程在整个工作过程中占比重大,则系数(1.1~1.6)中选偏大的数值。

电动机预选后,按下式算出电动机额定损耗功率 ΔP。参照产品目录,可查到电动机额定电流值,算出额定转矩 T。

$$\Delta P = \frac{P_N}{\eta_N} - P_N \tag{6-9}$$

(3)作出电动机的负载图。

(4)进行发热、过载能力及必要的启动能力校验。

一般情况下,只要预选一到两次即可确定电动机功率。在有些情况下可以将上述步骤简化,可采用"等值法"来计算电动机的功率,即把实际的变化负载转换成一等效的恒定负载,而二者的温升相同,这样就可根据得到的等效恒定负载来确定电动机的功率。

电动机的温升取决于它发出的热量,热量主要是由损耗产生,损耗有两部分:一部分主要指铁耗与机械损耗,由 ΔP 表示;另一部分是与负载电流的二次方成正比的铜耗,由 I^2R 表示。图6-3所示的负载,在各种不同负载下的总损耗为

$$(\Delta P + I_1^2 R)t_1 + (\Delta P + I_2^2 R)t_2 + \cdots + (\Delta P + I_n^2 R)t_n$$

在等值的恒定负载下,在同一工作时间内,电动机的总损耗为

$$(\Delta P + I_d^2 R)(t_1 + t_2 \cdots + t_n) = (\Delta P + I_d^2 R)\sum_{i=1}^{n} t_i$$

认为二者的损耗相同,其等值电流为

$$I_d = \sqrt{\frac{I_1^2 t_1 + I_2^2 t_2 + \cdots + I_n^2 t_n}{\sum\limits_{i=1}^{n} t_i}} \tag{6-10}$$

对于直流电动机,或工作在接近于同步转速状态下的异步电动机可采用等效转矩法,由电动机转矩 $T = K_t \Phi I$ 可知,$T \propto I$,故式(6-6)可转换成转矩来计算,即

$$T_d = \sqrt{\frac{T_1^2 t_1 + T_2^2 t_2 + \cdots + T_n^2 t_n}{\sum\limits_{i=1}^{n} t_i}} \tag{6-11}$$

选择电动机的额定转矩时,使 $T_N > T_d$ 即可。

当电动机具有较硬的机械特性,转速在整个工作过程中变化很小时,可近似地认为功率 $P_d \propto T_d$,式(6-7)可转换成等效功率来计算,即等效功率法:

$$P_{\mathrm{d}} = \sqrt{\dfrac{P_1^2 t_1 + P_2^2 t_2 + \cdots + P_n^2 t_n}{\displaystyle\sum_{i=1}^{n} t_i}} \tag{6-12}$$

选择电动机的额定功率 P_{N} 时,使 $P_{\mathrm{N}} \varpropto P_{\mathrm{d}}$ 即可。

上述方法都只考虑了发热方面的问题,因此初选出电动机后,还必须校验其过载能力和启动转矩。如果不满足要求,则应适当加大电动机容量或重选启动转矩较大的电动机。

6.3.3　短时工作制电动机容量的选择

拖动短时工作制机械的电动机,工作时温升低,停车时能够冷却到周围环境温度。这类电动机既可选择专用短时工作制的电动机,也可选择连续工作制的普通电动机。

1.选用短时工作制的电动机

短时工作制的电动机规定的标准短时运行时间是 10min、30 min、60 min 和 90 min 四种。这类电动机铭牌上所标的额定功率 P_{N} 是与标准运行时间 t_{s} 相对应的。例如,P_{N} 为 30 kW、t 为 30 min 的电动机,对应输出功率为 30 kW 时,只能连续运行 30 min,否则将超过允许的温升。当实际工作时间 t_{p} 与 t_{s} 不同时,应该应用等效功率法进行换算,即将生产机械短时工作时间 t_{p} 的实际功率 P_{p} 换算成 t_{s} 下的功率 P_{s},表达式为

$$P_{\mathrm{s}}^2 t_{\mathrm{s}} = P_{\mathrm{p}}^2 t_{\mathrm{p}}$$

$$P_{\mathrm{s}} = P_{\mathrm{p}} \sqrt{t_{\mathrm{p}}/t_{\mathrm{s}}} \tag{6-13}$$

选择短时工作制电动机时,使 $P_{\mathrm{N}} \geqslant P_{\mathrm{s}}$,之后需要进行过载能力与启动能力的校验。

2.选用连续工作制的电动机

短时工作时,如果选用连续工作制的电动机,则电动机运行时将达不到允许温升,未能充分利用。为了充分利用电动机在发热上的潜在能力,可以短时过载运行,而其过载系数为 $K = P_{\mathrm{p}}/P_{\mathrm{N}}$,$K$ 与 $t_{\mathrm{p}}/T_{\mathrm{h}}$ 有关(t_{p} 为短时实际工作的时间,T_{h} 为电动机的发热时间常数)额定功率为

$$P_{\mathrm{N}} = P_{\mathrm{p}}/K$$

式中　P_{p}——短时实际负载功率;

　　　P_{N}——连续工作制电动机的额定功率。

工作时间越短,电动机实际允许的输出功率越大。但当工作时间小于一定限度时,过载能力成了选择电动机功率的主要依据。一般说来,当实际工作时间 $t_{\mathrm{p}} < (0.3 \sim 0.4) T_{\mathrm{h}}$ 时,可直接根据过载能力和启动能力来选择电动机的容量,而不必考虑电动机的发热问题。

在短时运行时,如果负载是变动的,可根据"等值法"先算出其等效功率(转矩或电流),再按上述两种方法选择电动机。

6.3.4　断续周期工作制电动机容量的选择

拖动断续周期工作制生产机械的电动机,工作时间 $t_{\mathrm{p}} < (0.3 \sim 0.4) T_{\mathrm{h}}$,停车(或空

载)时间 $t_0 < (0.3 \sim 0.4)T_h$，工作时间内电动机的温升达不到稳定温升，停车时间内温升下降比较小。

在这种情况下电动机也可以选择专用的断续周期工作制的电动机或者连续工作制的普通电动机。

1. 选用断续周期工作制的电动机

选择断续周期工作制的电动机时，先根据生产机械的负载算出电动机的实际暂载率 ε，与电动机的额定负载暂载率 ε_{SN} 进行比较，如果 ε 与 ε_{SN} 相等，即可从产品目录中查得额定功率 P_{SN}，所选电动机的 P_{SN} 应等于或略大于生产机械所需功率 P。

若 $\varepsilon \neq \varepsilon_{SN}$，则可按下式进行换算，根据 ε_{SN} 从产品目录中查得 P_{SN}，所选电动机的 P_{SN} 应等于或略大于生产机械所需功率 P。

$$P_S = P\sqrt{\frac{\varepsilon}{\varepsilon_{SN}}} = P\sqrt{\frac{\varepsilon}{0.25}} \qquad (6-14)$$

2. 选用连续工作制的普通电动机

可以选用连续工作制的电动机，此时可看成 $\varepsilon_{SN} = 100\%$，再按上述方法选择电动机。在断续周期工作制的情况下，若负载是变动的，则仍可用前面已介绍过的"等值法"先算出其等效功率 P，再按上述方法选取电动机。选好电动机的容量后，也要进行过载能力的校验。

当负载暂载率 $\varepsilon < 10\%$ 时，可按断续周期工作制选择电动机；当 $\varepsilon > 70\%$ 时，则可按连续工作制选择电动机。

在重复周期很短（$t_p + t_0 < 2\ \text{min}$），启动、制动或正转、反转十分频繁的情况下，必须考虑启动、制动电流的影响，因而在选择电动机的容量时要适当选大些。

6.4 电动机种类、电压、结构形势的选择

6.4.1 电动机种类的选择

为生产机械选择电动机的种类，首先应该满足生产机械对电动机启动、调速性能和制动的要求。在此前提下考虑经济性。交流电动机比直流电动机结构简单、运行可靠、维护方便、价格便宜。在这些方面，鼠笼式异步电动机就更为优越。在对调速性能要求高，且要求快速、平滑启动或者制动时，可选用直流电动机。

近年来，交流调速系统中的串级调速、变频调速发展很快，尤其是变频调速，具有能和直流调速系统相媲美的调速性能，因此交流调速系统的应用日趋广泛。在一些要求频繁启动、制动，并且要求平滑调速的场合，采用交流调速系统。

6.4.2 电动机额定电压的选择

依据电源情况和控制装置的要求选择电动机的额定电压。交流电动机的电压是依

据电网电压来设计的,有 220/380 V、380 V、380/660 V,3 kV,6 kV,10 kV 几种供选用。直流电动机的额定电压有 110 V、220 V、330 V、440 V 和 660 V 等。还有专门为单相整流电源设计的 160 V 直流电动机等以供选用。

6.4.3　电动机额定转速的选择

额定功率相同的电动机,转速高、体积小、造价低,一般来说转速也很小。但转速越高的电动机,拖动系统传动机构将越复杂,成本又将提高。另外,电动机 GD^2 和转速 n 将影响电动机过渡过程时间的长短和过渡过程中能量损耗的大小。电动机的 n_N 与 GD^2 的乘积越小,过渡过程越快,能量损失越小。

因此,电动机额定转速的选择需根据生产机械的具体情况,综合考虑上面各因素来确定。

6.4.4　电动机形式的选择

电动机的结构形式有卧式和立式两种,一般情况选用卧式。通常选用一个轴伸端的电动机,需要时可选择两个轴伸端的电动机。电动机的防护形式:①开启式,价格便宜,散热好,但外部液、固、气三态物质均可进入电动机内部,只适用于清洁、干燥的环境中;②防护式,可防止 45°倾斜落体进入电动机中,多用于干燥、少灰尘、无腐蚀、无爆炸性气体的场合中,这种电动机散热条件好,应用很广;③封闭式,电动机外部的气体或液体绝对不能进入电动机内,如潜水电动机;④防爆式,应用于有爆炸危险的环境中,如有瓦斯的井下或油池附近等。另外,特殊环境中应选用特殊电动机。

6.4.5　选型的基本方法

1. 常用电机

(1)伺服电动机。伺服电动机广泛应用于各种控制系统中,能将输入的电压信号转换为电动机轴上的机械输出量,拖动被控制元件,从而达到控制目的。伺服电动机有直流和交流之分,最早的伺服电动机是一般的直流电动机,在控制精度不高的情况下,才采用一般的直流电动机做伺服电动机。目前的直流伺服电动机从结构上讲,就是小功率的直流电动机,其励磁多采用电枢控制和磁场控制,但通常采用电枢控制。

(2)步进电动机。步进电动机主要应用在数控机床制造领域,由于步进电动机不需要 A/D 转换,能够直接将数字脉冲信号转换为角位移,所以一直被认为是最理想的数控机床执行元件。除了在数控机床上的应用,步进电动机也可以用在其他的机械上,如作为自动送料机中的电动机,作为通用的软盘驱动器的电动机,也可以应用在打印机和绘图仪中。

(3)力矩电动机。力矩电动机具有低转速和大力矩的特点。一般在纺织工业中经常使用交流力矩电动机,其工作原理和结构和单相异步电动机的相同。

(4)开关磁阻电动机。开关磁阻电动机是一种新型调速电动机,结构极其简单且坚固,成本低,调速性能优异,是传统控制电动机强有力的竞争者,具有强大的市场潜力。

(5)无刷直流电动机。无刷直流电动机的机械特性和调节特性的线性度好,调速范围广,寿命长,维护方便噪声小,不存在因电刷而引起的一系列问题,所以这种电动机在控制系统中有很大的应用。

(6)直流电动机。直流电动机具有调速性能好、启动容易、能够载重启动等优点,所以目前直流电动机的应用仍然很广泛,尤其在可控硅直流电源出现以后。

(7)异步电动机。异步电动机具有结构简单,制造、使用和维护方便,运行可靠以及质量较小,成本较低等优点。异步电动机主要应用于驱动机床、水泵、鼓风机、压缩机、起重卷扬设备、矿山机械、轻工机械、农副产品加工机械等大多数工农生产机械以及家用电器和医疗器械等。另外,在家用电器中应用比较多,如电扇、电冰箱、空调、吸尘器等。

(8)同步电动机。同步电动机主要用于大型机械,如鼓风机、水泵、球磨机、压缩机、轧钢机以及小型、微型仪器设备或者充当控制元件。其中三相同步电动机是其主体。此外,还可以当调相机使用,向电网输送电感性或者电容性无功功率。

(9)减速电机。减速电机是指减速机和电动机(马达)的集成体。这种集成体通常也可称为齿轮减速马达或齿轮电机。优点是:减速电机结合国际技术要求制造,具有很高的科技含量;节省空间,可靠耐用,承受过载能力高,功率可达 95 kW 以上;能耗低,性能优越,减速机效率高达95%。

2.选型的基本方法

(1)电机参数。要先了解电机的规格型号、功能特性、防护形式、额定电压、额定电流、额定功率、电源频率、绝缘等级等。这些内容基本能给用户正确选择保护器提供参考依据。

(2)环境条件。环境条件主要指常温、高温、高寒、腐蚀度、振动度、风沙、海拔、电磁污染等。

(3)电机用途。电机用途主要指拖动机械设备要求特点,如风机、水泵、空压机、车床、油田抽油机等不同负载机械特性。

(4)控制方式。控制方式有手动、自动、就地控制、远程控制、单机独立运行、生产线集中控制等情况。启动方式有直接、降压、星角、频敏变阻器、变频器、软启动等。

(5)其他方面。用户对现场生产监护管理情况,以及非正常性的停机对生产影响的严重性等。

习　题

1. 决定电动机容量的主要因素是什么。

2. 长时间工作的电动机容量选择考虑的主要因素是什么。

3. 我国规定的标准短时工作制运行时间有哪些。

4. 我国对重复短时工作制的标准暂载率有哪些。

5. 电动机的温升与哪些因素有关? 电动机铭牌上温升值的含义是什么? 电动机的温升、温度以及环境温度三者之间有什么关系?

6. 电动机在运行中电压、电流、功率、温升能否超过额定值,是什么原因?

7. 电动机的选择包括哪些内容。

8. 选择电动机的容量时主要应考虑哪些因素。

9. 有一抽水站的水泵向高度 $H = 20$ m 处送水,排水量为 $Q = 400$ m³/h,水泵的效率为 $\eta_1 = 0.9$,传动装置的效率为 $\eta_2 = 0.78$,水的密度为 $r = 1\,000$ kg/m³,试选择一台电动机拖动水泵。

10. 有一生产机械的实际负载转矩曲线如图 6 - 6 所示,生产机械要求转速为 1 450 r/min。试求:(1)选用的交流电动机的最低容量是多少? (2)电动机启动转矩至少是多少? (3)电动机最大转矩至少是多少? 试选择合适的电动机。

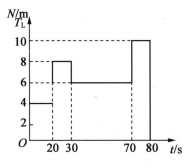

图 6 - 6

11. 有一生产机械的实际负载转矩曲线如图 6 - 7 所示,生产机械要求转速为 1 450 r/min。试求:(1)选用的交流电动机的最低容量是多少。(2)电动机启动转矩至少是多少? (3)电动机最大转矩至少是多少。

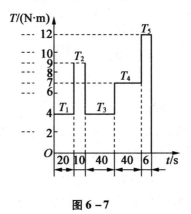

图 6 – 7

12. 有一生产机械需要交流电动机拖动,负载曲线如图 6 – 8 所示,选用的交流电动机的最低容量是多少。

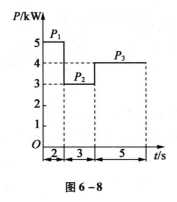

图 6 – 8

第 7 章　电力电子技术

【知识要点】

1. 晶闸管的基本工作原理、特性和主要参数的含义。

2. 几种单相和三相基本可控整流电路的工作原理及其特点。

3. 逆变器的基本工作原理、用途和控制。

4. 晶闸管工作时对触发电路的要求和触发电路的基本工作原理。

【能力点】

1. 掌握晶闸管的基本工作原理、特性和主要参数的含义。

2. 掌握几种单相和三相基本可控整流电路的工作原理及其特点。

3. 熟悉逆变器的基本工作原理、用途和控制。

4. 了解晶闸管工作时对触发电路的要求和触发电路的基本工作原理。

【重点和难点】

重点：

1. 晶闸管的导通与关断条件，可控性。

2. 晶闸管单相和三相基本可控整流电路在不同性质负载下的工作特点。

3. 晶闸管额定通态平均电流的含义及基本可控整流电路中的选择和额定电压的选择。

难点：

1. 整流电路接感性负载、反电动势负载时的工作情况。

2. 额定通态平均电流的选择。

3. 逆变器的工作原理。

【问题引导】

1. 晶闸管导通和关断的条件是什么？

2. 半波电路和桥式电路的特点有何不同？都应用在哪些场合？

3. 什么是 PWM 控制技术？

4. 晶闸管触发电路有哪些要求？

7.1　电力半导体器件

随着电力半导体器件的发展,机电传动与控制系统也有了较大的发展。早在 20 世纪 30 至 40 年代,人们普遍采用发电机－电动机组、汞弧整流器、电子闸流管、磁放大器、电机放大机等设备对电能进行变换及控制。但由这些设备组成的变流装置存在着一些明显的缺点,如功率放大倍数低、响应速度慢、体积大、效率低、有噪声等。1957 年,晶闸管的出现带来了机电传动的发展。20 世纪 70 年代以后,由于线性集成电路和数字信号处理技术的飞速发展,改善了电力半导体器件的电压、电流等级,提高了开关速度,各种高速、全控型的电力半导体器件先后问世,不仅使早期的变流技术再次焕发活力,而且电路更为简洁,形式更为新颖,使机电传动与控制领域具有全新的面貌,形成了一个广阔的市场。

由电力电子器件与相应控制电路组成的电力变换电路,按功能可分为下列几种类型。

(1)可控整流电路。固定的交流电压(一般是电网上工频 50 Hz 的交流电)变成固定的或者可调的直流电压。它可方便地对直流电动机进行调速,并有统一规格的成套产品,广泛用在冶金、机械、造纸、纺织以及高压直流输电等方面。

(2)交流调压电路。固定的交流电压变成可调的交流电压,较多地应用于灯光控制、温度控制以及交流电动机的调速系统中。

(3)逆变电路。直流电变成频率固定的或者可调的交流电。如不间断电源(UPS)可以在交流电网停电时,把蓄电池的直流电变为交流电,供某些不能断电的重要设备或部门使用。又如在高压直流输电的终端将直流电变换为交流电送往交流电网。

(4)变频电路。固定频率的交流电变成可调频率的交流电。冶炼、热处理中使用的中、高频加热电源,交流电动机的变频调速,都是变频电路的应用领域。

(5)斩波电路。固定的直流电压变成可调的直流电压。斩波电路可使直流电动机的启动、调速、制动平稳,操作灵活,维修方便,并能实现再生制动,广泛用于城市电车、高速电力机车、铲车、电动汽车等车辆的调速传动上。

(6)电子开关。功率半导体器件工作在开关状态,可以代替接触器、继电器用于频繁开合操作的场合。有的生产机械如机床的正、反转控制,开关次数频繁,有触点控制会产生电弧、磨损,开关寿命不长。由电子开关组成的无触点控制装置则反应快、无电弧、无噪声、寿命长,有些场合可以取代有触点开关。

半导体器件目前还在继续向两个方面迅速发展,一方面往高集成度的集成电路方向发展微(弱)电子学,另一方面往电力电子器件方向发展电力(强)电子学。电力电子器件是现代交、直流调速装置的支柱,其发展直接影响到交、直流调速技术的发展。

电力电子器件根据开通与关断可控性的不同可以分为三类。

（1）不可控型开关器件。开通与关断都不能控制的器件。仅整流二极管 D 是不可控型开关器件。

（2）半控型开关器件。只能控制其开通，不能控制其关断的器件。普通晶闸管 SCR 及其派生器件属于半控型开关器件。

（3）全控型开关器件。开通与关断都可以控制的器件。如 GTR、GTO、P – MOSFET、IGBT 等都属于全控型开关器件。

全控型电力电子器件按其结构与工作机理可分为三大类型：双极型、单极型和混合型。

双极型器件是指器件内部的电子和空穴两种载流子同时参与导电的器件，常见的有 GTR、GTO 等，这类器件的特点是容量大，但工作频率较低，且有二次击穿现象等弱点。

单极型器件是指器件内只有一种载流子，即只有多数载流子参与导电的器件，其典型代表是 P – MOSFET，这种器件工作频率高，无二次击穿现象，但目前容量尚不如双极型。

混合型器件是指双极型与单极型器件的集成混合，其兼备了二者的优点，最具发展前景。IGBT 是其典型代表。

7.1.1　不可控型开关器件

大功率二极管亦即整流二极管，其电压、电流的额定值都是比较高的，目前其最大额定电压、电流分别可达 6 kV 和 6 kA。当二极管阳极与阴极加正向电压时导通，正向导通时电压降一般为 0.8 ~ 1 V，这比变换电路的额定工作电压要小得多，可以忽略不计，相当于开关闭合；加反向电压时，截止（关断），反向截止时的反向电流仅为反向饱和电流，其值远小于正向导通时的额定电流（约为正向导通的万分之一），相当于开关断开，因此半导体电力二极管可视为一个正向单向导通、反向阻断的静态单向电力电子开关。正向导通时尽管电压降很小，但对电力二极管来说，额定正向电流很大时的功耗及其发热则不容忽略。在低电压（200 V 以下）、大电流（500 A 以下）的开关电路中，肖特基二极管应是首选器件，它不仅开关特性好，允许工作频率高，且正向压降相当小（小于 0.5 V），是理想的开关器件。

7.1.2　半控型开关器件

1. 普通晶闸管

晶闸管又称为可控硅整流器（Silicon Controlled Rectifier，SCR）。晶闸管是一种新型大功率半导体器件，分为螺栓形和平板形两种，如图 7 – 1 所示。

螺栓形晶闸管阳极 A 可与散热器固定，另一端的粗引线是阴极 K，细线是控制极 G（又称门极）。这种结构用于 100 A 以下的器件。平板形晶闸管中间的金属环是控制极 G，离控制极远的一面是阳极 A，近的一面是阴极 K。这种结构散热效果比较好，用于 200 A 以上的器件。晶闸管电路符号如图 7 – 2 所示。

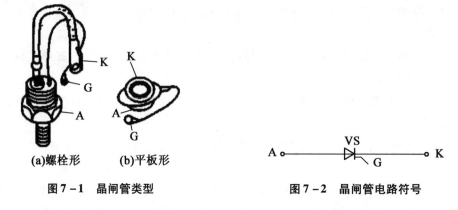

(a)螺栓形　　(b)平板形

图 7 - 1　晶闸管类型

图 7 - 2　晶闸管电路符号

（1）晶闸管工作原理及特性。下面通过实验来观察晶闸管的工作情况，图 7 - 3 所示为晶闸管工作特性实验图，主电路加上交流电压 u_2，控制极电路接入 E_g，当晶闸管的阳极与阴极之间加上正向电压时，晶闸管正向偏置。在 t_1 时刻瞬间合上开关 S，在 t_4 时刻瞬间拉开开关 S。

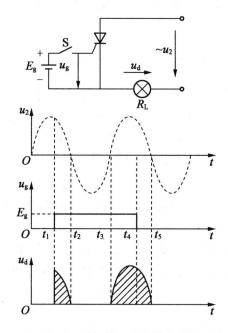

图 7 - 3　晶闸管工作特性实验图

当 $t = t_1$ 时，晶闸管正向偏置，开关 S 合上时，控制极对阴极的电压为正，晶闸管导通，灯泡点亮，此时晶闸管压降很小，电源电压 u_2 加于电阻 R_L 上。

当 $t = t_2$ 时，此时 $u_2 = 0$，流过晶闸管的电流小于维持电流，晶闸管关断，灯泡熄灭，之后晶闸管承受反向电压不会导通。

当 $t = t_3$ 时，u_2 从零变正，晶闸管又正向偏置，这时控制极对阴极施加正电压 $u_g = E_g$，所以晶闸管又导通，电源电压 u_2 再次加于负载上，灯泡点亮。

当 $t=t_4$ 时,$u_g=0$,但此时灯泡持续点亮,说明晶闸管维持导通状态。

当 $t=t_5$ 时,$u_2=0$,此时灯泡熄灭,说明晶闸管又关断,晶闸管处于阻断状态。

这种现象称为晶闸管的可控单向导电性。为什么会出现这种特性呢?首先从结构来说明其工作原理。

晶闸管内部由四层半导体材料构成,它们分别为 P_1、N_1、P_2 和 N_2,四层半导体材料构成三个 PN 结,图 7-4 所示为晶闸管工作原理。根据图中晶闸管的内部结构,可以把它等效地看成由两只晶体管组合而成的,其中一只为 PNP 型晶体管 VT_1,另一只为 NPN 型晶体管 VT_2,中间的 PN 结为两管共用。

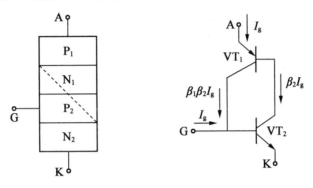

图 7-4 晶闸管工作原理

当晶闸管正向偏置时,VT_1 和 VT_2 都承受正向电压,如果在控制极上加一个阴极为正的电压,就有控制电流 I_g 流过,即为 VT_2 的基极电流 I_{b2}。经过 VT_2 放大,VT_2 的集电极产生电流 I_{C2},$I_{C2}=\beta_2 I_{b2}=\beta_2 I_g$,$I_{C2}$ 同时又是 VT_1 的基极电流 I_{b1},电流再经过 VT_1 的放大,可以得到 VT_1 的集电极电流 I_{C1},$I_{C1}=\beta_1 I_{b1}=\beta_1\beta_2 I_g$,($\beta_1$、$\beta_2$ 分别为 VT_1 和 VT_2 的电流放大系数)。由于 VT_1 的集电极和 VT_2 的基极连接在一起,这个电流又流入 VT_2 的基极,再次放大。持续循环,形成了强烈的正反馈,直到使两个晶体管均饱和导通。这个导通过程是在极短的时间内完成的,一般不超过几微秒。在晶闸管导通后,VT_2 的基极始终有比控制电流 I_g 大得多的电流流过,因此晶闸管一经导通,则控制极即使去掉控制电压,晶闸管仍可保持导通。

当晶闸管反向偏置时,即使加入控制电压,晶闸管也不导通。如果起始时,不施加控制电压或控制电压极性反接,晶闸管也不能导通。

综上所述可得以下结论。

①开始时若控制极不加电压,则无论阳极加正向电压还是反向电压,晶闸管均不导通,这说明晶闸管具有正、反向阻断能力。

②晶闸管的阳极和控制极同时加正向电压时晶闸管才能导通。

③晶闸管导通之后,其控制极就失去控制作用,要使晶闸管恢复阻断状态,必须把阳极正向电压降低到一定值(或断开,或反向)。

(2)晶闸管的伏安特性。晶闸管的阳极电压与阳极电流的关系称为晶闸管的伏安特性,如图7-5所示。在晶闸管的阳极与阴极间加上正向电压时,在晶闸管控制极开路($I_\mathrm{g}=0$)的情况下,晶闸管阳极与阴极间表现出很大的电阻,处于截止状态。当阳极电压增大到某一数值时,晶闸管突然由截止状态转变为导通状态,阳极这时的电压称为正向转折电压U_BO,也称为正向击穿电压。属于非正常导通,使用时应避免这种情况发生。

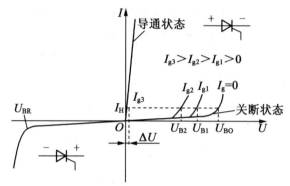

图7-5 晶闸管的伏安特性

当晶闸管控制极流过正向电流I_g时,晶闸管的正向转折电压降低,I_g越大,转折电压越小。当I_g足够大时,一般只需1.5 V以上的正向偏置,晶闸管就可以导通。规定当晶闸管阳极与阴极之间加上6 V直流电压时,能使器件导通的控制极最小电流(电压)称为触发电流(电压)。

晶闸管导通后,只有当电流小于维持电流I_H时,才会恢复到阻断状态。

在晶闸管阳极与阴极间加上反向电压时,晶闸管处于反向阻断状态,此时只有很小的反向漏电流流过。当反向电压增大到某一数值时,反向漏电流急剧增大,晶闸管会反向击穿而导致损坏,这时所对应的电压称为反向转折(击穿)电压U_BR。

(3)晶闸管的主要参数。为了正确选择和使用晶闸管,需要了解和掌握晶闸管的一些主要参数及意义。

①额定电压。额定电压是指晶闸管正、反向重复峰值电压,它是正、反向阻断状态能承受的最大电压,一般比转折电压U_BO和U_BR小。使用时要考虑环境的温升及散热等因素,要留有裕量,取实际承受值的2~3倍。

②额定电流。额定电流是指在环境温度不大于40 ℃和标准散热及全导通的条件下,晶闸管器件可以连续通过的工频正弦半波电流(在一个周期内)的平均值,称为额定通态平均电流I_T,简称为额定电流。晶闸管的发热主要由通过它的电流的有效值决定。正弦半波电流的平均值为

$$I_\mathrm{T} = \frac{1}{2\pi}\int_0^\pi I_\mathrm{m}\sin \omega t\mathrm{d}\omega t = \frac{I_\mathrm{m}}{\pi}$$

有效值为

$$I_\mathrm{e} = \sqrt{\frac{1}{2\pi}\int_0^\pi I_\mathrm{m}^2\sin^2 \omega t\mathrm{d}\omega t} = \frac{I_\mathrm{m}}{2}$$

可得

$$I_e = K I_T = 1.57 I_T$$

由于晶闸管过载能力差,故在实际选用时,一般取 $1.5 \sim 2$ 倍的裕量,即晶闸管的额定电流为

$$I_T = (1.5 \sim 2) I_e / 1.57$$

例 7 - 1　某电路中流经晶闸管的电流波形如图 7 - 6 所示,问应选用多大电流的晶闸管?

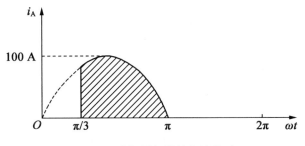

图 7 - 6　流经晶闸管的电流波形

解　由图 7 - 6 可知

$$\begin{cases} i_A = 100 \sin \omega t \\ \pi/3 \leqslant \omega t < \pi \end{cases}$$

则电流有效值为

$$
\begin{aligned}
I_e &= \sqrt{\frac{1}{2\pi} \int_0^\pi I_m^2 \sin^2 \omega t \, \mathrm{d}\omega t} \\
&= \sqrt{\frac{1}{2\pi} \int_0^\pi 100^2 \sin^2 \omega t \, \mathrm{d}\omega t} \\
&= 46 \text{ A}
\end{aligned}
$$

可得

$$I_T \approx 50 \text{ A}$$

③维持电流 I_H。在规定的环境温度和控制极断路时,维持器件继续导通的最小电流,一般为几十毫安到一百多毫安,其数值与器件的温度成反比。在 120 ℃时的维持电流约为 25 ℃ 时的一半。当晶闸管的正向电流小于这个电流时,晶闸管将自动关断。

④导通时间 t_{on} 与关断时间 t_{off}。晶闸管从断态到通态的时间称为导通时间,一般为几微秒;晶闸管从通态到断态的时间称为关断时间,一般为几微秒到几十微秒。

(4)晶闸管的型号及其含义。国产晶闸管通常有两种命名标准,一种为 CT 型,另一种为 KP 型。

①CT 型晶闸管格式为

例如,3CT50/500 表示额定电流为 50 A、额定电压为 500 V 的普通型晶闸管。

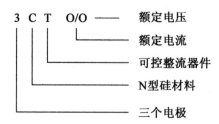

②KP 型晶闸管共使用 5~6 种符号,格式为

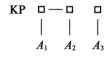

其中　K——晶闸管;

　　　　P——普通型(可替换的字母有 S、G、N,S 表示双向型,G 表示可关断型,N 表示逆
　　　　　　　导型);

　　　　A_1——额定电流值;

　　　　A_2——额定电压的等级,该数值乘 100 为额定电压值;

　　　　A_3——通态电压的组别(共有九组 A~I),额定电流小于 100 A 则可不标出。

　　例如,KP100 - 12G 表示额定电流为 100 A、额定电压为 1 200 V、通态压降小于 1 V
的普通晶闸管。

　　2. 双向晶闸管

　　双向晶闸管(TRIAC)相当于两只普通的晶闸管反并联,故称为双向晶闸管或交流晶
闸管。可直接工作于交流电源,其控制极对于电源的两个半周均有触发控制作用,即双
方向均可由控制极触发导通。在交流调压和交流开关电路中,可减少器件,简化触发电
路,有利于降低成本和增加装置的可靠性。

　　双向晶闸管的图形、符号和伏安特性如图 7 -7 所示,图中引线两个阳极分别为 MT_1、
MT_2、控制极为 G。当控制极无信号输入时,它与晶闸管相同,MT_1 与 MT_2 端子间不导电,
若 MT_1 所施加的电压高于 MT_2,而控制极加正极性或负极性信号,则晶闸管导通,电流自
MT_1 流向 MT_2,反之同理。

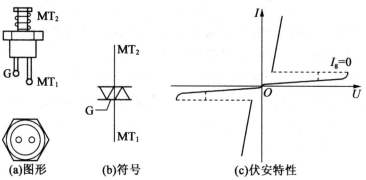

图 7 - 7　双向晶闸管的图形、符号和伏安特性

　　双向晶闸管主要应用于家用电器的控制,如灯光控制、电扇控制、暖气设备控制、烤箱的温度控制、固态继电器和交流电动机调速等领域。

3. 逆导晶闸管

　　逆导晶闸管(RCT)是将晶闸管反并联一个二极管制作在同一管芯上的功率集成器件,这种器件不具有承受反向电压的能力,一旦承受反向电压即导通。逆导晶闸管电气图形符号和伏安特性如图7-8所示。与普通晶闸管相比,逆导晶闸管具有正向压降小、关断时间短、高温特性好、额定结温高等优点,可用于不需要阻断反向电压的电路中。例如,采用晶闸管的DC-DC变换电路中,用半控型开关与一个二极管反并联,可采用逆导晶闸管。

4. 光控晶闸管

　　光控晶闸管(LTT)是一种利用一定波长的光照信号触发导通的晶闸管,其工作原理类似于光电二极管。光控晶闸管的符号及工作原理如图7-9所示。在阳极有正向外加电压时,中间的PN结反置。当光照在反偏的PN结上时,PN结的漏电流增大,在晶闸管内正反馈作用下,晶闸管由断态转为通态。

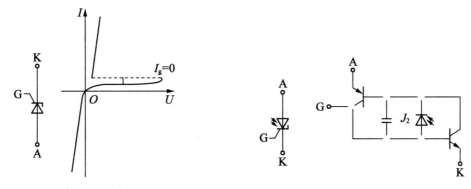

图7-8　逆导晶闸管电气图形符号和伏安特性　　　　图7-9　光控晶闸管的符号及工作原理

　　大功率光控晶闸管带有光缆,采用半导体激光器光源产生触发脉冲信号开通光控晶闸管,通过光缆来传输较强大的光信号,并实现信号源与主电路的高压绝缘,而且可以避免电磁干扰的影响。因此光控晶闸管目前在高压大功率的场合,如高压直流输电和高压核聚变装置。

7.1.3　全控型开关器件

1. 可关断晶闸管

　　可关断晶闸管(GTO)也是晶闸管的一种派生器件,它可以通过在门极施加负的脉冲电流使其关断,属于全控型开关器件。GTO的图形符号和基本电路如图7-10所示。在门极G上加正脉冲(图中的开关SA合至位置1处),GTO导通。之后,即使撤销控制信号,晶闸管仍保持导通。在门极G上加反向电压或反向脉冲(开关SA合至位置2处),可使晶闸管关断。关断时不需用外部电路强迫阳极电流为零,仅由门极加负脉冲电流即可,可以简化电力变换主电路,提高工作可靠性,减少关断损耗。

2. 电力晶体管

电力晶体管(GTR)是一种可在强电流和高电压情况下工作的双极结型晶体管,GTR与普通的双极结型晶体管的基本原理是一样的,但是对 GTR 来说,最主要的特性是耐压高、电流大、开关特性好,当基极电流足够大时,大功率晶体管导通而压降很小,一般只有 $0.3 \sim 0.8$ V,相当于开关闭合;当基极电流为零或反偏时,大功率晶体管截止,流过很小的漏电流,承受很高的电压,相当于开关断开。

与小容量晶体管相比,大功率晶体管的电流放大倍数较低,通常为 10 倍左右,高压器件中的电流放大倍数更低。因此,在大功率晶体管饱和导通时,需要很大的驱动电流。为了提高增益,常将两个甚至三个大功率晶体管复合连接,组成达林顿结构(图 7 - 11),这种大功率晶体管可提高电流增益。达林顿晶体管的开关速度仍可保持在几百纳秒到几微秒之间,电压可加载 1 400 V,电流可通过 300 A。

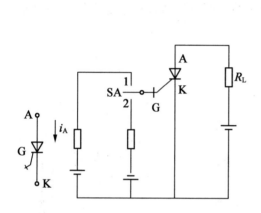

图 7 - 10　GTO 的图形符号和基本电路

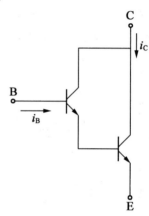

图 7 - 11　达林顿结构

为了扩大晶体管容量和简化驱动电路,常常将晶体管做成模块结构形式。功率晶体管模块有两种形式:一种是把若干个晶体管、续流二极管和内部电路组成一个单元,然后根据用途将数个单元封装在一起制成模块;另一种是用集成电路工艺将达林顿晶体管、续流二极管、加速二极管等集成在同一芯片上做成模块,这类模块由于采用了大面积单片集成工艺制作,在小型化和成本方面具有明显优势。

3. 电力场效应晶体管

电力场效应晶体管(P - MOSFET),属于电场控制型器件,按导电沟道可分为 P 沟道和 N 沟道。在 P - MOSFET 中,主要是 N 沟道增强型。P - MOSFET 的基本接法如图 7 - 12 所示。它的三个极分别是源极(S)、漏极(D)和栅极(G)。

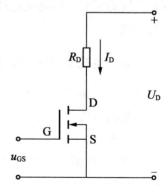

图 7 - 12　P - MOSFET 的基本接法

P‐MOSFET 是用栅极电压 u_{GS} 来控制漏极电流 I_D，改变 u_{GS} 的大小，主电路的漏极电流 I_D 也跟着改变。由于 G 与 S 间的输入阻抗很大，故控制电流几乎为零，所需驱动功率很小。和 GTR 相比，其驱动系统比较简单，工作频率也较高。P‐MOSFET 的开关时间为 10～100 ns，其工作频率可达 100 kHz，是主要电力电子器件中最高的。P‐MOSFET 的热稳定性也优于 GTR。但是 P‐MOSFET 电流容量小，耐压低，一般只适用于功率不超过 10 kW 的高频电力电子装置。目前 P‐MOSFET 的最高电压为 500～1 000 V、电流值为 200 A。

4.绝缘栅双极晶体管

P‐MOSFET 器件是单极型、电压控制型开关器件，因此其通断驱动控制功率很小，开关速度快，但通态压降大，难以制成高压大电流器件。电力晶体管（GTR）是双极型、电流控制型开关器件，因此其通断控制驱动功率大，开关速度不够快，但通态压降低，可制成较高电压和较大电流的开关器件。绝缘栅双极晶体管（IGBT）是二者结合起来的新一代半导体电力开关器件，它的输入控制部分类似 P‐MOSFET，输出主电路部分则类似双极型三极晶体管。绝缘栅双极晶体管的基本电路和符号如图 7‐13 所示，其三个极分别是集电极（C）、发射极（E）和栅极（G）。

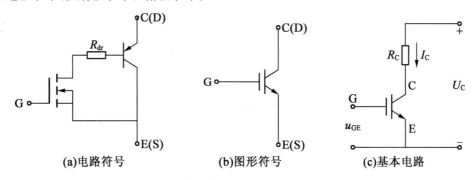

图 7‐13 绝缘栅双极晶体管的基本电路和符号

IGBT 的特性兼有 P‐MOSFET 和 GTR 的优点：驱动功率小（输入阻抗高，取用前级的控制电流小，比 GTR 小）；开关速度快（频率高，比 GTR 高得多）；导通压降低（功率损耗小，比 P‐MOSFET 小得多，与 GTR 相当）；阻断电压高（耐压高）；承受电流大（容量大、功率大）。新一代的绝缘栅双极晶体管，已能做到不使用缓冲电路，不必负压关断，并联时能自动均流，短路电流可自动抑制，并且损耗不随温度增加正比增加。

7.2 整 流 电 路

整流电路是将交流电变为直流电的电路，应用十分广泛，电路形式多种多样。利用晶闸管可以组成各种可控整流电路，可适应不同直流电动机调速、同步发电机励磁以及各种直流电源的要求。可控整流电路的种类很多,有单相半波可控整流电路、单相桥式半控整流电路,三相半波可控整流电路、三相桥式全控整流电路等。本节根据负载情况的不同,分析电路的工作原理,研究电压电流波形,计算有关电量的基本数量关系,从而掌握它们的特点及应用范围。

7.2.1 单相半波可控整流电路

单相半波可控整流电路的交流侧接单相电源,本节讲述几种典型的单相半波可控整流电路,并对其工作原理进行分析,同时讲述不同负载对电路工作的影响。

1. 带阻性负载

带阻性负载的单相半波可控整流电路及波形如图 7 − 14 所示,图中给出了单相半波可控整流电路的原理图,以及带阻性负载及晶闸管的电压和电流波形图。R 为负载电阻,VS 为晶体闸流管(简称晶闸管)。当不加触发脉冲信号时,晶闸管不导通,电源电压加于晶闸管上,负载上电压为零,晶闸管承受的最大正向与反向电压均为幅值电压 $\sqrt{2} U_2$。当 $\omega t = \alpha$ 时,晶闸管阳极与阴极之间承受正向电压,控制极施加正向触发脉冲信号,晶闸管触发导通,电源电压 U_2 施加于负载。当 $\omega t = \pi$ 时,电源电压变为零,晶闸管关断,直至下个周期控制极脉冲施加时重新导通,通过改变 α 角的大小可以改变负载上电压的大小。

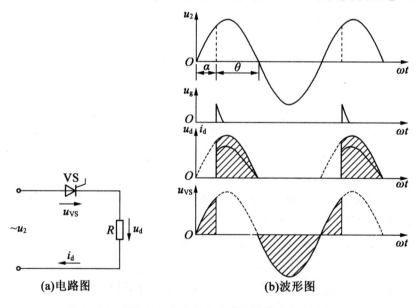

(a)电路图   (b)波形图

图 7 − 14 带阻性负载的单相半波可控整流电路及波形

图中 α 为控制角(60°),是晶闸管器件承受正向电压起始点到触发脉冲的作用点之间的电角度;θ 为导通角,是晶闸管在一周期时间内导通的电角度。对单相半波可控整流而言,α 为 $0 \sim \pi$,α 与 θ 之间满足 $\alpha + \theta = \pi$。

输出电压平均值的大小为

$$U_{\mathrm{d}} = \frac{1}{2\pi}\int_{\alpha}^{\pi}\sqrt{2}\,U_2\sin\omega t\,\mathrm{d}(\omega t) = 0.45U_2\frac{1+\cos\alpha}{2} \qquad (7-1)$$

根据欧姆定律,负载电流平均值的大小为

$$I_{\mathrm{d}} = \frac{U_{\mathrm{d}}}{R} = 0.45\frac{U_2}{R}\frac{1+\cos\alpha}{2} \qquad (7-2)$$

例 7-2　单相半波可控整流电路,负载电阻为 $R = 20\ \Omega$,交流电源电压为 220 V,控制角为 $\alpha = 60°$,求输出电压平均值及电流平均值。

解　根据式(7-1)可知,输出电压平均值为

$$U_{\mathrm{d}} = 0.45U_2\frac{1+\cos\alpha}{2} = 0.45U_2\frac{1+\cos 60°}{2} = 74.25\ \mathrm{V}$$

根据式(7-2)可知,电流平均值为

$$I_{\mathrm{d}} = \frac{U_{\mathrm{d}}}{R} = \frac{74.25}{20} = 3.7125\ (\mathrm{A})$$

2. 带阻感性负载

负载的感抗 ωL 与电阻 R 的大小相比不可忽略时,这类负载有各种电机的励磁线圈、整流输出接电抗器的负载等。整流电路的工作情况,可以分为以下几种。

(1)带阻感性负载无续流二极管的单相半波可控整流电路及波形如图 7-15 所示。

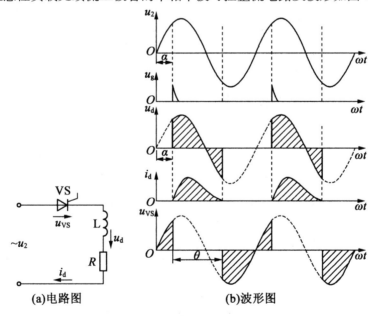

(a)电路图　　　　　(b)波形图

图 7-15　带阻感性负载无续流二极管的单相半波可控整流电路及波形

由于电感对电流变化具有阻碍的作用,当电流上升时,电感两端的自感电动势阻碍电流的上升,所以晶闸管被触发导通时,电流要从零逐渐上升。随着电流的上升,自感电动势逐渐减小,这时在电感中储存能量。当电源电压下降变负时,电感中自感电动势阻碍电流减小,晶闸管继续导通,电感中储存的能量释放出来。到某一时刻,当流过晶闸管

的电流小于维持电流时,晶闸管关断,并且立即承受反向电压。

可见,负载电感越大,导通角越大,输出电压和输出电流的平均值越小。因此,单相半波可控整流电路带阻感性负载时,如果不采取措施,负载上就得不到所需要的电压和电流。

(2)带阻感性负载有续流二极管的单相半波可控整流电路及波形如图 7 – 16 所示。

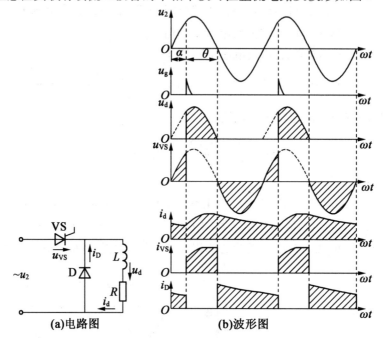

(a)电路图　　　　　　**(b)波形图**

图 7 – 16　带阻感性负载有续流二极管的单相半波可控整流电路及波形

在负载两端并联一只二极管 D,可以使电源的负电压不加于负载上。当电源电压为正时,晶闸管导通,二极管 D 截止,负载上电压波形与电源电压相同;当电源电压为负时,二极管 D 导通,负载上由电感维持的电流流经二极管,起到续流作用。此时,晶闸管承受反压截止,负载两端电压仅为二极管管压降,接近零,电感放出的能量,消耗在电阻上。

可见,负载电流在晶闸管导通期间由电源提供,当晶闸管截止时,由电感通过续流二极管来提供。此电路可以提高整流电路输出平均电压值。

当感抗很大时,电流的脉动很小,可以近似看成一条平行于横轴的直线。设负载电流的平均值为 I_d,则流过晶闸管电流的平均值为

$$I_{VS} = \frac{\theta}{2\pi} I_d \tag{7 – 3}$$

流过二极管电流的平均值为

$$I_D = \frac{2\pi - \theta}{2\pi} I_d \tag{7 – 4}$$

单相半波可控整流电路最简单,但各项指标都较差,只适用于小功率和输出电压波形要求不高的场合。

7.2.2　单相桥式半控整流电路

1.带阻性负载

带阻性负载的单相桥式半控整流电路及波形如图 7-17 所示,电路由两个半控型电子器件晶闸管 VS_1、VS_2,两个二极管 D_1、D_2,交流电源 u_2 和负载电阻 R 等组成。

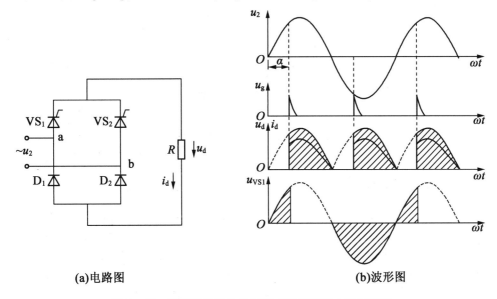

(a)电路图　　　　　　　　　　　　　　**(b)波形图**

图 7-17　带阻性负载的单相桥式半控整流电路及波形

当电源 u_2 正半周,控制角为 α 时,触发晶闸管 VS_1 导通,晶闸管 VS_2 和二极管 D_1 承受反向电压而截止。导通后电流经 a 点、VS_1、R、D_2、b 点形成回路,负载电压与 u_2 波形相同。当 u_2 下降到零时,VS_1 截止,负载两端电压 u_d 和流过负载的电流 i_d 为零。

同理,当电源 u_2 负半周,控制角为 α 时,触发晶闸管 VS_2 导通,晶闸管 VS_1 和二极管 D_2 承受反向电压而截止。导通后电流经 b 点、VS_2、R、D_1、a 点形成回路,负载电压与 u_2 正半周时波形相同。当 u_2 上升到零点时,VS_2 截止,负载两端电压 u_d 和流过负载的电流 i_d 为零。

元器件所承受的最大正向电压和反向电压都为 $\sqrt{2}\,U_2$。输出电压平均值 U_d 为

$$U_d = \frac{1}{\pi}\int_{\alpha}^{\pi}\sqrt{2}\,U_2\sin\omega t\,\mathrm{d}(\omega t) = 0.9U_2\frac{1+\cos\alpha}{2} \qquad (7-5)$$

负载电流平均值的大小为

$$I_d = \frac{U_d}{R} = 0.9\,\frac{U_2}{R}\,\frac{1+\cos\alpha}{2} \qquad (7-6)$$

2.带阻感性负载

由于电感元件对电流有阻碍作用,如果不采取措施,负载上就得不到所需的电压和电流,因此可以采用以下两种方法。

（1）加续流二极管。如图 7 – 18 所示的带阻感性负载的单相桥式半控整流电路在阻感性负载中加续流二极管。当电源电压降到零时，电感负载中电流流经续流二极管，晶闸管因电流为零面关断，不会出现失控现象。

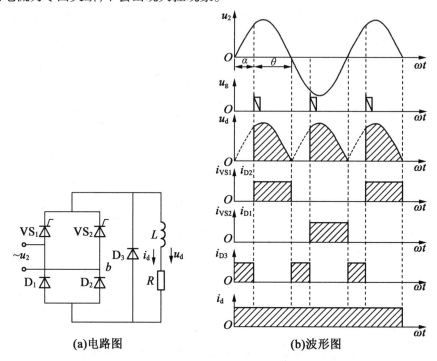

（a）电路图　　　　　　　　　　（b）波形图

图 7 – 18　带阻感性负载的单相桥式半控整流电路及波形（有续流二极管）

若晶闸管的导通角为 θ，流过每只晶闸管的平均电流值为 $\dfrac{\theta}{2\pi}I_d$，流过续流二极管 D_2 的平均电流值为 $\dfrac{\pi-\theta}{\pi}I_d$。

（2）不加续流二极管。如图 7 – 19 所示的带阻感性负载的单相桥式半控整流电路及波形，将图 7 – 18 中的 VS_2 和 D_1 交换位置，当电源电压由正过零时，电感中的电流通过 D_1 和 D_2 形成续流，确保 VS_1 或 VS_2 可靠关断，不会出现失控现象。节省了一只二极管，整流装置的体积减小。但这种电路两只晶闸管阴极没有公共点，用一套触发电路触发时，必须采用具有两个线圈的脉冲变压器供电。同时流过 D_1 和 D_2 的平均电流增大。

3. 带反电动势负载

如图 7 – 20 所示的带反电动势负载的单相桥式半控整流电路及波形，只有当加在晶闸管阳极和阴极两端电压的瞬时值 u_2 大于反电动势 E，同时触发脉冲信号施加到控制极时，晶闸管才导通，整流电路才有电流输出。在晶闸管关断的时间内，负载上保留原有的反电动势，蓄电池、直流电动机等负载属于反电动势负载。

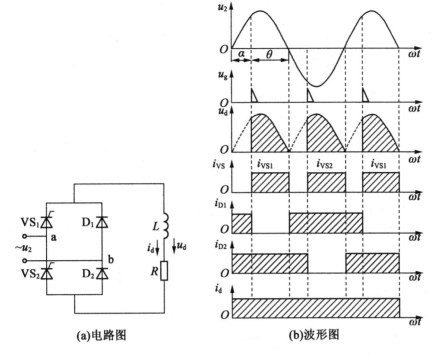

(a)电路图　　　　　　　　　　　(b)波形图

图 7-19　带阻感性负载的单相桥式半控整流电路及波形(无续流二极管)

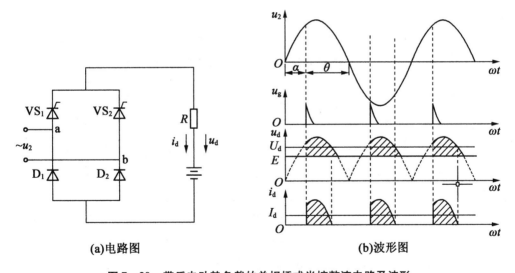

(a)电路图　　　　　　　　　　　(b)波形图

图 7-20　带反电动势负载的单相桥式半控整流电路及波形

导通时,输出平均整流电压为 $U_d = E + i_d R$,阻断时 $U_d = E$,输出平均电流 I_d 为

$$I_d = \frac{U_d - E}{R}$$

可见,平均整流电压值 U_d 很高,但平均整流电流较小,电流的幅值与平均值之差较大,由于电流有效值大,要求电源的容量也大;晶闸管器件工作条件差,晶闸管必须降低

电流定额使用,换相时也会产生火花。为了克服这些缺点,常常在回路中串联电抗器以平稳电流的脉动,整流电路的工作情况类似于大电感负载,输出电流的脉动比较平滑。

7.2.3 三相半波可控整流电路

当整流负载容量较大,或要求直流电压脉动较小时,应采用三相整流电路,其交流侧由三相电源供电。三相可控整流电路中,最基本的是三相半波可控整流电路,应用最为广泛的是三相桥式全控整流电路。本节首先分析三相半波可控整流电路。

1. 带阻性负载

带阻性负载的三相半波可控整流电路的电路图如图7-21所示,变压器一次侧接成三角形,避免三次谐波电流流入电网,而二次侧必须接成星形,有一个公共零点,所以也称三相零式电路。三个晶闸管分别接入A、B、C三相电源,它们的阴极连接在起,称为共阴极接法。图中,u_A、u_B、u_C分别表示三相对零点的相电压(u_{2P}),电源的三个相电压分别通过 VS_1、VS_2、VS_3 晶闸管向负载电阻 R 供给直流电流,改变触发脉冲的相位即可以获得大小可调的直流电压。

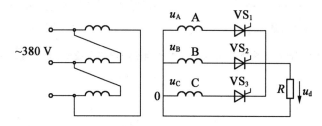

图7-21 带阻性负载的三相半波可控整流电路的电路图

三个晶闸管 VS_1、VS_2、VS_3 对应相电压中哪个值最大,同时该器件承受正向电压,且该相对应的晶闸管导通,而另外两相的晶闸管承受反向电压关断。相邻相电压波形的交点,也是可控整流的自然换相点。对三相半波可控整流而言,控制角 α 就是从自然换相点算起的。当晶闸管没有触发信号时,其承受的最大正向电压为 $\sqrt{2}\,U_{2P}$,可能承受的最大反向电压为 $\sqrt{3} \times \sqrt{2}\,U_{2P} = \sqrt{6}\,U_{2P}$,现按不同控制角 α 分下列三种情况。

(1)当 $\alpha = 0$ 时。触发脉冲在自然换相点加入,其输出波形图如图7-22所示。在 $t_1 \sim t_2$ 时段,A相电压比B、C相电压高,在 t_1 时刻触发晶闸管 VS_1,负载上得到A相电压,电流经 VS_1 和负载回到中性点。在 t_2 时刻触发晶闸管 VS_2,VS_1 因承受反向电压而关断,负载上得到B相电压。依此类推,负载上得到的脉动电压波形与三相半波不可控整流电路一样,在一个周期内每只晶闸管的导通角为 $2\pi/3$,要求触发脉冲间隔也为 $2\pi/3$。可知,三只晶闸管共阴极连接时,哪一相电压最高,则触发脉冲到来时,与那一相连接的晶闸管就导通,这只晶闸管导通后将使其他晶闸管承受反压而处于阻断状态。

两端的电压波形由3段组成:第1段,VS_1 导通期间,为一管压降,可近似为 $u_{VS_1} = 0$;第2段,在 VS_1 关断后,VS_2 导通期间,为线电压 $u_{VS_1} = u_A - u_B = u_{AB}$;第3段,在 VS_3 导通

期间 $u_{VS_1} = u_A - u_C = u_{AC}$，即晶闸管电压由一段管压降和两段线电压组成。阻性负载时，电流波形与电压波形相似。

负载上电压平均值可由下式确定：

$$U_d = \frac{1}{2\pi/3}\int_{\pi/6}^{5\pi/6}\sqrt{2}U_{2P}\sin\omega t\mathrm{d}(\omega t) = 1.17U_{2P} \tag{7-7}$$

（2）当 $0 < \alpha \leqslant \pi/6$ 时。图 7-23 所示为三相半波可控整流电路，$\alpha = \pi/6$ 时的输出波形图，u_A 使 VS_1 上电压为正，若在 t_1 时刻对 VS_1 控制极加触发脉冲，VS_1 就立即导通，可控整流电路要求触发脉冲间隔 120°，到 t_2 时刻，对 VS_2 控制极加上触发脉冲，VS_2 在 u_B 正向阳极电压作用下导通，迫使 VS_1 承受反向电压而关断。同理，到 t_3 时刻由于 VS_3 导通而迫使 VS_2 关断。依此类推，在一个周期内三相轮流导通，负载上得到连续波形的脉动直流电压 u_d，其波形是连续的。电流波形与电压波形相似，每只晶闸管导通角为 120°。

负载上电压平均值与 $\alpha(0 < \alpha \leqslant \pi/6)$ 的关系为

$$U_d = \frac{1}{2\pi/3}\int_{\pi/6+\alpha}^{5\pi/6+\alpha}\sqrt{2}U_{2P}\sin\omega t\mathrm{d}(\omega t) = 1.17U_{2P}\cos\alpha \tag{7-8}$$

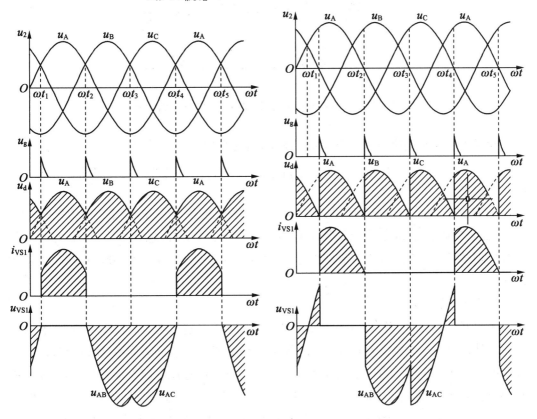

图 7-22　三相半波可控整流电路 $\alpha = 0$ 时的输出波形图

图 7-23　三相半波可控整流电路 $\alpha = \pi/6$ 时的输出波形图

（3）当 π/6 < α ≤ 5π/6 时。图 7 - 24 所示为三相半波可控整流电路 α = π/2 时的输出波形图，u_A 使 VS_1 上电压为正，若在 t_1 时刻对 VS_1 控制极加触发脉冲，VS_1 立即导通，当 A 相的相电压过零时，VS_1 自动关断。在 t_2 时刻，对 VS_2 控制极加上触发脉冲，VS_2 在 u_B 正向阳极电压作用下导通，当 B 相的相电压过零时，VS_2 自动关断，三相轮流导通。

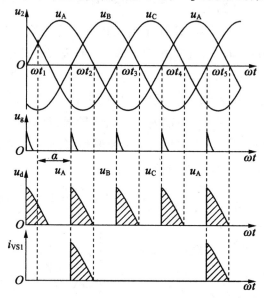

图 7 - 24　三相半波可控整流电路 α = π/2 时输出波形图

负载上电压平均值与 α（π/6 < α ≤ 5π/6）的关系为

$$U_d = \frac{1}{2\pi/3}\int_{\pi/6+\alpha}^{\pi}\sqrt{2}U_{2P}\sin\omega t\,d(\omega t) = 1.17U_{2P}\frac{1+\cos(\alpha+30°)}{\sqrt{3}} \qquad (7-9)$$

当 α = 5π/6 时，$U_d = 0$。所以，三相半波可控整流电路，其 α 的移相范围为 0 ~ 5π/6。

总之，带阻性负载情况下，当 α 在 0 ~ 5π/6 内移相时，输出平均电压由最大值 $1.17U_{2P}$ 下降到零，输出电流的平均值为 $I_d = U_d/R$，流过每只晶闸管器件的电流平均值为 $I_d/3$。

2. 带阻感性负载

带阻感性负载时，当 α ≤ π/6 时整流输出电压波形是连续的，而当 a > π/6 时，整流输出电压波形是不连续的，当电源电压下降到零时，电流也同时下降到零，所以导通的晶闸管关断。图 7 - 25 所示为带阻感性负载的三相半波可控整流电路及波形，在 α = π/3 的情况下，当 VS_1 导通时，电源电压 u_A 加到负载上，当 $u_A = 0$ 时，由于自感电动势的作用，电流的变化落后于电压的变化，负载电流并不为零，VS_1 要维持导通，若电感 L 足够大，VS_1 要一直导通至 t_2 时刻；当 VS_2 控制极触发脉冲，使 VS_2 导通，电源电压 u_B 加于负载时，VS_1 因承受反向电压而关断，这时由于电感大，电流脉动小，可以近似地把电流波形看成一条水平线。

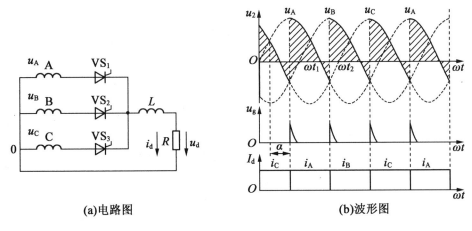

(a)电路图　　　　　　　　　　　　　　　　(b)波形图

图 7 - 25　带阻感性负载的三相半波可控整流电路及波形

这时每只晶闸管导通角为 $2\pi/3$，输出电压的平均值为

$$U_\mathrm{d} = \frac{1}{2\pi/3}\int_{\pi/6+\alpha}^{5\pi/6+\alpha} \sqrt{2}U_\mathrm{2P}\sin\omega t\mathrm{d}(\omega t) = 1.17U_\mathrm{2P}\cos\alpha \qquad (7-10)$$

可知，当 $\alpha \leqslant \pi/2$ 时，$u_\mathrm{A} = 0$，带阻感性负载的三相半波可控整流电路及波形如图 7 - 26 所示，负载电压波形正、负面积相等，$U_\mathrm{d} = 0$。故三相半波可控整流电路带阻感性负载时，要求触发脉冲的移相范围是 $0 \sim \pi/2$。

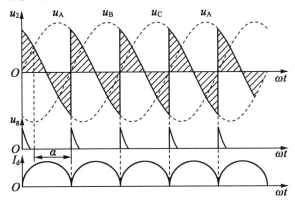

图 7 - 26　带阻感性负载的三相半波可控整流电路的波形

三相半波可控整流电路带阻性负载时，晶闸管可能承受的最大正向电压为 $\sqrt{2}U_\mathrm{2P}$。

三相半波可控整流电路带阻感性负载时，晶闸管可能承受的最大正向电压为 $\sqrt{6}U_\mathrm{2P}$，这是与带阻性负载时承受 $\sqrt{2}U_\mathrm{2P}$ 的不同之处。

三相半波可控整流电路带阻感性负载时，也可加续流二极管，其电路及波形如图 7 - 27 所示，电压、电流波形是对应于 $\alpha = \pi/3$ 时的波形。有了续流二极管，整流输出电压波形、电压平均值与控制角的关系和带阻性负载时一样，负载电流波形则与带阻感性负载时一样，当电感很大时，电流波形将接近于一条平行于横轴的直线。

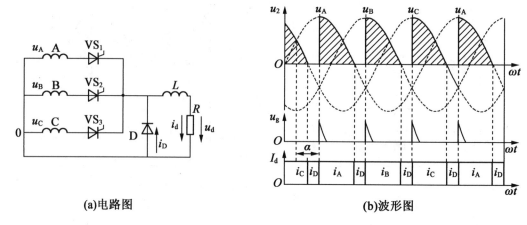

(a)电路图　　　　　　　　　　　　　(b)波形图

图 7 – 27　带阻感性负载的三相半波可控整流电路及波形(加续流二极管)

7.2.4　三相桥式全控整流电路

目前在各种整流电路中,应用最为广泛的是三相桥式全控整流电路,其原理图如图 7 – 28 所示,其阴极连接在一起的 3 个晶闸管(VS_1、VS_3、VS_5)称为共阴极组;阳极连接在一起的 3 个晶闸管(VS_4、VS_6、VS_2)称为共阳极组。

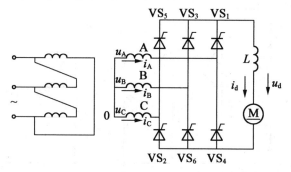

图 7 – 28　三相桥式全控整流电路原理图

三相桥式全控整流电路一般与电动机连接时总是串联一定的电感,以减小电流的脉动和保证电流连续,这时负载的性质可以看成是感性的。在带感性负载的情况下,如果对共阴极组及共阳极组晶闸管同时进行控制,控制角为 α。三相桥式全控整流电路就是两组三相半波可控整流电路的串联,因此,整流电压 U_d 应比式(7 – 10)计算的大一倍,即

$$U_d = \frac{2}{2\pi/3}\int_{\pi/6+\alpha}^{5\pi/6+\alpha} \sqrt{2}U_{2P}\sin \omega t \mathrm{d}(\omega t) = 2.34U_{2P}\cos \alpha \quad (0 \leqslant \alpha < \pi/3) \quad (7 – 11)$$

图 7 – 29 是图 7 – 28 所示电路的电压、电流波形以及触发脉冲波形图。图中,对应于 $\alpha = 0$ 的工作状况,即触发脉冲在自然换相点发出。为了说明各晶闸管的工作情况,将波形中的一个周期等分为 6 段,每段为 60°。对共阴极组的晶闸管而言,某一相电压较其他两相为正,同时又有触发脉冲,该相的晶闸管就触发导通;对共阳极组的晶闸管而言,某

一相电压较其他两相为负,同时又有触发脉冲,该相的晶闸管就触发导通。

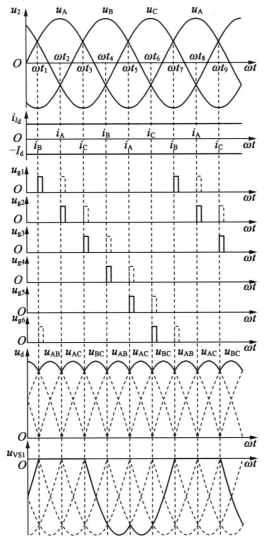

图 7-29　三相桥式全控整流电路波形图

因此,在 t_1 时刻,A 相电压比 C 相电压的正值更大,B 相电压为负,若给 VS_1、VS_6 触发脉冲,则 VS_1、VS_6 导通,电流从 A 相经 VS_1、负载和 VS_6 回到 B 相,A 相电流为正,B 相电流为负(电流为负表示电流实际方向与图中所标正方向相反)。

在 t_2 时刻,A 相还保持着较大的正电压,C 相电压开始比 B 相电压的负值更大。若在 t_2 时刻给 VS_1、VS_2 触发脉冲,则 VS_1 维持导通,且 VS_2 导通,VS_2 导通使 VS_6 承受反向电压而关断,电流从 A 相经 VS_1、负载和 VS_2 回到 C 相,所以在 $t_2 \sim t_3$ 时段内 VS_1、VS_2 导通,A 相电流为正,C 相电流为负。

在 t_3 时刻,C 相还保持着较大的负电压,B 相电压开始比 A 相电压的正值更大。若在 t_3 时刻给 VS_2、VS_3 触发脉冲,则 VS_2 维持导通,且 VS_3 导通使 VS_1 承受反向电压而关断,

所以在 $t_3 \sim t_4$ 时段内 VS_2、VS_3 导通,电流从 B 相经 VS_3、负载和 VS_2 回到 C 相,B 相电流为正,C 相电流为负。

同理,在 $t_4 \sim t_5$ 时段内 VS_3、VS_4 导通,在 $t_5 \sim t_6$ 时段内 VS_4、VS_5 导通,在 $t_6 \sim t_7$ 时段内 VS_5、VS_6 导通,在 $t_7 \sim t_8$ 时段内又是 VS_1、VS_6 导通。

从相电压波形看,以变压器二次侧的中点为参考点,共阴极组晶闸管导通时,整流输出电压 u_{d1} 为相电压在正半周的包络线;共阳极组导通时,整流输出电压 u_{d2} 为相电压在负半周的包络线;总的整流输出电压是两条包络线间的差值,即 $u_d = u_{d1} - u_{d2}$,将其对应到线电压波形。三相桥式全控整流电路负载 $\alpha = 0°$ 时晶闸管工作情况见表 7 - 1。

表 7 - 1　三相桥式全控整流电路负载 $\alpha = 0°$ 时晶闸管工作情况

	I	II	III	IV	V	VI
共阴极导通晶闸管	VS_6	VS_1	VS_2	VS_3	VS_4	VS_5
共阳极导通晶闸管	VS_1	VS_2	VS_3	VS_4	VS_5	VS_6
整流输出电压 u_d	$u_A - u_B = u_{AB}$	$u_A - u_C = u_{AC}$	$u_B - u_C = u_{BC}$	$u_B - u_A = u_{BA}$	$u_C - u_A = u_{CA}$	$u_C - u_B = u_{CB}$

从 $\alpha = 0°$ 时的情况可以总结出三相桥式全控整流电路的一些特点如下。

(1)每个时刻均需两个晶闸管同时导通,形成向负载供电的回路,其中一个晶闸管是共阴极组的,另一个是共阳极组的,且不能为同一相的晶闸管。

(2)对触发脉冲的要求是,6 个晶闸管的脉冲按 VS_1—VS_2—VS_3—VS_4—VS_5—VS_6 的顺序,相位依次差 60°;共阴极组 VS_1、VS_3、VS_5 的脉冲依次差 120°,共阳极组 VS_4、VS_6、VS_2 也依次差 120°;同一相的上下两个桥臂,即 VS_1 与 VS_4,VS_3 与 VS_6,VS_5 与 VS_2,脉冲相差 180°。

(3)整流输出电压一周期脉动 6 次,每次脉动的波形都一样,该电路为 6 脉波整流电路。

从前面几种有代表性的可控整流电路可以看出,单相半波可控整流电路最简单,但各项指标都较差,只适用于小功率和输出电压波形要求不高的场合。单相桥式半控整流电路各项性能较好,只是电压脉动频率较大,故最适合于小功率的电路。晶闸管在直流负载侧组成单相桥式半控整流电路时各项性能较好,只用一只晶闸管,接线简单,一般用于小功率的反电动势负载。三相半波全控整流电路各项指标都一般,所以用得不多。三相桥式可控整流电路各项指标都好,在要求一定输出电压的情况下,元器件承受的峰值电压最低,最适合较大功率高压电路。所以,小功率电路优先选用单相桥式半控整流电路;较大功率电路,则应优先考虑三相桥式全控整流电路。只有在某些特殊情况下,才选用其他线路。

桥式电路是选用半控桥还是全控桥,要根据电路的要求决定。如果不仅要求电路能工作于整流状态,同时还能工作于逆变状态,则选用全控桥;对于直流电动机负载一般也采用全控桥;对于一般要求不高的负载,可采用半控桥。

以上提出的仅是选用的一些原则,具体选用时,应根据负载性质、容量大小、电源情况、元器件的准备情况等进行具体分析比较,全面衡量后再确定。

7.3　电力半导体器件的驱动

7.3.1　电力半导体器件的驱动电路

现代自动控制系统主要由控制电路、驱动电路、主电路、负载组成,如图 7 - 30 所示。电力半导体器件的驱动电路是电力电子主电路与控制电路之间的接口,是电力电子装置的重要环节。性能良好的驱动电路,可使电力电子器件工作在较理想的开关状态,缩短开关时间,减小开关损耗,对于装置的运行效率、可靠性和安全性都有重要的意义。

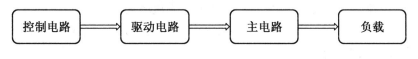

图 7 - 30　控制系统组成框图

驱动电路是将信息电子电路传来的信号按照其控制目标的要求,转换为加在电力电子器件控制端和公共端之间,可以使其开通或关断的信号。对于半控型器件,只需提供开通控制信号;对于全控型器件,则既要提供开通控制信号,又要提供关断控制信号,以保证器件按要求可靠导通或关断。

按照驱动电路加在电力电子器件控制端和公共端之间信号的性质,可以将电力电子器件分为电流驱动型和电压驱动型两类。晶闸管属于电流驱动型器件,晶闸管的驱动电路常称为触发电路。

晶闸管触发电路的作用是产生符合要求的门极触发脉冲,保证晶闸管在需要的时刻由关断转为导通。晶闸管触发电路包括对其触发时刻进行控制的相位控制电路,触发电路组成框图如图 7 - 31 所示。

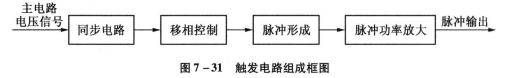

图 7 - 31　触发电路组成框图

(1)同步电路。同步电路的作用是产生触发脉冲的时刻与主电路电压波形上的控制角 α。可以将主电路的电压信号直接引入,或通过同步变压器从主电路引入,作为触发同步信号。

(2)移相控制。移相控制的作用是调节触发脉冲发生的时刻(即调节控制角 α 的大小）。常用锯齿波或三角波与给定信号电压相比较进行移相控制。

（3）脉冲形成。脉冲形成是触发电路的核心,作用是产生一定的幅值与脉宽的脉冲。常用的有单结晶体管自激振荡电路、锯齿波触发电路和集成触发电路等。

（4）脉冲功率放大。若触发驱动的晶闸管的容量较大,则要求触发脉冲有较大的输出功率。若形成的脉冲的功率不够大,则还要增加脉冲功率放大环节。通常采用由复合管组成的射极输出器或采用强功率触发脉冲电源。

1. 单结晶体管触发电路的要求

为了保证晶闸管的可靠触发,晶闸管对触发电路有一定的要求。概括起来有以下几点。

（1）触发电路要能供给足够大的触发电压和触发电流。一般要求触发电压应该在 $4 \sim 10$ V 之间,触发电压波形如图 7 – 32 所示,脉冲电流的幅度应为元器件最大触发电流的 $3 \sim 5$ 倍。

（2）为了保证可靠的触发,触发脉冲的宽度应大于 $10~\mu s$,一般为 $20 \sim 50~\mu s$。如果负载是大电感,电流上升比较慢,触发脉冲的宽度还应该增大。

（3）为保证触发时间一致,触发脉冲的前沿要陡,最好在 $10~\mu s$ 以内,触发脉冲前沿放大波形如图 7 – 33 所示。

（4）为避免误触发,不触发时,触发电路的输出电压应该小于 0.15 V,必要时可在控制极上加上（$-1 \sim -2$）的偏压。

（5）触发脉冲应该和主电路同步（二者应该同频、同步、同相位）,脉冲发出的时间应该能够平稳地前后移动（移相）,移相的范围要足够宽。

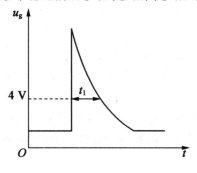

图 7 – 32　触发电压波形

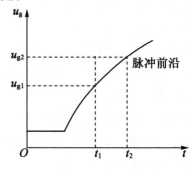

$t_1 \sim t_2$ 脉冲前沿上升时间

图 7 – 33　触发脉冲前沿放大波形

2. 单结晶体管触发电路

由单结晶体管组成的触发电路,具有线路简单、可靠、前沿陡、抗干扰能力强、能量损耗小、温度补偿性能好等优点。

（1）单结晶体管的结构和特性。单结晶体管是一种特殊的半导体器件,有一个发射极和两个基极,又称为双基极二极管,其外形与普通三极管相似,图 7 – 34 所示为单结晶体管的图形符号和等效电路。在 N 型硅半导体基片的一侧引出两个基极,b_1 为第一基极,b_2为第二基极,在硅片的另一侧渗入 P 型杂质,引出发射极 e。发射极 e 与 b_1 和 b_2 之间是一个 PN 结,相当于一只二极管,两个基极之间呈纯电阻性。

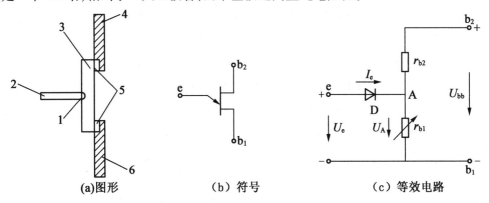

(a)图形   （b）符号   （c）等效电路

1—PN 结;2—发射极;3—N 型硅片;4—第二基极;5—欧姆接触电阻;6—第一基极;
r_{b1}—第一基极与发射极之间的电阻;r_{b2}—第二基极与发射极之间的电阻

图 7 – 34 单结晶体管的图形符号和等效电路

如果两个基极间加入一定电压 U_{bb}(b$_1$接负、b$_2$接正),则点 A 电压为

$$U_A = \frac{r_{b1}}{r_{b1} + r_{b2}} U_{bb} = \eta U_{bb}$$

式中 η——单结晶体管的分压系数,一般为 0.3 ~ 0.9。

单结晶体管特性曲线如图 7 – 35 所示,当发射极 e 上的外加正向电压 U_e 小于 U_A 时,由于 PN 结承受反向电压,故发射极只有极小的反向电流;当 $U_e = U_A$ 时,$I_e = 0$;随着 U_e 的继续增加,I_e 开始大于零,这时 PN 结虽然处于正向偏压,但由于硅二极管本身有一定的正向压降 U_D(约为 0.7 V),因此当 $U_e - U_A < U_D$ 时,I_e 不会有显著的增加,单结晶体管处于截止状态,这一区域称为截止区。

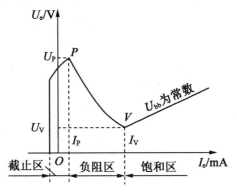

图 7 – 35 单结晶体管特性曲线

当 $U_e = U_A + U_D$ 时,由于 PN 结承受了正向电压,e 对 b$_1$ 开始导通,随着发射极电流 I_e 的增加,PN 结沿电场方向朝 N 型硅片注入大量空穴型载流子到第一基极 b$_1$ 与电子复合,

r_{b1} 迅速减小。r_{b1} 的减小促使 U_A 降低,导致 I_e 进一步增大,而 I_e 的增大又使 r_{b1} 进一步减小,导致 U_A 急剧下降。随着 I_e 的增加,U_e 不断下降,呈现出负阻特性,开始出现负阻特性的点 P 称为峰点,该点的电压和电流称为峰点电压 U_P 和峰点电流 I_P。随着 I_e 的不断增加,当 U_e 下降到某一点 V 时,r_{b1} 便不再有显著变化,U_e 也不再继续下降,而是随着 I_e 按线性关系增加。点 V 称为谷点,该点的电压和电流称为谷点电压 U_V 和谷点电流 I_V,对应于由峰点 P 至谷点 V 的负阻特性段称为负阻区;谷点以后的线段称为饱和区。

当 $U_e < U_V$ 时,发射极与第一基极间便恢复截止。

(2)单结晶体管的自振荡电路。利用单结晶体管的负阻特性和 RC 充放电特性,可组成自振荡电路,如图 7-36 所示,其工作原理如下。

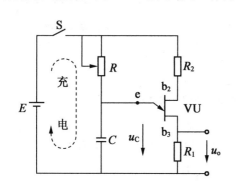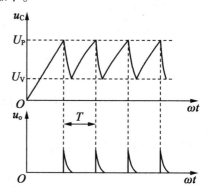

图 7-36　单结晶体管的自激振荡电路

如果在接通电源前,电容 C 上的电压为零,合上开关 S 时,电源 E 一方面通过 R_1、R_2 加于单结晶体管的 b_1、b_2 上,同时又通过充电电阻 R 向电容 C 充电,电压 U_e 按指数曲线逐渐升高。在 U_e 较小时,发射极电流极小,单结晶体管的发射极 e 和第一基极 b_1 之间处于截止状态;当电容两端的电压 u_C 充电到单结晶体管的峰点电压 U_P 时,e 和 b_1 间由截止变为导通,电容 C 通过发射极 e 与第一基极 b_1 迅速向电阻 R_1 放电,由于 R_1 较小,导通后 e 与 b_1 之间的电阻更小,因此电容 C 的放电速度很快,在 R_1 上得到一个尖峰脉冲输出电压 u_o,由于 R 的阻值较大,当电容上的电压降到谷点电压时,经 R 供给的电流便小于谷点电流,不能满足导通的要求,于是 e 与 b_1 之间电阻 r_{b1} 迅速增大,单结晶体管便恢复截止。此后电源 E 又对电容 C 充电,这样电容 C 反复进行充电放电,结果在电容 C 上形成锯齿波电压,在 R_1 上则形成脉冲电压。这就是单结晶体管自振荡电路的工作原理。

图中的 R_2 用于补偿温度对峰点电压 U_P 的影响。当温度变化时,单结晶体管中 PN 结压降 U_D 随温度升高而降低,因而峰点电压 $U_P = \eta U_{bb} + U_D$ 将随之变化。另外第一基极与第二基极之间的电阻 $r_{b1} + r_{b2}$ 随温度升高而增加,流过其电阻的电流将减小。接入 R_2 后,其上的压降因流过的电流的减小而减小,这样加到管子上的电压 U_{bb} 将增加,从而补偿了 U_D 的降低,使 $U_P = \eta U_{bb} \uparrow + U_D \downarrow$ 基本上保持不变。从而使振荡的周期(或频率)得到稳定。

（3）单结晶体管触发电路。单结晶体管振荡电路,不能直接用来作为晶闸管的触发电路,因为晶闸管的主电路是接在交流电源上的,二者不能同步。实际应用的晶闸管触发电路,必须使触发脉冲与主电路电压同步,要求在晶闸管承受正向电压的半周内,控制极获得第一个正向触发脉冲的时刻都相同;否则,由于每个正半周的控制角不同,输出电压就会忽大忽小地波动。因此,在电源电压正半周经过零点时,触发电路的电容 C 必须把电全部放掉,在下一个正半周再重新从零开始充电,只有这样才能确保每次正半周第一个触发脉冲出现的时间都相等。

图 7 - 37 所示为单相桥式半控触发电路,变压器 T 向触发电路供电与主电路共用同一电源(称为同步变压器),由 T 次级提供的电压,经桥式整流后获得直流脉动电压,再经稳压管削波,在稳压管两端获得梯形波电压 u_s,这一电压在电源电压过零点时降到零,将此电压供给单结晶体管触发电路,则每当电源电压过零时,b_1 和 b_2 之间电压也降到零。e 与 b_1 之间导通,电容 C 上的电压通过 e 与 b_1 及 R_1 回路很快放掉,使电容从零开始充电,从而能与主电路同步。

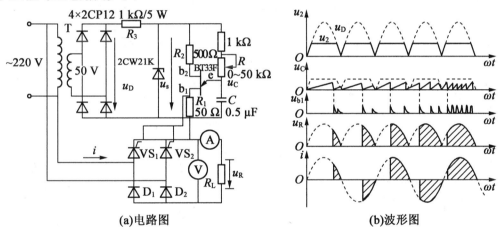

(a)电路图　　　　　　　　　　　　　(b)波形图

图 7 - 37　单相桥式半控触发电路

触发电路每周期工作两个循环,每次发出的第一个脉冲同时送到两只晶闸管的控制极,但只有承受正向电压的晶闸管导通。第一个脉冲发出后,振荡电路仍在工作,电容继续充电和放电,后面的脉冲不起作用。当电压过零反向时,晶闸管将自行关断。移相控制时只要改变 R,就可以改变电容电压 u_C 上升到 u_P 的时间,即改变电容开始放电产生脉冲使晶闸管触发导通的时刻,达到移相的目的。

由于 R 的数值是有一定限制的,其移相范围受到一定的限制,同时,由于同步电压为梯形波,梯形波电压的两侧使 U_{bb} 太小,满足不了输出脉冲的幅值要求,从而,也限制了移相范围。这种电路的移相范围一般在 $5\pi/6$ 左右。在单结晶体管耐压允许的条件下,提高电源电压的幅值使梯形波两侧更陡,可以增大移相范围,一般同步电源电压在 50 V 以上。

7.3.2 全控型器件的驱动电路

1. 电流驱动型器件的驱动电路

（1）GTO 的驱动电路。GTO 的导通控制与普通晶闸管相似，但要使 GTO 导通，对门极正的触发脉冲前沿的幅值和陡度要求较高，且一般需在整个导通期间施加正门极电流；要使 GTO 关断，则需施加负门极电流，幅值需达到阳极电流的 1/3 左右，陡度需达50 μs/A，强负脉冲宽度约为 30 μs，负脉冲总宽约为 100 μs；关断后在门极施加约 5 V 的负偏压，保证有效的关断，提高抗干扰能力。推荐的 GTO 门极电压和电流波形如图7－38 所示。

GTO 一般用于大容量电路的场合，其驱动电路可分为脉冲变压器耦合式和直接耦合式两种类型。直接耦合式驱动电路可避免电路内部的相互干扰和寄生振荡，可得到较陡的脉冲前沿，因此目前应用较广，但其功耗大，效率较低。图 7－39 所示为直接耦合式GTO 驱动电路。该电路的电源由高频电源经二极管整流后提供，二极管 D_1 和电容 C_1 提供 +5 V 电压，D_2、D_3、C_2、C_3 构成倍压整流电路提供 +15 V 电压，D_4 和 C_4，提供 –15 V电压。场效应晶体管 VT_1 导通时输出正强脉冲，VT_2 导通时输出正脉冲平顶部分，VT_2 截止而 VT_3 导通时输出负脉冲，VT_3 截止后由电阻 R_3 和 R_4 分压后提供负门极偏压。

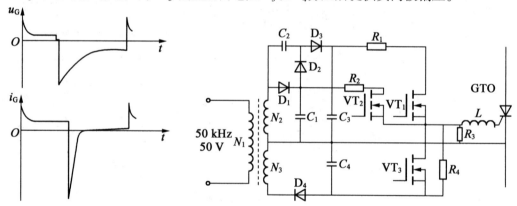

图7－38　GTO 门极电压和电流波形　　　图7－39　直接耦合式 GTO 驱动电路

（2）GTR 的驱动电路。GTR 的基极驱动电路必须提供持续驱动电流，导通后的基极驱动电流处于临界饱和导通状态，而不进入放大区和深饱和区。关断 GTR 时，施加一定的负基极电流有利于缩短关断时间和减小关断损耗，关断后同样应在基－射极之间施加一定幅值（6 V 左右）的负偏压，以增加三极管的集－射极间电压阻断能力。GTR 驱动电流的前沿上升时间应在 1~3 μs 之内，以保证它能快速导通和关断。理想的 GTR 基极驱动电流波形如图 7－40 所示。

图 7－41 所示为 GTR 驱动电路，它包括电气隔离和晶体管放大电路两部分。其中二极管 D_2 和电位补偿二极管 D_3 构成抗饱和电路，可使 GTR 导通时处于临界饱和状态。当负载较轻时，如果 VT_5 的发射极电流全部注入 GTR，GTR 处于过饱和状态，关断时退饱和时间会延长。当 GTR 过饱和使得集电极电位低于基极电位时，D_2 就会自动导通，使多余

的驱动电流流入集电极,维持 U_{bc} 约为 0。使得 GTR 导通时始终处于临界饱和状态。C_1 可以消除 VT_4、VT_5 产生的高频振荡;C_2 为加速导通过程的电容,导通时,C_2 使得 R_2 短路,实现驱动电流的过冲,并增加前沿的陡度,加快导通;C_3 有利于消除 GTR 的高频振荡;R 用来改善 GTR 的电压支撑能力。

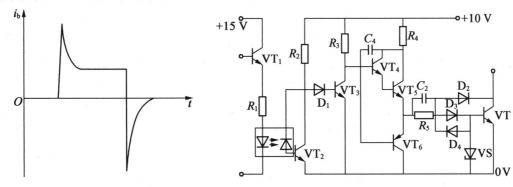

图7-40　理想的GTR基极驱动电流波形　　　　图7-41　GTR驱动电路

2. 电压驱动型器件的驱动电路

P-MOSFET 和 IGBT 都是电压驱动型器件,电力 MOSFET 的栅源极之间和 IGBT 的栅射极之间都有数千皮法的极间电容,要求驱动电路具有较小的输出电阻,能对极间电容快速充电,提高导通速度,关断时提供低电阻放电回路而快速关断。

P-MOSFET 导通的栅源极间驱动电压一般取 10~15 V,IGBT 导通的栅射极间驱动电压一般取 15~20。关断时施加一定幅值的负驱动电压(一般取 -5 ~ -15 V),以有利于缩短关断时间和减小关断损耗。

在栅极串入一只低值电阻(数十欧左右),可以减小寄生振荡,该电阻值应随被驱动器件电流额定值的增大而减小。

图7-42 所示为 P-MOSFET 驱动电路,它包括电气隔离和晶体管放大电路。当无输入信号时高速放大器 A 输出负电平,VT_3 导通输出负驱动电压。当有输入信号时 A 输出正电平,VT_2 导通输出正驱动电压。

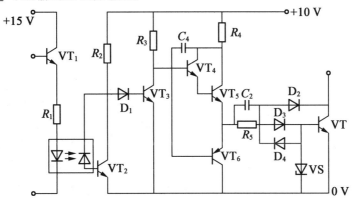

图7-42　P-MOSFET驱动电路

7.4　逆 变 电 路

与整流相对应,把直流电变成交流电称为逆变。当把交流侧接在电网上,即把交流侧接到交流电源上时,直流电逆变为同频率的交流电反馈到电网,称为有源逆变;当交流侧直接和负载连接时,把直流电逆变为某一频率或可变频率的交流电供给负载,则称为无源逆变。有源逆变应用于直流电动机的可逆调速、绕线异步电动机的串级调速及高压直流输电等方面,无源逆变通常用于变频器、交流电动机的变频调速等方面。在不加说明时,逆变电路一般多指无源逆变电路。

逆变电路的应用非常广泛。在已有的各种电源中,蓄电池、干电池、太阳能电池等都是直流电源,当需要这些电源向交流负载供电时,就需要逆变电路。另外,交流电机调速用变频器、不间断电源、感应加热电源等电力电子装置使用非常广泛,其电路的核心部分都是逆变电路,逆变电路在电力电子电路中占有十分突出的位置。本章仅讲述逆变电路的基本内容。

7.4.1　有源逆变电路

常用的变流器一侧连接交流电源,另一侧连接直流电源。为此,整流与逆变用交流一周期平均电能的流向来定义,即整流是指电能由交流侧传送到直流侧;逆变是指电能由直流侧传送到交流侧。现以三相半波逆变电路为例来说明有源逆变的工作原理。

1. 整流状态$(0 < \alpha < \pi/2)$

三相半波可控整流电路整流状态电路图及波形图如图7-43所示。整流输出电压为

$$u_{d} = E + I_{d}R + L\frac{di_{d}}{dt} \tag{7-12}$$

$$U_{d} = E + I_{d}R \tag{7-13}$$

$$L\frac{di_{d}}{dt} = u_{d} - U_{d} \tag{7-14}$$

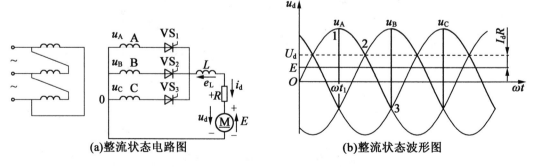

(a)整流状态电路图　　　　　　　　　(b)整流状态波形图

图7-43　三相半波可控整流电路整流状态电路图及波形图

假设 $\alpha = \pi/3$，电路工作于整流状态，即 $U_d \geqslant E$。在 t_1 时刻 VS_1 被触发导通（忽略管压降），$u_d = u_A$，在点 1 到点 2 区间内，$u_d > U_d$，由式（7-14）可知，i_d 增加，等式大于 0。感应电动势 e_L 的极性是左正右负，电感储存能量。到点 2，$u_d = U_d$，等式等于 0，i_d 到达最大值。过点 2 后，$u_d < U_d$，等式小于 0，感应电动势 e_L 极性为左负右正，将储存的能量释放，在 $u_d < E$ 时，仍能维持 VS_1 继续导通直到 t_3 时刻触发 VS_2 导通为止。依次触发 VS_2、VS_3，在一周期中 u_d 波形如图，可知在一周期中波形的正面积大于负面积，故平均值 $U_d > 0$。电源相电压极性在整流工作一周期中大部分是左负右正，流过变压器次级线圈的电流是由低电位流向高电位，一周期中整流电路（交流电源）输出能量，工作于整流状态。流过直流电动机电枢的电流是由高电位流向低电位，电动机吸收电能工作于电动状态。

2. 逆变状态（$\pi/2 < \alpha < \pi$）

三相半波可控整流电路逆变状态电路图及波形图如图 7-44 所示。

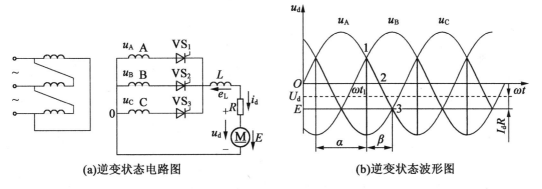

(a)逆变状态电路图   (b)逆变状态波形图

图 7-44 三相半波可控整流电路逆变状态电路图及波形图

以 $\alpha = 2\pi/3$ 时为例进行分析。在 $\alpha = 2\pi/3$ 处 VS_1 被触发导通（忽略管压降），$u_d = u_A$，在点 1 到点 2 区间内，$u_d > U_d$，由式（7-14）可知，i_d 增加，等式大于 0。感应电动势 e_L 的极性是左正右负，电感储存能量，电网及电动机送出能量。在点 2 到点 3 区间内，$u_d < 0$，但 $|u_d| < |U_d|$，故等式仍大于 0，电感及交流电网吸收能量，电动机输出能量。到点 3 时，$u_d = U_d$，等式等于 0，i_d 到达最大值。过了点 3 之后，$|u_d| > |U_d|$，等式小于 0，电流 i_d 增加减小，感应电动势 e_L 的极性为左负右正，电感释放能量，电动机输出能量，交流侧电流由高电位流向低电位是吸收能量，电感释放能量维持 VS_1 继续导通，直到 VS_2 被触发导通为止。由波形可知，u_d 波形负面积大于正面积，故输出电压平均值 $U_d < 0$，一周期中变流器总体来说是吸收能量（交流电网吸收能量）的，直流电动机电枢电流由低电位到高电位是输出能量，完成将直流电变成交流电回送到电网的有源逆变过程。整流电路工作于逆变状态，电动机工作于发电状态。

由上述可见，要使电路工作于逆变状态，必须使 U_d 及 E 的极性与整流状态相反，并且要求，$|E| > |U_d|$。只有满足这个条件才能将直流侧电能反送到交流电网实现有源逆变。

变流器处于整流状态时，如果触发电路或其他故障使一相或几相晶闸管不能导通，那么只会引起输出电压降低、纹波变大,最多也只是没有输出电压使电流中断,不会发生太大的事故。但变流器处于逆变状态时,触发脉冲丢失或相序不对、交流电源断电或缺相、晶闸管损坏等原因,会使晶闸管装置不能正常换相,导致电路输出电压 U,与逆变源反电动势 E 顺极性串联叠加,引起短路,产生很大的短路电流,这种情况称为逆变颠覆或逆变失败,会造成设备与元器件的损坏。

　　整流和逆变,交流和直流,在晶闸管变流器中互相联系,并在一定条件下互相转换。当变流器工作在整流状态时,就是整流电路;当变流器工作在逆变状态时,就是逆变电路。因此,逆变电路在工作原理、参数计算及分析方法等方面和整流电路是密切联系的,而且在很多方面是一致的。但在分析整流和逆变时,要考虑能量传送方向上的特点,进而掌握整流与逆变的转换规律。

7.4.2　无源逆变电路

1. 逆变电路的基本工作原理

　　以图 7-45 所示的单相桥式逆变电路为例说明其最基本的工作原理。图中 $S_1 \sim S_4$ 是桥式电路的四个臂,它们由电力电子器件及其辅助电路组成。当开关 S_1、S_4 闭合,S_2、S_3 断开时,负载电压 u_o 为正;当开关 S_1、S_4 断开,S_2、S_3 闭合时,u_o 为负。这样,就把直流电变成了交流电,通过改变两组开关的切换频率,可改变输出交流电的频率。这就是逆变电路最基本的工作原理。

　　当负载为阻性时,负载电流 i_o 和电压 u_o 的波形和相位也都相同。当负载为阻感性负载时 i_o 相位滞后于 u_o,二者的波形也不同,图 7-45(b)所示为负载是阻感性负载时 i_o 的波形。设 t_1 时刻以前 S_1、S_4 闭合,u_o 和 i_o 均为正。在 t_1 时刻断开 S_1、S_4,同时闭合 S_2、S_3,则 u_o 的极性立刻变为负。但是,因为负载中有电感,其电流极性不能立刻改变而仍维持原方向。这时负载电流从直流电源负极流出,经 S_2、负载和 S_3 流回正极,负载电感中储存的能量向直流电源反馈,负载电流逐渐减小,到 t_2 时刻降为零,之后 i_o 才反向并逐渐增大。S_2、S_3 断开,S_1、S_4 闭合时的情况类似。

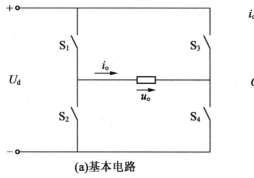

(a)基本电路

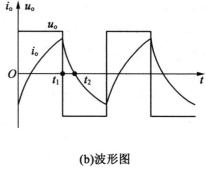

(b)波形图

图 7-45　单相桥式逆变电路及波形图

变流电路在工作过程中电流不断从一个支路向另一个支路转移,这就是换流。换流方式在逆变电路中占有突出地位。依据开关器件及其关断(换流)方式的不同,换流可分为器件换流(利用 IGBT、P – MOSFET、GTO、GTR 等全控型器件的自关断能力进行换流)、电网换流(借助于电网电压实现换流,整流与有源逆变都属于电网换流)、负载换流(由负载提供换流电压实现换流,当负载电流相位超前于负载电压的场合,当负载为电容性负载或同步电动机时,都可以实现负载换流)与强迫换流(利用附加电容上所储存的能量给欲关断的晶闸管强迫施加反向电压或反向电流的换流方式)等。上述四种换流方式中,器件换流只适用于全控型器件,其余三种方式主要是针对晶闸管而言的。

中高功率逆变器采用晶闸管开关器件,要关断晶闸管,需要设置强迫关断(换流)电路。强迫关断电路增加了逆变器的质量、体积和成本,降低了可靠性,也限制了开关频率。现今,绝大多数逆变器都采用全控型的电力半导体器件,中功率逆变器多采用 IGBT,大功率多采用 GTO,小功率则多采用 P – MOSFET;输出频率较低的用 GTO,输出频率较高的用 GTR、P – MOSFET、IGBT。这使得逆变器的结构简单、装置体积小、可靠性高。

逆变电路可以从不同的角度进行分类,可以按换流方式和按照直流电源的性质分类。按直流电源的性质分为电压型和电流型两大类,直流侧是电压源的称为电压型逆变电路,直流侧是电流源的称为电流型逆变电路。

2. 电压型逆变电路

电压型逆变电路也称为电压源型逆变电路,图 7 – 46 所示为电压型全桥逆变电路。

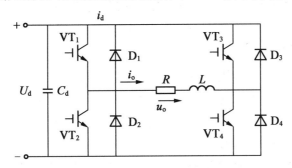

图 7 – 46　电压型全桥逆变电路

电压型逆变电路有以下主要特点。

①直流侧为电压源,或并联有大电容,相当于电压源。直流侧电压基本无脉动,直流回路呈现低阻抗。

②由于直流电压源的箝位作用,交流侧输出电压波形为矩形波,并且与负载阻抗角无关。而交流侧输出电流波形和相位因与负载阻抗情况有关,其波形接近三角波或接近正弦波。

③当交流侧为阻感性负载时需要提供无功功率,直流侧电容起缓冲无功能量的作用。为了给交流侧向直流侧反馈的无功能量提供通道,逆变桥各臂都并联了反馈二极管。

下面分别就单相和三相电压型逆变电路进行讨论。

（1）单相电压型逆变电路。

①半桥逆变电路。单相半桥电压型逆变电路如图 7 - 47 所示,它有两个桥臂,每个桥臂由一个可控器件和一个反并联二极管组成。在直流侧接有两个相互串联的大电容,两个电容的连接点便成为直流电源的中点。负载连接在直流电源中点和两个桥臂连接点之间。

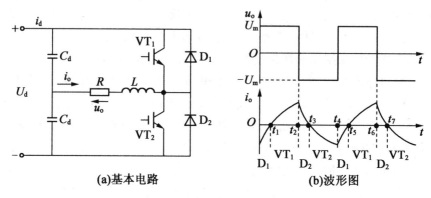

(a)基本电路   **(b)波形图**

图 7 - 47　单相半桥电压型逆变电路

设开关器件 VT_1 和 VT_2 的栅极信号在一个周期内各有半周正偏,半周反偏,且二者互补。当负载为感性时,输出电压 u_o 的波形为矩形波,其幅值为 $U_m = U_d/2$。输出电流 i_o 波形随负载情况而异。设 t_2 时刻以前 VT_1 为通态,VT_2 为断态。t_2 时刻给 VT_1 截止信号,给 VT_2 导通信号,则 VT_1 截止,但感性负载中的电流 i_o 不能立即改变方向,于是 D_2 导通续流。当 t_3 时刻 i_o 降为零时,D_2 截止,VT_2 导通,i_o 开始反向。同样,在 t_4 时刻给 VT_2 截止信号,给 VT_1 导通信号后,VT_2 截止,D_1 先导通续流,t_5 时刻 VT_1 才导通。

当 VT_1 或 VT_2 为通态时,负载电流和电压同方向,直流侧向负载提供能量;而当 D_1 或 D_2 为通态时,负载电流和电压反向,负载电感中储存的能量向直流侧反馈,即负载电感将其吸收的无功能量反馈回直流侧。反馈回的能量暂时储存在直流侧电容器中,直流侧电容器起着缓冲这种无功能量的作用。因为二极管 D_1、D_2 是负载向直流侧反馈能量的通道,故称为反馈二极管;又因为 D_1、D_2 起着使负载电流连续的作用,故又称为续流二极管。当可控器件是不具有门极可关断能力的晶闸管时,必须附加强迫换流电路才能正常工作。

半桥逆变电路的优点是简单、器件少;缺点是输出交流电压的幅值为 $U_m = U_d/2$,且直流侧需要两个电容器串联,工作时还要控制两个电容器电压的均衡。因此,半桥逆变电路常用于几千瓦或更小功率的逆变电源。

②全桥逆变电路。电压型全桥逆变电路如图 7 - 46 所示,它有四个桥臂,可以看成是由两个半桥电路组合而成的。把桥臂 1 和桥臂 4 看作一对,桥臂 2 和桥臂 3 看作一对,成对的两个桥臂同时导通,两对交替各导通 180°。其输出电压 u_o 的波形与图 7 - 47 所示

的半桥电路的 u_o 波形同为矩形波,但其幅值高出一倍,$U_m = U_d$ 在直流电压和负载都相同的情况下,其输出电流的波形与图 7-47 所示的 i_o 形状相同,仅幅值增加一倍。单相桥式逆变电路的电压及电流波形图如图 7-48 所示。

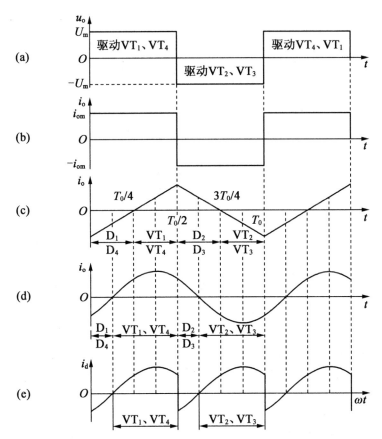

(a)—负载电压波形;(b)—纯阻性负载电流波形;(c)—纯感性负载电流波形;

(d)—RL 负载电流波形;(e)—输入电流波形

图 7-48　单相桥式逆变电路的电压及电流波形图

全桥逆变电路是单相逆变电路中应用最多的,下面对其电压波形做定量分析。把幅值为 U_d 的矩形波 u_o 展开成傅里叶级数,得

$$u_o = \frac{4U_d}{\pi}\left(\sin \omega t + \frac{1}{3}\sin 3\omega t + \frac{1}{5}\sin 5\omega t + \cdots\right) \tag{7-15}$$

其中基波的幅值 U_{o1m} 和基波有效值 U_{o1} 分别为

$$U_{o1m} = \frac{4U_d}{\pi} = 1.27U_d \tag{7-16}$$

$$U_{o1} = \frac{2\sqrt{2}U_d}{\pi} = 0.9U_d \tag{7-17}$$

上列各式对于半桥逆变电路也是适用的,只是式中 U_d 要换成 $U_d/2$。当电源电压 U_d

和负载 R 不变时,桥式电路的输出功率是半桥式电路的 4 倍。纯阻性负载时电流 i_o 波形是与电压 u_o 同相的方波,如图 7 - 48(b)所示;纯感性负载时电流是三角波,如图 7 - 48(c)所示。

①在 $0 \leqslant t < T_0/2$ 期间,$Ldi_o/dt = u_o = +U_d$,i_o 线性上升。

②在 $T_0/2 \leqslant t < T_0$ 期间,$u_o = -U_d$,i_o 线性下降。

③在 $0 \leqslant t < T_0/4$ 期间,虽然 VT$_1$、VT$_4$ 有驱动信号,VT$_2$、VT$_3$ 截止,但 i_o 为负值,i_o 经 D$_1$、D$_4$ 流回电源。只有在 $t \geqslant T_0/4$,$i_o \geqslant 0$ 以后,由于 VT$_1$、VT$_4$ 仍有驱动信号,$u_o = +U_d = Ldi_o/dt$,$i_o > 0$ 且线性上升,直到 $t \geqslant T_0/2$ 为止,VT$_1$、VT$_4$ 仅在 $T_0/4 \leqslant t < T_0/2$ 期间导通,电源向电感供电。

④在 $T_0/2 \leqslant t < 3T_0/4$ 期间 D$_2$、D$_3$ 导通,VT$_2$、VT$_3$ 仅在 $3T_0/4 \leqslant t < T_0$ 期间导通。

对于纯感性负载,有

$$U_d = L\frac{di_o}{dt} = L\frac{\Delta i_o}{\Delta t} = L\frac{\Delta i_{om} - (-i_{om})}{T_0/2} = L\frac{2i_{om}}{T_0/2} \tag{7-18}$$

故其负载电流峰值为

$$i_{om} = U_d/4f_0L \tag{7-19}$$

图 7 - 48(d)所示为 RL 负载基波电流瞬时值的波形,θ 为 i_o 滞后于 u_o 的相位角。在 $0 \leqslant \omega t < \theta$ 期间,VT$_1$、VT$_4$ 有驱动信号,但 i_o 为负值,且 VT$_2$、VT$_3$ 截止,因此 D$_1$、D$_4$ 导通,$u_o = +U_d$,故直流电源输入电流 i_d 为负值($i_d = -i_o$);在 $\theta \leqslant \omega t < \pi$ 期间,i_o 为正值,VT$_1$、VT$_4$ 驱动导通,$i_d = i_o$;在 $\pi \leqslant \omega t < \pi + \theta$ 期间,VT$_2$、VT$_3$ 有驱动信号,但此期间 i_o 仍为正值,且 VT$_1$、VT$_4$ 截止,故 D$_2$、D$_3$ 导通,所以 $i_d = -i_o$,$u_o = -U_d$,直到 $\omega t = \pi + \theta$,$i_d = i_o = 0$;然后在 $\pi + \theta \leqslant \omega t < 2\pi$ 期间 VT$_2$、VT$_3$ 导通。图 7 - 48(e)所示为 RL 负载时直流电源输入电流 i_d 的波形。

(2)三相电压型逆变电路。

用三个单相逆变电路可以组合成一个三相逆变电路。但在三相逆变电路中,三相桥式逆变电路应用最广。采用 IGBT 作为开关器件的电压型三相桥式逆变电路图如图 7 - 49 所示,它可以看成由三个半桥逆变电路组成。

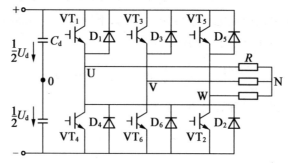

图 7 - 49　电压型三相桥式逆变电路图

　　图 7 – 49 所示电路的直流侧通常只有一个电容,为了分析方便,画作串联的两个电容器并标出了假想中点 0。和单相半桥、全桥逆变电路相同,电压型三相桥式逆变电路的基本工作方式也是 180°导电方式,即每个桥臂的导通角度为 180°,同一相(即同一半桥)上下两个臂交替导通,各相开始导通角度依次相差 120°。这样,在同一时刻间,三个桥臂同时导通。可能是上面一个臂下面两个臂,也可能是上面两个臂下面一个臂同时导通。因为每次换流都是在同一相上下两个桥臂之间进行的,因此称为纵向换流。在 $0 \leqslant \omega t < \pi/3$ 期间,VT_5、VT_6、VT_1 导通,此后按 6、1、2,1、2、3,2、3、4,3、4、5,4、5、6,5、6、1 的顺序导通,故称六拍逆变器。

　　下面分析电压型三相桥式逆变电路的工作波形。对于 U 相输出来说,当桥臂 1 导通时,$u_{U0} = U_d/2$;当桥臂 4 导通时,$u_{U0} = -U_d/2$。因此,u_{U0} 的波形是幅值为 $U_d/2$ 的矩形波。V、W 两相的情况和 U 相类似,u_{V0}、u_{W0} 的波形和 u_{U0} 的波形相同,只是相位依次差 120°(见图 7 – 50 中的 u_{U0}、u_{V0}、u_{W0} 的波形)。

　　负载线电压 u_{U0}、u_{V0}、u_{W0} 可由下式求出

$$\begin{cases} u_{UV} = u_{U0} - u_{V0} \\ u_{VW} = u_{V0} - u_{W0} \\ u_{WU} = u_{W0} - u_{U0} \end{cases} \tag{7 – 20}$$

　　依照式(7 – 20)可画出图 7 – 50 中的 u_{UN} 的波形。

　　设负载中点 N 与直流电源假想中的点 0 之间的电压为 u_{N0},则负载各相的相电压分别为

$$\begin{cases} u_{UN} = u_{U0} - u_{N0} \\ u_{VN} = u_{V0} - u_{N0} \\ u_{WN} = u_{W0} - u_{N0} \end{cases} \tag{7 – 21}$$

把上面各式相加并整理,可求得

$$u_{N0} = \frac{1}{3}(u_{U0} + u_{V0} + u_{W0}) - \frac{1}{3}(u_{UN} + u_{VN} + u_{WN}) \tag{7 – 22}$$

　　设负载为三相对称负载,则有 $u_{UN} + u_{VN} + u_{WN} = 0$,故可得

$$u_{N0} = \frac{1}{3}(u_{U0} + u_{V0} + u_{W0}) \tag{7 – 23}$$

　　图中 u_{N0} 的波形也是矩形波,但其频率为 u_{U0} 频率的 3 倍,幅值为其 1/3,即为 $U_d/6$。可绘出图 7 – 50 中的 u_{UN}、u_{VN}、和 u_{WN} 的波形,三者波形相同,仅相位依次相差 120°。可由 u_{UN} 的波形求出 U 相电流 i_U 的波形。负载的阻抗角 φ 不同,i_U 的波形和相位有所不同。

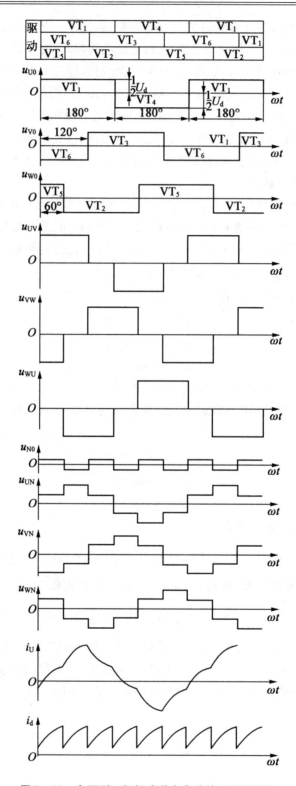

图 7 - 50　电压型三相桥式逆变电路的工作波形图

图 7 - 50 中 i_U 的波形是在阻感性负载下 $\varphi < \pi/3$ 时得到的。上桥臂 1 的 VT_1 从通态转为断态时,因负载电感中的电流不能突变,下桥臂 4 的 D_4 先导通续流,待负载电流降到零,桥臂 4 电流反向时,VT_4 才开始导通。负载阻抗角 φ 越大,D_4 导通时间就越长。i_U 的上升段即为桥臂 1 导电的区间,其中 $i_U < 0$ 时 D_1 导通,$i_U > 0$ 时 VT_1 导通;i_U 的下降段即为桥臂 4 导电的区间,其中 $i_U > 0$ 时 D_4 导通,$i_U < 0$ 时 VT_4 导通。

i_V、i_W 的波形和 i_U 的波形相同,相位依次相差 120°。把桥臂 1、桥臂 3、桥臂 5 的电流相加,就可得到直流侧电流 i_d 的波形。可以看出 i_d 每隔 60° 脉动一次,而直流侧电压是基本无脉动的,因此逆变器从交流侧向直流侧传送的功率是脉动的,且脉动的情况和 i_d 脉动情况大体相同。这也是电压型逆变电路的一个特点。可以证明:

输出线电压有效值为

$$U_{UV} = \sqrt{\frac{1}{2\pi}\int_0^{2\pi} u_{UV}^2 \mathrm{d}(\omega t)} = 0.816 U_d$$

负载相电压有效值为

$$U_{UN} = \sqrt{\frac{1}{2\pi}\int_0^{2\pi} u_{UN}^2 \mathrm{d}(\omega t)} = 0.417 U_d$$

在上述导电方式逆变器中,为了防止同一相上下两桥臂的开关器件同时导通而引起直流侧电源的短路,要采取"先断后通"的方法。即先给应关断的器件以关断信号,待其关断后留一定的时间裕量,然后再给应导通的器件发出导通信号,即在二者之间留一个短暂的死区时间。死区时间的长短要视器件的开关速度而定,器件的开关速度越快,所留的死区时间就可以越短。这个"先断后通"方法对于工作在上下桥臂通断互补方式下的其他电路也是适用的。

3. 电流型逆变电路

电流型逆变电路也称为电流源型逆变电路。理想的直流电流源实际上并不多见,一般是在逆变电路直流侧串联一个大电感,因为大电感中的电流脉动很小,因此可近似看成直流电流源。图 7 - 51(a) 所示的电流型三相桥式逆变电路就是电流型逆变电路的一个例子。

电流型逆变电路有以下主要特点。

(1) 直流侧串联有大电感,相当于电流源。直流侧电流无脉动,直流回路呈现高阻抗。

(2) 电路中开关器件的作用仅是改变直流电流的流通路径,因此交流侧输出电流的波形为矩形波,并且与负载阻抗角无关。而交流侧输出电压波形和相位则因负载阻抗情况的不同而不同,其波形常接近正弦波。

(3) 当交流侧为阻感性负载时需要提供无功功率,直流侧电感起缓冲无功能量的作用。因为反馈无功能量时直流电流并不反向,因此不必像电压型逆变电路那样要给开关器件反并联二极管。

电流型逆变器在交 - 直 - 交变频调速系统中应用较为广泛,下面介绍三相电流型桥式逆变电路及其工作波形(图7-51)。

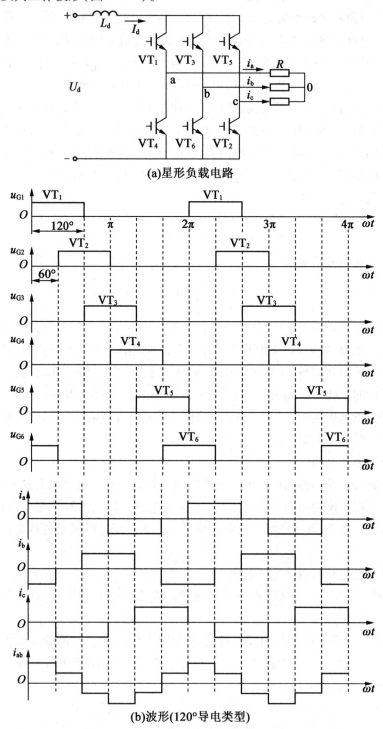

(a)星形负载电路

(b)波形(120°导电类型)

图7-51 三相电流型桥式逆变电路的工作波形图

图 7 – 51 中所示电路的工作方式是每个臂一周期内导通 120°的导电方式。开关管的驱动信号 U_G 彼此依序相差 60°,即按 VT$_1$ 到 VT$_6$ 的顺序每隔 60°依次导通。各开关器件导通 120°,则任何时刻只有两只开关管导通,每个时刻上桥臂组的三个臂和下桥臂组的三个臂都各有一个臂导通。换流时,是在上桥臂组或下桥臂组的组内依次换流,称为横向换流。在 $0 \leqslant \omega t < \pi/3 = 60°$ 期间,VT$_6$、VT$_1$ 导通,此后按 1、2,2、3,3、4,4、5,5、6,6、1 的顺序导通,故称六拍逆变器。

因为输出交流电流波形和负载性质无关,是正负脉冲宽度各为 120°的矩形波。图中所示为逆变电路的三相输出交流电流波形。同样可以证明:

输出线电压有效值为

$$U_\text{ab} = 0.707 U_\text{d}$$

相电压有效值为

$$U_\text{a0} = 0.409 U_\text{d}$$

在实际应用中,很多负载都希望逆变器的输出电压(电流)、功率及频率能够得到有效和灵活的控制。例如,对于异步电动机的变频调速,要求逆变器的输出电压和频率都能改变,并实现电压、频率的协调控制。

逆变器输出电压的频率控制相对来说比较简单,逆变器电压和波形控制则比较复杂,且二者常常密切相关。现在已有各种各样的集成电路芯片可供逆变器控制系统选择使用。

逆变器输出电压的控制有如下三种基本方案。

(1)可控整流方案。如果电源是交流电源,则可通过改变可控整流器输出到逆变器的直流电压 U_d 来改变逆变器的输出电压,如图 7 –52(a)所示。

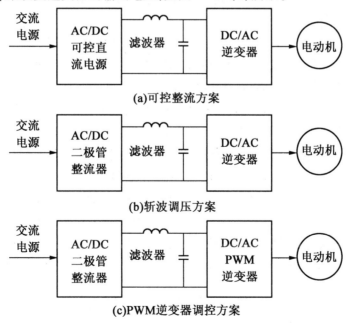

(a)可控整流方案

(b)斩波调压方案

(c)PWM逆变器调控方案

图 7 –52   逆变器输出电压调节方案框图

（2）斩波调压方案。如果前级是二极管不控整流电源或电池,则可通过直流斩波器改变逆变器的直流输入电压 U_d 来改变逆变器的输出电压,如图 7 - 52(b)所示。

（3）脉冲宽度调制(Pulse Width Modulation, PWM)逆变器调控方案。如图 7 - 52(c)所示,仅通过逆变器内部开关器件的脉冲宽度调制,同时调控电压和频率,调控输出电压中基波电压的大小,增大输出电压中最低次谐波的阶次,并减小其谐波数值,来达到既能调控其输出基波电压,又能改善输出电压波形的目的。逆变器自身调控其输出电压的大小和波形是一种先进的控制方案,也是当前应用最广的方案之一。

7.5　斩波电路与 PWM 控制技术

电力电子技术中的斩波器是利用晶闸管和自关断器件来实现通断控制的。通过改变开关的动作频率或改变直流电流通和断的时间比例,将直流电变为另一固定电压或可调电压的直流电,也称为直接直流 – 直流变换器(DC/DC Converter)。直流斩波电路一般是指直接将直流电变为另一直流电的情况,在直流电动机调速、步进电动机绕组激磁及脉冲电源中都采用了各式各样的斩波控制技术。随着自关断全控型开关器件的发展,PWM 控制的斩波技术更加完善,使得交流变频调速中使用的 PWM 逆变器出现了各式各样的电路形式。

7.5.1　斩波电路

斩波电路的种类较多,最基本的是降压斩波电路和升压斩波电路。

1. 降压斩波电路

降压斩波电路及工作波形如图 7 - 53 所示。该电路使用了一个全控型器件 VT (IGBT),也可使用其他器件。若采用晶闸管,则需设置使晶闸管关断的辅助电路。图中为在 VT 截止时给负载中的电感电流提供通道,设置了续流二极管 D。斩波电路的典型用途之一是拖动直流电动机,也可带蓄电池负载,两种情况下负载中均会出现反电动势,如图中的 E。若负载中无反电动势时,只需令 $E = 0$,以下的分析及表达式均可适用。

由图中所示 VT 的栅射电压 u_{GE} 波形可知,在 $t = 0$ 时刻驱动 VT 导通,电源 U_d 向负载供电,负载电压 $u_o = U_d$,负载电流 i_o 线性(实则按指数曲线)上升。

当 $t = t_1$ 时,控制 VT 截止,负载电流经二极管 D 续流,负载电压 u_o 近似为零,负载电流 i_o 线性下降。为了使负载电流连续且脉动小,通常串接 L 值较大的电感。

至一个周期 T 结束,再驱动 VT 导通,重复上一周期的过程。当电路工作于稳态时,负载电流在一个周期的初值和终值相等(图 7 - 53)。负载电压的平均值为

$$U_o = \frac{t_{on}}{t_{on} + t_{off}} U_d = \frac{t_{on}}{T} U_d = \gamma U_d \quad \left(\gamma = \frac{t_{on}}{T} \right) \tag{7 - 24}$$

式中　t_{on}——VT 处于通态的时间;

t_{off}——VT 处于断态的时间；

T——开关周期。

由式(7-24)可知,输出到负载的电压平均值 U_o 最大为 U_d,若减小占空比 γ,则 U_o 随之减小。因此该电路称为降压斩波电路,也可看成直流降压变压器。

负载电流平均值为

$$I_o = \frac{U_o - E}{R} \tag{7-25}$$

若负载中 L 值较小,则在 VT 截止后,到了 t_2 时刻(图7-53),负载电流已衰减至零,会出现负载电流断续的情况。由波形可见,负载电压 u_o 平均值会被抬高。一般不希望出现电流断续的情况。

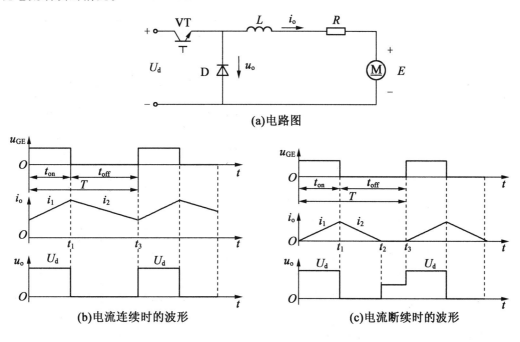

(a)电路图

(b)电流连续时的波形

(c)电流断续时的波形

图7-53 降压斩波电路及工作波形

可以改变开关管 VT 在一个周期中的相对导通时间,即改变占空比 γ,即可调节或控制输出电压。根据对输出电压平均值进行调制的方式不同,斩波电路有如下三种控制方式。

(1)脉冲宽度调制(PWM)方式。保持 T 不变(开关频率不变),通过改变 t_{on} 改变输出电压 U_o。

(2)脉冲频率调制(PFM)方式。保持 t_{on} 不变,通过改变开关频率 f 或周期 T 改变输出电压。

(3)混合型调制方式。t_{on} 和 T 都可调,通过改变导通占空比 γ,从而改变输出电压。

(4)实际中广泛采用 PWM 方式,因为采用定频 PWM 开关时,输出电压中谐波的频率固定,滤波器容易设计,开关过程所产生电磁干扰容易控制。此外,由控制系统获得可变脉宽信号比获得可变频率信号容易实现。

直流斩波电路输出的直流电压有两种不同的应用。一种是要求输出电压可在一定范围内调节,即输出可变的直流电压。例如,负载为直流电动机时,要求采用可变直流电压供电以改变其转速。另一种是要求在电源电压变化或负载变化时输出电压都能维持恒定不变,即输出恒定的直流电压。这两种不同的要求均可通过一定类型的控制系统的反馈控制原理实现。

2. 升压斩波电路

升压斩波电路及工作波形如图 7-54 所示,该电路中也使用了一个全控型器件。

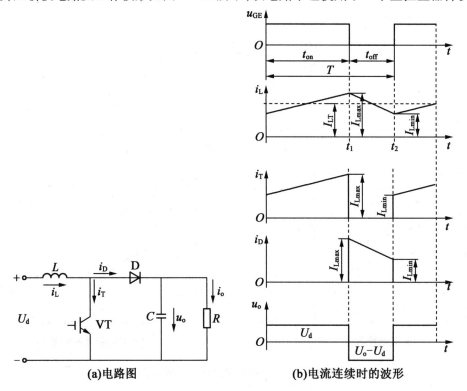

(a)电路图 (b)电流连续时的波形

图 7-54 升压斩波电路及工作波形

图中所示在电源 U_d 与负载之间串接一个控制开关,绝不可能使负载获得高于电源电压 U_d 的直流电压。为了获得高于电源电压 U_d 的直流输出电压 U_o,可以利用电感线圈 L 在其电流减小时所产生的反电动势 e_L,当电感电流减小时,$e_L = L di_L / dt$ 为正值。将此电感反电动势 e_L 与电源电压 U_d 串联相加送至负载,则负载就可获得高于电源电压 U_d 的直流电压 U_o。可利用一个全控型开关管 VT 和一个续流二极管 D,再加上电感、电容,构成直流-直流升压变换器,即升压斩波电路,其电路图如图 7-54(a)所示。

升压斩波电路是输出直流电压平均值 U_o 高于输入电压 U_d 的单管不隔离直流变换器,图中电感 L 在输入侧,称为升压电感。开关管 VT 仍为 PWM 控制方式。与降压斩波电路一样,升压斩波电路也有电感电流连续和断流两种工作方式。下面仅分析电感电流连续的工作情况。

$t=0$ 到 $t=t_1$ 时间段为 t_{on},开关管 VT 导通,二极管 D 截止,电源电压 U_d 加到升压电感 L 上,电感电流 i_L 线性增长。当 $t=t_1$ 时,i_L 达到最大值 I_{Lmax}。在 VT 导通期间,由于二极管 D 截止,负载由滤波电容 C 供电。

$t=t_1$ 到 $t=t_2$ 时间段为 t_{off},在此期间,VT 截止,D 导通,这时 i_L 通过二极管 D 向输出侧流动,电源功率和电感 L 的储能向负载和电容 C 转移,给 C 充电。此时加在 L 上的电压为 $U_o - U_d$,因为 $U_o > U_d$,故 i_L 线性减小。当 $t=t_2$ 时,i_L 达到最小值 I_{Lmin}。此后,VT 又导通,开始下一个开关周期。

由此可见,电感电流连续时升压斩波电路的工作分为两个阶段:①VT 导通时为电感 L 储能阶段,此时电源不向负载提供能量,负载靠储于电容 C 的能量维持工作;②VT 截止时为电源和电感共同向负载供电阶段,同时还给电容 C 充电。图 7 – 54 所示的升压斩波电路电源的输入电流就是升压电感 L 电流,电流平均值为 $I_{LT} = (I_{Lmax} + I_{Lmin})/2$。开关管 VT 和二极管 D 轮流工作,VT 导通时,电感电流 i_L 流过 VT;VT 截止、D 导通时,电感电流 i_L 流过 D。电感电流 i_L 是 VT 导通时的电流 i_T 和 D 导通时的电流 i_D 的合成。在周期 T 的任何时刻 i_L 都不为零,即电感电流连续。稳态工作时电容 C 充电量等于放电量,通过电容的平均电流为零,故通过二极管 D 的电流平均值就是负载电流 I。

VT 处于通态的时间为 t_{on},此阶段电感 L 上积蓄的能量为 $U_d I_{LT} t_{on}$。VT 处于断态的时间为 t_{off},则在此期间电感 L 释放的能量为 $(U_o - U_d) I_{LT} t_{off}$。当电路工作于稳态时,一个周期 T 中电感 L 积蓄的能量与释放的能量相等,即

$$U_d I_{LT} t_{on} = (U_o - U_d) I_{LT} t_{off} \qquad (7-26)$$

可得

$$U_o = \frac{t_{on} + t_{off}}{t_{off}} U_d = \frac{T}{t_{off}} U_d \qquad (7-27)$$

式(7 – 27)中 $T/t_{off} \geq 1$,输出电压高于电源电压,故称该电路为升压斩波电路。

T/t_{off} 表示升压比,调节其大小即可改变输出电压 U_o 的大小。若将升压比的倒数记为 β,即 $\beta = t_{off}/T$,则 β 和导通占空比 γ 有如下关系:

$$\gamma + \beta = 1 \qquad (7-28)$$

因此,式(7 – 27)可表示为

$$U_o = \frac{1}{\beta} U_d = \frac{1}{1-\gamma} U_d \qquad (7-29)$$

升压斩波电路能使输出电压高于电源电压,关键原因有两个:一是 L 储能之后具有升压的作用,二是电容 C 可将输出电压保持住。

忽略电路中的损耗,则由电源提供的能量仅由负载 R 消耗,即

$$U_d I_{LT} = U_o I_o \qquad (7-30)$$

与降压斩波电路一样,升压斩波电路也可看成是直流变压器。根据电路结构并结合

式(7-29)得出输出电流的平均值为

$$I_{\text{o}} = \frac{U_{\text{o}}}{R} = \frac{1}{\beta} \frac{U_{\text{d}}}{R} \tag{7-31}$$

由式(7-30)即可得出电源电流为

$$I_{\text{LT}} = \frac{U_{\text{o}}}{U_{\text{d}}} I_{\text{o}} = \frac{1}{\beta^2} \frac{U_{\text{d}}}{R} \tag{7-32}$$

7.5.2　PWM 控制技术

PWM 控制技术是对脉冲的宽度进行调制的技术,它通过对一系列脉冲的宽度进行调制,来等效地获得所需要的波形(含形状和幅值)。

前面介绍的直流斩波电路采用的就是 PWM 控制技术中的一种。这种电路把直流电压"斩"成一系列脉冲,以改变脉冲的占空比来获得所需的输出电压。改变脉冲的占空比就是对脉冲宽度进行调制,只是因为输入电压和所需的输出电压都是直流电压,因此脉冲既是等幅的,也是等宽的,仅仅是对脉冲的占空比进行控制。

PWM 控制技术在逆变电路中的应用最为广泛,在目前大量应用的逆变电路中,绝大部分都是 PWM 型逆变电路,它在电力电子技术中地位重要。本节主要以逆变电路为控制对象来介绍 PWM 控制技术。

1. PWM 控制的基本原理

采样控制理论有一个重要的原理——冲量等效原理:冲量相等而形状不同的窄脉冲加在具有惯性的环节上时,其效果基本相同。冲量是指窄脉冲的面积,效果基本相同是指环节的输出响应波形基本相同。此为波形面积相等的原理,也称为面积等效原理。面积等效原理是 PWM 控制技术的重要理论基础。

下面分析如何用一系列等幅不等宽的脉冲来代替一个正弦半波。

把图 7-55(a)所示的正弦电压半波分成 N 等份,把正弦半波看成是由 N 个彼此相连的脉冲序列所组成的波形。这些脉冲宽度相等,等于 π/N,但幅值不等,且脉冲顶部是曲线,各脉冲的幅值按正弦规律变化。把上述脉冲序列(等宽不等幅)利用相同数量的等幅而不等宽的矩形脉冲代替,使矩形脉冲的中点和相应正弦波部分的中点重合,且矩形脉冲和相应的正弦波部分面积(冲量)相等,就得到图 7-55(b)所示的脉冲序列。这就是 PWM 波形。图中,各脉冲的幅值相等,而宽度是按正弦规律变化的。根据面积等效原理,PWM 波形和正弦半波是等效的,而且在同一时间段的脉冲数越多、脉冲宽度越窄,不连续的按正弦规律改变宽度的多脉冲电压 u_2 就越等效于正弦电压 u_1。对于正弦波的负半周,可以用同样的方法得到 PWM 波形。这种脉冲宽度按正弦规律变化而和正弦波等效的 PWM 波形,称为 SPWM 波形。

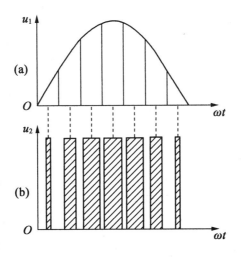

（a）—正弦电压；（b）—SPWM 等效电压

图 7 – 55　SPWM 波代替正弦半波

　　要改变等效输出正弦波的幅值时，只要按照同一比例系数改变上述各脉冲的宽度即可。

　　PWM 波可分为等幅 PWM 波和不等幅 PWM 波两种。由直流电源产生的 PWM 波通常是等幅 PWM 波。如直流斩波电路及本节介绍的 PWM 逆变电路，其 PWM 波都是由直流电源产生的，由于直流电源的电压幅值基本恒定，因此 PWM 波是等幅的。若其输入电源是交流的，则所得到的 PWM 波就是不等幅的了。直流斩波电路得到的 PWM 波是等幅又等宽的等效直流波形，SPWM 波得到的是等幅不等宽的等效正弦波。这些都是应用十分广泛的 PWM 波。实际上主要是 SPWM 控制技术。

　　2. PWM 逆变电路及控制的基本方法

　　PWM 逆变电路也可分为电压型和电流型两种。目前实际应用的 PWM 逆变电路几乎都是电压型电路，本节主要介绍电压型 PWM 逆变电路的控制方法。

　　根据上面所述的 PWM 控制的基本原理，如果给出了逆变电路的正弦波输出频率、幅值和半个周期内的脉冲数，就可以准确地计算出 PWM 波中各脉冲的宽度和间隔。按照计算结果控制逆变电路中各开关器件的通断，就可以得到所需要的 PWM 波形，这种方法称为计算法，但计算法是较烦琐的。

　　实际中应用较多的是调制法，把希望输出的波形作为调制信号，把接受调制的信号作为载波，通过信号波的调制得到所期望的 PWM 波形。通常采用等腰三角波或锯齿波作为载波，其中等腰三角波应用最多。等腰三角波上任一点的水平宽度和高度呈线性关系且左右对称，当它与任何一个平缓变化的调制信号波相交时，如果在交点时刻对电路中开关器件的通断进行控制，就可以得到宽度正比于信号波幅值的脉冲。在调制信号波为正弦波时，所得到的就是 SPWM 波。这种情况应用最广，本节主要介绍这种控制方法。

3. PWM 的基本控制方式

在上节斩波电路中介绍的单脉冲脉宽调制是一种最简单的 PWM 控制方式,每半个周期只有一个可调宽的方波电压,谐波分量很大。为了减小谐波分量,可采用在半周期内增多电压脉冲数的方法,来改善输出电压波形,即多脉冲脉宽调制。多脉冲脉宽调制分单极性 PWM 控制方式与双极性 PWM 控制方式。下面仅介绍正弦脉宽调制的几个基本电路。

(1)单极性 PWM 控制方式。图 7 – 56 所示为单相桥式 PWM 逆变电路,该电路是采用 IGBT 作为开关器件的单相桥式电压型逆变电路,设负载为阻感性负载。

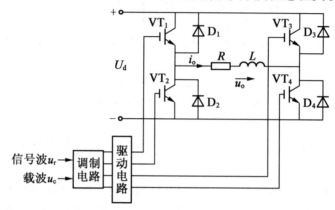

图 7 – 56   单相桥式 PWM 逆变电路

为了使逆变电路获得正弦波输出信号,图 7 – 57 所示的调制电路的输入信号有两个:一个为频率和幅值可调的正弦波调制信号波,$u_r = U_{rm} \sin \omega_r t$,频率为 $f_r = \omega_r/2\pi = f_1$(逆变器输出电压基波频率);另一个为载波 u_c,它是频率为 f_c、幅值为 U_{cm} 的单极性三角波,f_c 取决于开关器件的开关频率,通常数值较高。调制电路(主要由比较器组成)的输出信号 U_{G1}、U_{G2}、U_{G3}、U_{G4} 为开关器件 VT_1、VT_2、VT_3、VT_4 的栅极信号。通过图 7 – 58 所示的正弦波与三角波的交点来确定开关器件的导通与关断。下面结合电路进行具体分析。

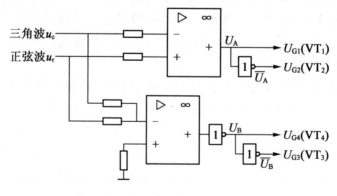

图 7 – 57   调制电路

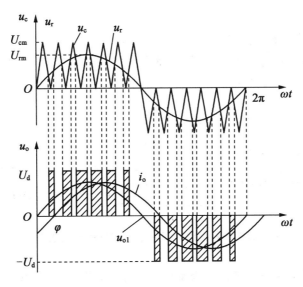

图 7 – 58　单相桥式 PWM 控制波形

在正弦调制波 u_r 正半周中,图 7 – 58 中三角波瞬时值 u_c 高于正弦波瞬时值 u_r 期间,图 7 – 57 所示的 U_A 为负值,U_{G1} 使图 7 – 56 中的 VT_1 截止,此时 $\overline{U}_A$ 为正值,U_{G2} 驱动 VT_2 导通,同时 U_B 为正值,U_{G4} 驱动 VT_4 导通;$\overline{U}_B$ 为负值,U_{G3} 使 VT_3 截止。所以在 $u_c > u_r$ 期间,由于 VT_1、VT_3 截止,电源电压 U_d 不可能加至负载上。VT_2、VT_4 有驱动信号导通时,如果此时负载电流 i_o 为正,则 U_B 经 VT_4、D_2 续流使 $u_o = 0$。如果此时负载电流为负,则 $-i_o$ 将经 VT_2、D_4 续流使以 $u_o = 0$,所以在 $u_c > u_r$ 期间,图 7 – 58 中 $u_o = 0$。

在图 7 – 58 中,正弦波瞬时值 u_r 大于三角波瞬时值 u_c 期间,使图中的 U_A 为正值,U_B 为正值,VT_1、VT_4 导通,VT_2、VT_3 截止。如果此时 i_o 为正值,则直流电源 U_d 经 VT_1、VT_4 向负载供电,使 $u_o = U_d$;如果此时 i_o 为负值,则 $-i_o$ 经 D_1、D_4 返回直流电源 U_d,此时仍是 $u_o = U_d$,所以在 $u_r > u_c$ 期间逆变器输出电压 $u_o = + U_d$,如图 7 – 58 所示。对每一个区间进行分析,可以得到图中所示的正弦调制电压 u_r 正半波期间输出电压 u_o 的完整波形。

在正弦调制波 u_r 负半周中。根据图 7 – 58 所示的电压波形关系和电路关系,可画出图 7 – 58 所示正弦调制电压 u_r 负半波时的输出电压 u_o。

由以上分析可知,输出电压 u_o 是一个多脉冲波组成的交流电压,脉冲波的宽度近似地按正弦规律变化,即 ωt 从 0 到 2π 期间,脉宽从零变到最大正值再变为零,然后从零变到最大负值再变到零。在正半周只有正脉冲电压,在负半周只有负脉冲电压,因此这种 PWM 控制称为单极性正弦脉冲宽度调制控制 SPWM。输出电压 u_o 的基波频率 f_1 等于正弦调制波频率 f_r,输出电压的大小由电压调制比 $M = U_{rm}/U_{cm}$ 决定。固定 U_{cm} 不变,改变 U_{rm}(改变调制比 M)即可调控输出电压的大小,例如增大 U_{rm},M 变大,每个脉冲波的宽度都增加,u_o 中的基波增大。图 7 – 58 所示的 u_{o1} 即为输出电压 u_o 的基波。此外,在图中还可看到,载波比 $N = f_c/f_r$ 越大,每半个正弦波内的脉冲数目越多,输出电压就越接近于正弦波。

（2）双极性 PWM 控制方式。

①单向桥式逆变电路。和单极性 PWM 控制方式相对应的是双极性 PWM 控制方式。图 7-56 所示的单相桥式 PWM 逆变电路在采用双极性 PWM 控制方式时的调制电路和控制波形如图 7-59 和图 7-60 所示。

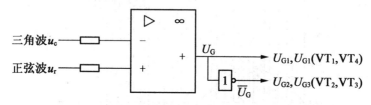

图 7-59　双极性单相桥式 PWM 调制电路

图 7-60 所示的调制参考波仍为幅值为 U_{rm} 的正弦波 u_r，其频率 f_r 就是输出电压基波频率 f_1。高频载波为双极性三角波 u_c，其幅值为 U_{cm}，频率为 f_c。图中无论在 u_r 的正半周还是负半周，当瞬时值 $u_r > u_c$ 时，比较器输出电压 U_G 为正值，U_{G1}、U_{G4} 驱动 VT_1、VT_4 导通，U_G 反向后输出 $\overline{U}_G$ 为负值，U_{G2}、U_{G3} 驱动 VT_2、VT_3 截止，输出电压 $u_o = +U_d$；当瞬时值 $u_r < u_c$ 时，图 7-59 中的比较器输出电压 U_G 为负值，VT_1、VT_4 截止，U_G 反向后输出 $\overline{U}_G$ 为正值，U_{G2}、U_{G3} 驱动 VT_2、VT_3 导通，逆变器输出电压 $u_o = -U_d$。

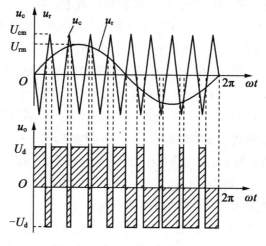

图 7-60　双极性单相桥式 PWM 控制波形

图 7-60 所示的输出电压 u_o 由多个不同宽度的双极性脉冲电压方波组成。若载波比为 $N = f_c/f_r = f_c/f_1$，则每半个周波中正脉冲和负脉冲共有 N 个。若固定三角载波频率 f_c，改变 f_r，即可改变输出交流电压基波的频率 $f_1 = f_r$。固定三角载波电压幅值 U_{cm}。改变正弦调制参考波 u_r 的幅值 U_{rm}，即改变电压调制比 M 则将改变 u_r 与 u_c 两波形的交点，从而改变每个脉冲电压的宽度，改变 u_o 中基波和谐波的数值。由于输出电压在正负半周中

都有多个正、负脉冲电压,故称这种 PWM 控制为双极性正弦脉冲宽度调制。

可知,改变信号电压的频率,即可改变逆变器输出基波的频率;改变信号电压的幅值,即可改变输出电压基波的幅值。逆变器输出的虽然是调制方波脉冲,但由于载波信号的频率比较高,在负载电感的滤波作用下,可以获得与基波基本相同的正弦电流。

采用 SPWM 控制,逆变器相当于一个可控的功率放大器,既能实现调压,又能实现调频,加上它体积小、质量轻、可靠性高,而且调节速度快,系统动态响应性能好,因而在变频逆变器中获得广泛的应用。

②三相桥式逆变电路。图 7-61 所示为三相桥式 PWM 型逆变电路,这种电路采用双极性控制方式。U、V 和 W 三相的 PWM 控制通常共用一个三角波载波 u_c,三相调制参考信号正弦电压为

$$
\begin{cases}
u_{Ur}(t) = U_{rm}\sin \omega_r t \\
u_{Vr}(t) = U_{rm}\sin(\omega_r t - 120°) \\
u_{Wr}(t) = U_{rm}\sin(\omega_r t + 120°)
\end{cases}
$$

式中　ω_r——调制参考波 u_r 的角频率,$\omega_r = 2\pi f_r = 2\pi f_1$;

　　　f_r——正弦调制参考电压的频率;

　　　f_1——输出电压基波频率;

　　　U_{rm}——调制参考波电压幅值。

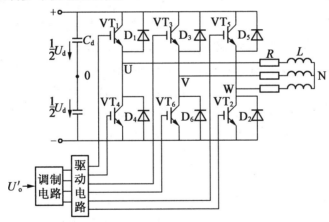

图 7-61　三相桥式 PWM 型逆变电路

图 7-62 所示为调制电路引入了逆变器输出电压 U_o 的闭环反馈调节控制系统,其中 U_o' 为输出电压的指令值,U_o 为输出电压的实测反馈值。电压偏差为 $\Delta U_o = U_o' - U_o$,经电压调节器 VR 输出调制参考波的幅值 U_{rm} 与调制参考波的频率 f_r 共同产生三相调制参考波正弦电压 $u_{Ur}(t)$、$u_{Vr}(t)$、$u_{Wr}(t)$。$u_{Ur}(t)$、$u_{Vr}(t)$、$u_{Wr}(t)$ 与双极性三角载波电压 $u_c(t)$ 相比较产生驱动信号,U_{G1}、U_{G4}、U_{G3}、U_{G6}、U_{G5}、U_{G2} 控制 VT$_1$、VT$_4$、VT$_3$、VT$_6$、VT$_5$、VT$_2$ 六个全控型开关器件的通断状态,从而控制逆变器输出的三相交流电压 $u_{U0}(t)$、$u_{V0}(t)$、$u_{W0}(t)$。

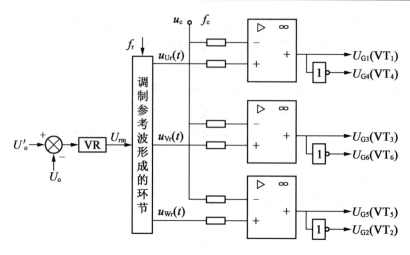

图 7 - 62　调制电路

在图 7 - 63 中,比较 $u_{Ur}(t)$ 与载波电压 $u_c(t)$ 可知,当 $u_{Ur} > u_c$ 时,以 U_{G1} 为正值驱动 VT_1 导通,U_{G4} 为负值使 VT_4 截止,图 7 - 62 中 $u_{U0} = + U_d/2$;当 $u_{Ur} < u_c$ 时,U_{G1} 为负值使 VT_1 截止,U_{G4} 为正值驱动 VT_4 导通,图 7 - 62 中 $u_{U0} = - U_d/2$。

VT_1 和 VT_4 的驱动信号始终是互补的。当给 VT_1(VT_4)加导通信号时,可能是 VT_1(VT_4)导通,也可能是二极管 D_1(D_4)续流导通,主要由阻感性负载中电流的方向来决定,和单相桥式 PWM 型逆变电路在双极性控制时的情况相同。V 相及 W 相的控制方式都与 U 相的相同。三相桥式 PWM 控制波形如图 7 - 63 所示。可以看出 u_{U0}、u_{V0}、u_{W0} 的 PWM 波形都只有 $\pm U_d/2$ 两种电平。线电压 u_{UV} 的波形可由 $u_{U0} - u_{V0}$ 得出。当臂 1 和臂 6 导通时,$u_{UV} = U_d$;当臂 3 和臂 4 导通时,$u_{UV} = - U_d$;当臂 1 和臂 3 或者臂 4 和臂 6 导通时,$u_{UV} = 0$。因此,逆变器的输出线电压 PWM 波由 $u_{UV} = \pm U_d$ 和 0 三种电平构成。参考式(7 - 20)~(7 - 22)负载相电压 u_{UN} 为

$$u_{UN} = u_{U0} - \frac{1}{3}(u_{U0} + u_{V0} + u_{W0})$$

在上面介绍的用正弦信号波对三角波载波进行的调制中,只要载波比 N 足够大,逆变电路所得到的 SPWM 波就接近于正弦波,即 SPWM 波中不含低次谐波,只含和载波频率有关的高次谐波。逆变电路输出波形中所含谐波的多少,是衡量 PWM 控制方法优劣的基本标志。提高逆变电路的直流电压利用率、减少开关次数也是很重要的。直流电压利用率是指逆变电路所能输出的交流电压基波最大幅值与直流电压之比,提高直流电压利用率可以提高逆变器的输出能力。减少功率器件的开关次数可以降低开关损耗。可以证明,对于正弦波调制的三相 PWM 逆变电路,直流电压利用率仅为 0.866。这个直流电压利用率是比较低的,其原因是正弦调制信号的幅值不能超过三角波幅值。

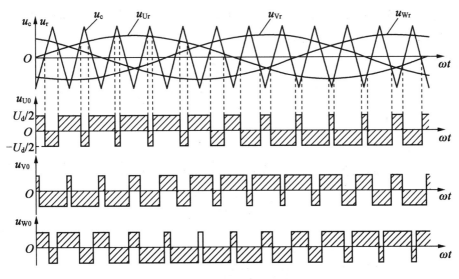

图 7 – 63 三相桥式 PWM 控制波形

实际电路工作时,考虑到功率器件的导通和关断都需要时间,如果不采取其他措施,采用这种正弦波和三角波比较的调制方法时,实际能得到的直流电压利用率比 0.866 还要低。为了使逆变电路的输出 PWM 波更接近正弦波,有效地提高直流电压利用率和减少开关次数,新方法层出不穷。目前,SPWM 波的生成方法还有很多,而且专门用来产生 SPWM 波的大规模集成电路芯片也得到了广泛应用,还可采用微处理器或数字信号处理器(DSP)来生成 SPWM 波。目前,各生产厂家更进一步把它做在微机芯片中,生产出多种带 PWM 信号输出口的电机控制用的 8 位、16 位微机和 DSP 芯片。

习　　题

1.晶闸管导通的条件是什么? 导通后流过晶闸管的电流取决于什么? 晶闸管关断的条件是什么?

2.试画出图 7 – 64 中负载电阻 R 上的电压波形和晶闸管上的电压波形。

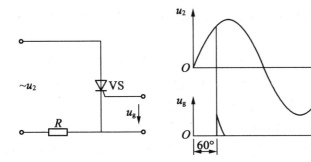

图 7 – 64

3. 如图 7 – 65 所示,若在 t_1 时刻合上开关 S,在 t_2 时刻断开 S,试画出负载电阻 R 上的电压波形和晶闸管上的电压波形。

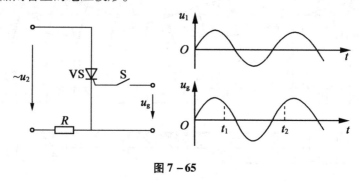

图 7 – 65

4. 如图 7 – 66 所示,试问:

(1)在开关 S 闭合前灯泡亮不亮? 为什么?

(2)在开关 S 闭合后灯泡亮不亮? 为什么?

(3)再把开关 S 断开后灯泡亮不亮? 为什么?

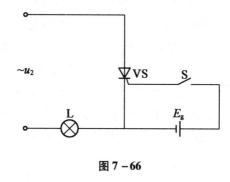

图 7 – 66

5. 晶闸管的控制角和导通角是何含义?

6. 有一单相半波可控整流电路,其交流电源电压为 $U_2 = 220$ V,负载电阻为 $R_L = 10$ Ω,试求输出电压平均值 U_d 的调节范围,当 $\alpha = \pi/3$ 时,输出电压平均值 U_d 和电流平均值 I_d 为多少?

7. 续流二极管有何作用? 为什么? 若不注意把它的极性接反了会产生什么后果?

8. 试画出单相半波可控整流电路(阻性负载)的线路图及 $\alpha = 30°$ 时整流输出电压的波形图。

9. 试画出单相桥式半控整流电路的接线原理图及阻性负载 $\alpha = 90°$ 时整流电路输出电压 u_d 的波形图,并计算该条件下输出电压的平均值 U_d。

10. 试画出三相半波可控整流电路的线路图及阻性负载 $\alpha = 0°$ 时整流输出电压的波形图,并计算该条件下输出电压的平均值 U_d(设 $U_{2p} = 220$ V)。

11. 试画出三相半波可控整流电路的线路图及阻性负载 $\alpha = 30°$ 时整流输出电压的波形图。

12. 试画出三相半波可控整流电路的线路图及阻性负载 $\alpha = 90°$ 时整流输出电压的波形图。

13. 三相半波(电阻负载)可控整流电路,如果由于控制系统故障,A 相的触发脉冲丢失,试画出控制角 $\alpha = 0°$ 时的整流电压波形。

14. 晶闸管对触发电路有哪些要求?

15. 为什么晶闸管的触发脉冲必须与主电路的电压同步?

16. 绝缘栅双极晶体管 IGBT 有哪些优点?

17. 试画出三相桥式全控整流电路的线路图及 $\alpha = 0°$ 时整流输出电压的波形图。

18. 试简述有源逆变器的工作原理,逆变的条件和特点是什么?

19. 有一电阻性负载,需要直流电压 $U_d = 60$ V,电流 $I_d = 30$ A 供电,若采用单相半波可控整流电路,直接接在 220 V 的交流电网上,试计算晶闸管的导通角 θ。

第8章　直流调速控制系统

【知识要点】

1. 调速系统的主要性能指标。
2. 晶闸管电动机直流调速系统。
3. 直流脉宽调制(PWM)调速系统。

【能力点】

1. 调速系统主要性能指标的含义。
2. 晶闸管电动机直流调速系统的组成和工作原理。
3. 直流脉宽调制(PWM)调速系统的组成和工作原理。

【重点和难点】

重点:

1. 调速系统主要性能指标的含义。
2. 晶闸管电动机直流调速系统的组成和调速原理。
3. 直流脉宽调制(PWM)调速系统的组成和调速原理。

难点:

1. 晶闸管电动机直流调速系统原理分析。
2. 直流脉宽调制(PWM)调速系统原理分析。

【问题引导】

1. 机电传动自动调速系统由哪些基本环节组成？各环节的作用是什么？
2. 生产机械对调速系统提出几项调速技术指标要求？
3. 本章讲述几种自动调速系统？各种调速系统调速原理、特点及适用场合？

　　电动机的调速是在一定的负载条件下,通过改变电动机供电电源或电动机电路本身的参数以改变电动机稳定转速的一种技术,通过调速实现对电动机的变速控制或恒速控制。

　　调速系统主要有直流调速系统和交流调速系统两种。直流调速系统以直流电动机为动力,交流调速系统则以交流电动机为动力。交流电动机具有结构简单、制造方便、维修容易、价格便宜等优点,直流电动机虽不具备交流电动机的以上优势,但其具有良好的调速性能,可在很宽的范围内实现平滑调速。目前,直流调速系统仍应用在控制性能要求较高的一些生产机械上,而且从控制技术的角度来看,直流调速技术是交流调速技术的基础。

8.1　调速系统主要性能指标

在实际应用中,应该选择哪种调速方案,主要是根据生产机械对调速系统提出的调速性能指标来确定的。调速系统的性能指标主要包括静态性能指标和动态性能指标两个方面。

8.1.1　静态性能指标

1. 静差度 S

静差度是指理想的空载转速到额定负载时的转速降落 Δn_N 与理想空转转速 n_0 的比值,记为 S,可表示为

$$S = \frac{n_0 - n_N}{n_0} = \frac{\Delta n_N}{n_0}$$

静差度表示生产机械运行时转速稳定的程度。当负载变化时,生产机械转速的变化要能维持在一定范围之内,即要求静差度 S 应小于一定值。由于不同的生产机械产品对精度要求不同,因此不同生产机械对静差度的要求也不相同,如一般普通设备 $S \leqslant 50\%$,普通车床 $S \leqslant 30\%$,龙门刨床 $S \leqslant 5\%$,冷轧机 $S \leqslant 2\%$,热轧机 $S \leqslant 0.5\%$,精度要求高的造纸机 $S \leqslant 0.1\%$ 等。

2. 调速范围 D

生产机械所要求的转速调节的最大范围称为调速范围,用 D 表示,即

$$D = \frac{n_{max}}{n_{min}} = \frac{v_{max}}{v_{min}}$$

不同的生产机械要求的调速范围各不相同,当静差度为一定数值时,车床 D 为 20 ~ 120,龙门刨床 D 为 20 ~ 40,钻床 D 为 2 ~ 12,铣床 D 为 20 ~ 30,轧钢机 D 为 3 ~ 15,造纸机 D 为 10 ~ 20,机床的进给机构 D 为 5 ~ 30 000。

3. 调速的平滑性

调速的平滑性通常是用两个相邻调速级的转速差来衡量的。在一定的调速范围内,可以得到的稳定运行转速级数越多,调速的平滑性就越高。若级数趋于无穷大,即表示转速连续可调,即可实现无级调速。不同的生产机械对测速的平滑性要求也不相同,有

的生产机械采用有级调速即可,有的则要求无级调速。

对电动机而言,往往不能同时满足静差度小和调速范围大的要求。如直流电动机改变外加电枢电压调速时,高速和低速时的机械特性如图8-1所示。

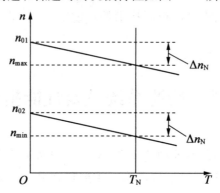

图 8-1 直流电动机调压调速的机械特性

由于低速下的静差度大于高速下的静差度,因此应取最低速度下的静差度为调速系统的静差度。例如,通过改变直流电动机电枢外加电压调速,则调速范围 D 与静差度 S 之间的关系为

$$D = \frac{n_{max}}{n_{min}} = \frac{n_{max}}{n_{02} - \Delta n_N} = \frac{n_{max}}{n_{02}\left(1 - \frac{\Delta n_N}{n_{02}}\right)} = \frac{n_{max}S}{\Delta n_N(1 - S)} \qquad (8-1)$$

式(8-1)中,最高速度 n_{max} 和静态速降 Δn_N 由系统中所选用电动机的额定转速和结构决定。当这两个参数确定后,如果要求静差度 S 小,则调速范围 D 必然小;反之,如果要求静差度 S 大,则调速范围 D 必然大。电动机的调速系统则可以在一定程度上解决这一矛盾,从而实现同时满足生产机械对电动机静差度小且调速范围大的要求。

8.1.2 动态性能指标

电动机拖动生产机械运行,生产机械在运行过程中需要进行速度调节,即调速。调速过程是从一种稳定速度变化到另一种稳定速度运行的过程,但是,由于电磁惯性和机械惯性的存在,速度调节不能瞬时完成,即调速过程需要经过一段过渡过程才能完成,这个过程称为过渡过程或动态过程。在前面章节中已经已讨论了如何缩短开环控制系统过渡过程时间的问题。实际上,生产机械对自动调速系统动态性能指标的要求除过渡过程时间外,还有最大超调量、振荡次数等,这些指标综合在一起,才能更精确地评价一个机械系统动态过程的性能。系统动态过程的性能指标主要用来表征系统的稳定性和快速性。下面以图8-2所示自动调速系统的动态特性为例,来说明自动调速系统的几个主要动态性能指标的含义及相互关系。图8-2为以转速 n 为被调节量,系统速度从 n_1 调节到 n_2 时的过渡过程。

1. 过渡过程时间 T

系统的过渡过程时间是指其在某一控制信号(或扰动信号)的作用下,输出从初始状态到稳定状态(稳态误差允许范围一般为 2% ~ 5%)所用的一段时间。从图 8 - 2 可以看出,该系统的过渡过程时间为从系统输入作用开始直到被调量 n 进入 $(0.02 ~ 0.05)n_2$ 稳定值区间为止(并且以后不再超出这个范围),时间 T 为该系统的过渡过程时间。

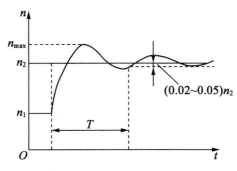

图 8 - 2   自动调速系统的动态特性

2. 最大超调量 M_p

系统最大超调量是系统响应曲线的最大峰值与稳态值之差,通常用百分数(%)来表示:

$$M_p = \frac{n_{max} - n_2}{n_2} \times 100\%$$

最大超调量 M_p 太大,对系统冲击过大,系统不稳定,无法满足生产工艺要求的同时,对机械系统也会造成损害;M_p 太小,则会使机械系统过渡过程时间 T 过长,不利于生产率的提高。一般机械系统最大超调量 M_p 设计为 10% ~ 35%,以便系统既快速又稳定地实现调速。

3. 振荡次数 N

在系统过渡过程时间内,系统响应曲线穿越稳态值次数的一半即为该系统的振荡次数。图 8 - 2 所示自动调速系统的振荡次数为 1 次。

上述三个指标是衡量一个自动调速系统过渡过程品质好坏的主要性能指标。自动调速系统动态性能的比较如图 8 - 3 所示,图中给出了三种不同调速系统的被调量从 x_1 调节为 x_2 时的变化情况。由图 8 - 3 可见,系统 1 的被调量要经过很长时间才能跟上控制量的变化,达到新的稳定值,该系统的稳定性能好,但快速性差;系统 2 的被调量虽变化很快,但不能及时停住,要经过几次振荡才能稳定在新的稳定值上,该系统的快速性虽好,但稳定性差,这两个系统都有各自的缺陷。系统 3 的动态性能兼顾了稳定性和快速性两个动态性能指标,该系统是较理想的。不同的生产机械对系统动态性能指标的要求不同,如龙门刨床、轧钢机等可允许系统动态响应有一次振荡,而造纸机则不允许系统响应有振荡的过程。

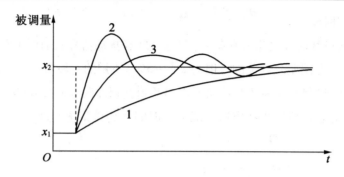

图 8 – 3　自动调速系统动态性能的比较

8.2　晶闸管电动机直流调速系统

目前,晶闸管电动机(VS – M)直流调速系统仍在大功率系统中广泛应用。常用的晶闸管电动机直流调速系统有单闭环直流调速系统、双闭环直流调速系统和可逆直流调速系统等。

8.2.1　单闭环直流调速系统

单闭环直流调速系通常分为有静差调速系统和无静差调速系统两大类。仅由被调量负反馈组成的比例控制单闭环系统属于有静差调速系统,按积分(或比例积分)控制的单闭环系统属于无静差调速系统。

1.转速负反馈调速系统

(1)有静差调速系统。图 8 – 4 所示为晶闸管 – 电动机有静差转速负反馈单闭环调速系统结构框图。系统由反馈电路、给定电路、放大器、整流电路及被控制对象(直流电动机)等几个部分组成。

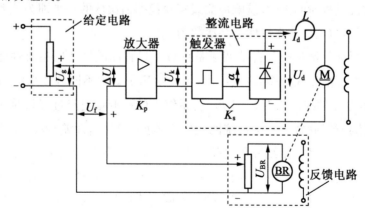

图 8 – 4　有静差转速负反馈单闭环调速系统结构框图

　　反馈电路由测速发电机和电位器组成。测速发电机与直流电动机同轴连接,直接测量电动机的转速信号并将其按比例转换为电信号;电位器将测速发电机测得的与直流电动机转速相关的电信号转换为电压信号,调节电位器的位置可调节反馈电压 U_f 的大小。当电位器的位置一定时,反馈电压 U_f 的大小与转速成比例。

　　给定电位器改变给定电压 U_g 的大小,从而调节电动机外加电枢电压 U_d 的大小,进而改变直流电动机的转速。

　　放大器为比例放大器,其输出量与输入量成比例。比例放大器的作用是将偏差信号 $\Delta U(\Delta U = U_g - U_f)$ 放大后控制整流电路的输出电压 U_d(直流电动机外加电枢电压)。

　　整流电路为可控硅整流电路,它将交流电压变为可调(改变控制角 α)直流电压供给电动机。

　　直流电动机 M 为被控制对象。由图 8-4 可知,直流电动机的转速是通过改变外加电枢电压 U_d 的大小来改变的,故该系统称为调压调速系统。该系统中反馈信号是被控制量转速 n 本身,且反馈电压 U_f 与给定电压 U_g 的极性相反,故称为转速负反馈调速系统。

　　一个稳定的调速系统必须包括调速和稳速两大功能。调速是指通过改变电路参数来改变电动机的转速;稳速是指抑制负载变化或其他不可预见的因素引起的转速变化而保持速度稳定。转速负反馈调速系统是如何实现调速和稳速的,下面来进行定性分析。

　　首先分析转速负反馈调速系统的调速如何实现,反馈电压 U_f 不变,当增加给定电压 U_g 时,$\Delta U = U_g - U_f$ 将增加,放大器的输出电压 U_k 也随之增加,U_k 加在触发器上将减小控制角 α,整流电路的输出增加,电动机电枢外加电压 U_d 增加,进而使电动机转速 n 增加;反之,当减小给定电压 U_g 时,转速 n 就下降。由此可见,改变该闭环系统给定电压 U_g 的大小,可实现调速的目的,即该负反馈系统具有调速功能。

　　转速负反馈调速系统具有稳速功能,在某一个规定的转速下,给定电压 U_g 是固定不变的。电动机在额定状态下运行($I_a = I_N$)时,额定转速为 n_N,与直流电动机同轴连接的测速发电机有相应的输出电压 U_{BR},通过转换电位器分压后,得到反馈电压 U_f,给定电压 U_g 与反馈量 U_f 的差值 ΔU 加在比例放大器的输入端,其输出电压 U_k 加在触发器的输入端,可控整流装置输出整流电压 U_d 供给直流电动机,产生额定转速 n_N。当电动机负载增加时,I_a 增大,由于 $I_a R_\Sigma$ 的作用,电动机转速会下降($n < n_N$),测速发电机的电压 U_{BR} 随之下降,反馈电压 U_f 下降到 U_f'。由于此时给定电压 U_g 没有改变,于是偏差信号增加到 $\Delta U' = U_g - U_f'$,放大器输出电压上升到 U_k'。U_k' 使晶闸管整流电路的控制角 α 减小,整流电压上升到 U_d',进而使电动机转速又上升,如此不断进行反馈调节控制,使得电动机输出转速基本维持在额定转速 n_N 附近运行。当直流电动机负载减小时,其控制调节过程与前述过程相反。由以上分析可见,系统引入转速负反馈控制后,具有稳定系统转速的功能,系统具有一定的抗干扰能力。

　　下面用直流电动机的机械特性对转速负反馈有静差调速系统的性能做定量分析。

　　由图 8-4 可知,系统偏差信号为

$$\Delta U = U_g - U_f$$

速度反馈信号电压 U_f 与转速 n 成正比,即

$$U_f = \gamma n \tag{8-2}$$

式中　γ——转速反馈系数。

对于放大器回路,有

$$U_k = K_p \Delta U = K_p (U_g - U_f) = K_p (U_g - \gamma n) \tag{8-3}$$

式中　K_p——放大器的电压放大倍数。

把触发器和可控整流电路看成一个整体,设其等效放大倍数为 K_s,则直流电动机在空载时,可控整流电路的输出电压为

$$U_d = K_s U_k = K_s K_p (U_g - \gamma n) \tag{8-4}$$

对于直流电动机电枢回路,若忽略晶闸管压降 ΔE,则有

$$U_d = K_e \Phi n + I_a R_\Sigma = C_e n + I_a (R_x + R_a) \tag{8-5}$$

式中　R_Σ——电枢回路的总电阻,Ω;

　　　R_x——可控整流电源的等效内阻,Ω;

　　　R_a——电动机的电枢电阻,Ω。

式8-4)和式(8-5)联立可得,转速负反馈晶闸管电动机有静差调速系统直流电动机的机械特性方程为

$$n = \frac{K_0 U_g}{C_e (1+K)} - \frac{R_\Sigma}{C_e (1+K)} I_a = n_{0f} - \Delta n_f \tag{8-6}$$

式中　K_0——从放大器输入端到可控整流电路输出端的电压放大倍数,$K_0 = K_p K_s$;

　　　K——闭环系统放大倍数,$K = \dfrac{\gamma}{C_e} K_p K_s$。

由图 8-4 可以看出,若系统没有转速负反馈(即系统为开环系统),则整流装置的输出电压为

$$U_d = K_p K_s U_g = K_0 U_g = C_e n + I_a R_\Sigma$$

由此可得开环系统的机械特性方程为

$$n = \frac{K_0 U_g}{C_e} - \frac{R_\Sigma}{C_e} I_a = n_0 - \Delta n \tag{8-7}$$

比较式(8-6)与式(8-7),可以得出以下三点结论。

①当给定电压 U_g 一定时,有

$$n_{0f} = \frac{K_0 U_g}{C_e (1+K)} = \frac{n_0}{1+K} \tag{8-8}$$

即闭环系统的理想空载转速降低到开环时的 $\dfrac{1}{1+K}$ 倍。为了使闭环系统获得与开环系统相同的理想空载转速,闭环系统所需要的给定电压 U_g 要比开环系统高 $1+K$ 倍。因此,仅有转速负反馈的单闭环系统在运行时,若突然失去转速负反馈,就可能造成严重的事故。

②如果将系统闭环与开环的理想空载转速调节为相同数值,即 $n_{0f} = n_0$,则

$$\Delta n_{\rm f} = \frac{R_{\Sigma}}{C_{\rm e}(1+K)}I_{\rm a} = \frac{\Delta n}{1+K} \tag{8-9}$$

即在同样负载电流下,闭环系统的转速降仅为开环系统转速降的 $\dfrac{1}{1+K}$,从而大大提高了系统的机械特性硬度,减小了系统的静差度。

③由式(8-1)可知,在最大运行转速 $n_{\rm max}$ 和最大允许静差度 S 不变的情况下,开环系统的调速范围为

$$D = \frac{n_{\rm max}S}{\Delta n_{\rm N}(1-S)}$$

闭环系统的调速范围为

$$D_{\rm f} = \frac{n_{\rm max}S}{\Delta n_{\rm Nf}(1-S)} = \frac{n_{\rm max}S}{\dfrac{\Delta n_{\rm N}}{1+K}(1-S)} = (1+K)D \tag{8-10}$$

即闭环系统的调速范围为开环系统的 $1+K$ 倍。

由此可见,提高系统的放大倍数 K 是减小静态转速降、扩大调速范围的有效措施。但是放大倍数也不能过分增大,否则系统容易产生不稳定现象。

由于放大倍数 K 不能过大,$\Delta n_{\rm f}$ 不可能为零,机械特性不可能为绝对硬特性,即负载发生变化时,速度会有一定的变化,故图 8-4 所示系统称为有静差调速系统。

(2)无静差调速系统。图 8-5 所示为具有比例积分(PI)调节器的无静差调速系统。该系统的特点是,静态时系统的反馈量总等于给定量,即偏差值等于零。要实现这一点,系统中必须接入无差元件,它在系统出现偏差时开始动作以消除偏差,当偏差为零时停止动作。图 8-5 中,比例积分调节器是一个典型的无差元件。首先介绍比例积分调节器,然后再分析无差调速系统的工作原理。

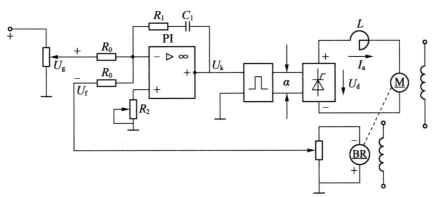

图 8-5　具有比例积分调节器的无静差调速系统

①比例积分调节器。把比例运算电路和积分运算电路组合起来就构成了比例积分调节器,简称 PI 调节器,其电路如图 8-6(a)所示。由此可知

$$U_{\rm o} = -I_1 R_1 - \frac{1}{C_1}\int I_1 {\rm d}t$$

又因为

$$I_1 = I_0 = \frac{U_i}{R_0}$$

所以

$$U_o = -\frac{R_1}{R_0}U_i - \frac{1}{R_0 C_1}\int U_i \mathrm{d}t \qquad (8-11)$$

　　由此可见,PI 调节器的输出由两部分组成,第一部分是比例环节,第二部分是积分环节。在零初始状态和阶跃输入作用下,输出电压的时间特性如图 8-6(b)所示。这里 U_o 用绝对值表示,当突加输入信号 U_i 时,开始瞬间电容 C_1 相当于短路,反馈回路中只有电阻 R_1,此时相当于比例调节器,它可以毫无延迟地起调节作用,故调节速度快;而后随着电容 C_1 被充电而开始积分,U_o 线性增长,直到稳态。在电路达到稳态时,C_1 相当于开路,运算放大器极大的开环放大倍数使系统基本上达到无静差。

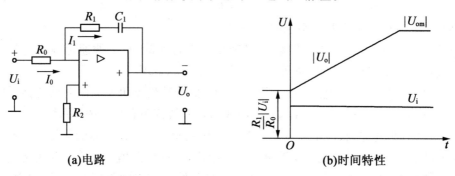

(a)电路　　　　　　　　　　　**(b)时间特性**

图 8-6　PI 调节器的电路和时间特性

　　采用比例积分调节器的自动调速系统,兼具比例和积分调节器的优点,这样的调速系统既能获得较高的静态精度,又能具有较快的动态响应速度,因而得到了广泛的应用。

　　②采用 PI 调节器的无静差调速系统。在图 8-5 中,由于比例积分调节器的存在,只要偏差 $\Delta U = U_g - U_f \neq 0$,系统就会起调节作用,当 $\Delta U = 0$ 时,$U_g = U_f$,调节作用就停止。调节器的输出电压 U_k 由于积分作用保持某一数值不变,以维持电动机在给定转速下运转,系统可以消除静态误差,故该系统是一个无静差调速系统。

　　a. 无静差调速系统的调节过程。若电动机负载增加,如图 8-7(a)所示,在 t_1 时刻,负载突然由 T_{L1} 增加到 T_{L2},电动机的转速将由 n_1 开始下降而产生转速偏差 Δn,如图 8-7(b)所示,它通过测速机反馈到 PI 调节器的输入端产生偏差电压 $\Delta U = U_g - U_f > 0$,在此偏差电压的作用下开始消除偏差的控制调节过程,直至偏差为零。

　　b. 比例环节调节过程。输出电压等于 $\frac{R_1}{R_0}\Delta U$,使控制角 α 减小,可控整流电压增加 ΔU_{d1},如图 8-7(c)中曲线 1 所示。由于比例输出没有惯性,故这个电压使电动机转速迅速回升。偏差 Δn 越大,ΔU_{d1} 就越大,它的调节作用就越强,电动机转速回升也就越快。而当转速回升到原给定值 n_1 时,$\Delta n = 0$,$\Delta U = 0$,故 ΔU_{d1} 也等于零。

　　c. 积分环节的调节过程。积分输出部分的电压等于偏差电压 $\Delta U = 0$ 的积分,它使可控整流电压增加，$\Delta U_{d2} \propto \int \Delta U \mathrm{d}t$ 或 $\dfrac{\mathrm{d}(\Delta U_{d2})}{\mathrm{d}t} \propto \Delta U$，即 ΔU_{d2} 的增长率与偏差电压 ΔU（或偏差转速 Δn）成正比。开始时 Δn 很小，ΔU_{d2} 增加很馒；当 Δn 达到最大时，ΔU_{d2} 增加得最快；在调节过程的后期 Δn 逐渐减小，ΔU_{d2} 的增加也逐渐减慢；直到电动机转速回升到 n_1，$\Delta n = 0$ 时，ΔU_{d2} 不再增加，且在以后一直保持这个数值不变，如图 8 - 7（c）中曲线 2 所示。

　　把比例作用与积分作用综合起来考虑，其调节的综合效果如图 8 - 7（c）中曲线 3 所示，由该图可知，无论负载如何变化，系统都会自动调节。在调节过程的开始和中间阶段，比例调节起主要作用，它首先阻止 Δn 的继续增大，而后使转速迅速回升；在调节过程的末期 Δn 很小，比例调节的作用不明显了，而积分调节的作用就上升到主要地位，依靠它来最后消除转速偏差 Δn，使转速回升到原来的值。这就是无静差调速系统的调节过程。

　　可控整流电压 U_d 等于原静态时的数值 U_{d1} 加上调节过程进行后的增量 $\Delta U_{d1} + \Delta U_{d2}$，如图 8 - 7（d）所示。可见，在调节过程结束后，U_d 稳定在一个大于 U_{d1} 的新的数值 U_{d2} 上。电压增量 ΔU_d 正好补偿由于负载增加引起的那部分主回路压降 $(I_{a2} - I_{a1})R_{\Sigma}$。

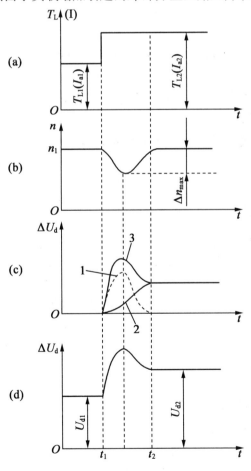

1—ΔU_{d1}（比例）；2—ΔU_{d2}（积分）；3—$\Delta U_{d1} + \Delta U_{d2}$

图 8 - 7　负载变化时 PI 调节器对系统的调节作用

无静差调速系统在调节过程结束以后,转速偏差 $\Delta n = 0$(PI 调节器的输入电压 ΔU 也等于零),这说明该系统只是在静态(稳定工作状态)时无偏差,而动态(如当负载变化时,系统从一个稳态变到另一个稳态的过渡过程)过程中却是有偏差的。严格来讲,无静差调速系统在理论上是无静差的,但是实际上,由于调节放大器不是理想的,且放大倍数也不是无限大,测速发电机也还存在误差,因此实际上这样的系统仍然有一定的静差。

转速负反馈调速系统能抑制扰动作用(如负载的变化、电动机励磁的变化、晶闸管交流电源电压的变化等)对电动机转速的影响。若扰动出现引起电动机转速的变化,此变化的信号就会被测量元件(测速发电机等)检测到,并将该信号反馈至系统输入端,调速系统就会产生控制调节作用来克服由于扰动而产生的转速变化,从而稳定电动机的转速。简言之,只要扰动是作用在被负反馈所包围的反馈环内,就可以通过负反馈的作用来减小扰动对被调量的影响。但是必须指出,测量元件本身的误差是不能补偿的。例如,当测速发电机的磁场发生变化时,U_{BR} 就要变化,通过系统的作用,电动机的转速会发生变化。因此,正确选择与使用检测元件是很重要的,这直接影响整个调速系统的控制精度。

2. 其他反馈调速系统

速度(转速)负反馈是抑制转速变化的最直接有效的方法,它是自动调速系统最基本的反馈形式。但速度负反馈需要有反映转速的测速发电机,它的安装和维修都不太方便,因此在调速系统中还常采用其他的反馈形式。常用的有电压负反馈、电流正反馈、电流截止负反馈等反馈形式。

(1)电压负反馈系统。具有电压负反馈环节的调速系统如图 8 - 8 所示。

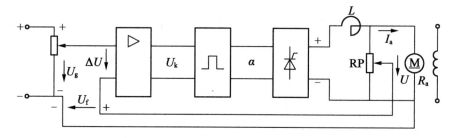

图 8 - 8 电压负反馈调速系统

可知,系统中电动机的转速为

$$n = \frac{U}{K_e \Phi} - \frac{R_a}{K_e \Phi} I_a$$

电动机的转速随电枢端电压的变化而变。电枢电压越高,电动机转速就越高,电枢电压的大小可以近似地反映电动机转速的高低。电压负反馈系统就是把电动机电枢电压作为反馈信号,以调整电动机转速。图 8 - 8 中 U_g 是给定电压,U_f 是电压负反馈的反馈信号,它是从并联在电动机电枢两端的电位计 RP 上取出来的,所以电位计 RP 是检测电动机端电压大小的检测元件,U_f 与电动机端电压 U 成正比,U_f 与 U 的比例系数(称为

电压反馈系数)用 k 表示,即

$$k = \frac{U_{\mathrm{f}}}{U}$$

因 $\Delta U = U_{\mathrm{g}} - U_{\mathrm{f}}$, U_{g} 和 U_{f} 极性相反,故为电压负反馈。在给定电压 U_{g} 一定时,其调整过程如下:

$$负载 \uparrow \rightarrow n \downarrow \rightarrow I_{\mathrm{d}} \uparrow \rightarrow U_{\mathrm{f}} \downarrow \rightarrow \Delta U \uparrow \rightarrow U_{\mathrm{k}} \uparrow$$
$$n \uparrow \leftarrow -U \uparrow \leftarrow -U_{\mathrm{d}} \uparrow \leftarrow \alpha \downarrow$$

同理,负载减小时,引起 n 上升,控制调节作用与上述过程相反,通过调节使 n 下降。这样就可以增强系统的抗干扰能力,使系统能够对抗外部干扰,得以稳定运行。

电压负反馈系统的特点是线路简单,但稳定速度的效果并不明显。因为,电动机端电压即使由于电压负反馈的作用而维持不变,但是负载增加时,电动机电枢内阻 R_{a} 所引起的内阻压降仍然要增大,电动机速度还是要降低。或者说电压负反馈仅能补偿可控整流电源的等效内阻所引起的速度降低。因此,一般在控制系统中的电压负反馈主要不是用来稳定转速,而是用来防止系统过电压,改善系统动态特性,加快系统过渡过程的。

(2)电流正反馈与电压负反馈的调速系统——高电阻电桥。由于电压负反馈调速系统对电动机电枢电阻压降引起的转速降低不能予以补偿,因此转速降低较大,静态特性不理想,使得允许的调速范围减小。为了补偿电枢电阻压降 $I_{\mathrm{a}}R_{\mathrm{a}}$,一般在电压负反馈的基础上再增加一个电流正反馈环节,电压负反馈和电流正反馈系统如图 8-9 所示。

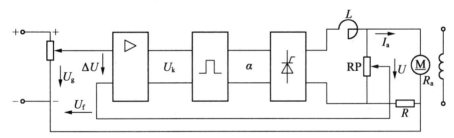

图 8-9　电压负反馈和电流正反馈系统

这里的电流正反馈,就是把反映电动机电枢电流大小的信号 $I_{\mathrm{a}}R$ 取出,与电压负反馈一起加到放大器输入端。在含有电流正反馈的系统中,负载电流增大,放大器输入信号就增强,晶闸管整流输出电压 U_{d} 也增高,以此补偿电动机电枢电阻所产生的压降。由于这种反馈方式的转速降低比仅有电压负反馈时小了许多,因而扩大了调速范围。

为了保证控制调节作用的效果,电流正反馈的强度与电压负反馈的强度应按一定比例设计分配,如果比例参数选择得当,由电压负反馈和电流正反馈组成的综合反馈系统将具有转速反馈的调节特性。

下面用简化的高电阻电桥(图 8-10)说明这种综合反馈系统的控制原理。图中,从 a、0 两点取出的是电压负反馈信号,从 b、0 两点取出的是电流正反馈信号,从 a、b 两点取出的则代表综合反馈信号。

在图 8 - 10 中,a、b 两点之间电压 U_{ab} 可看成是电压 U_{a0} 与电压 U_{b0} 之和,即

$$U_{ab}(U_f) = U_{a0} + U_{b0} \tag{8 - 12}$$

U_{a0} 与 U_{b0} 极性相反,所以

$$U_{ab} = U_{a0} - U_{b0}$$

上式中 U_{a0} 随端电压 U 的变化而变化,如果令

$$k = \frac{R_2}{R_1 + R_2} \tag{8 - 13}$$

则有

$$U_{a0} = \alpha U$$

式中　U_{a0}——电压负反馈信号,V;

　　　　U——电动机电枢端电压,V;

　　　　k——电压反馈系数。

U_{b0} 随电流 I_a 的变化而变化,它代表 I_a 在电阻 R_3 上引起的压降(电流正反馈信号),可表示为

$$U_{b0}' = I_a R_3$$

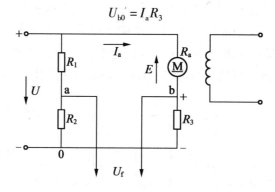

图 8 - 10　高电阻电桥

将 U_{a0} 与 U_{b0} 的表达式代入 U_{ab} 的表达式中,得

$$U_{ab} = U_{a0} - U_{b0} = kU - I_a R_3 = \frac{UR_2}{R_1 + R_2} - I_a R_3 \tag{8 - 14}$$

由电动机电枢回路电压平衡方程可知

$$U = E + I_a(R_a + R_3)$$

即

$$I_a = \frac{U - E}{R_a + R_3}$$

将 I_a 代入式(8 - 14),得

$$U_{ab} = \frac{UR_2}{R_1 + R_2} - \frac{U - E}{R_3 + R_a}R_3 = \frac{UR_2}{R_1 + R_2} - \frac{UR_3}{R_3 + R_a} + \frac{ER_3}{R_3 + R_a} \tag{8 - 15}$$

式(8 - 15)如果满足

$$\frac{UR_2}{R_1 + R_2} - \frac{UR_3}{R_3 + R_a} = 0$$

即

$$\frac{R_2}{R_1 + R_2} = \frac{R_3}{R_3 + R_a}$$

则化简后可以得到电桥的平衡条件为

$$\frac{R_2}{R_1} = \frac{R_3}{R_a} \tag{8-16}$$

因此

$$U_{ab} = \frac{R_3}{R_3 + R_a}E \tag{8-17}$$

由此可见,满足式(8-16)所示的条件,则从 a、b 两点取出的反馈信号形成的反馈将转换为电动机反电动势的反馈信号。因为反电动势与转速成正比($E = C_e n$),所以

$$U_{ab} = \frac{R_3}{R_3 + R_a}C_e n \tag{8-18}$$

因此,这种反馈亦可称为转速反馈。

若满足式(8-16),电动机电枢电阻 R_a 与附加电阻 R_3、R_2、R_1 组成电桥的四个臂,a、b 两点为电桥的中点,因此这种线路称为高电阻电桥线路,式(8-16)为高电阻电桥的平衡条件。高电阻电桥电路实质上是电动势反馈电路,或者说是电动机的转速反馈电路。

(3)电流截止负反馈系统。电流正反馈可以改善电动机运行特性,而电流负反馈会使 ΔU 随着负载电流的增大而减小,使电动机的速度迅速降低。可是,这种反馈却可以人为地造成"堵转",防止电枢电流过大而烧毁电动机。在含有电流负反馈的系统中,当负载电流超过一定值,电流负反馈足够强时,反馈电流足以将给定信号的绝大部分抵消掉,使电动机转速降到零,电动机停止运转,从而起到保护作用。否则,在负载过分增大时电动机的转速降下来,会使电枢因过流而烧毁。采用过流保护继电器可以避免电动机发生严重过载故障,但过流保护继电器要触点断开、电动机断电才能停止运行。而采用电流负反馈作为保护措施,不必切断电动机的电源电路,只是在负载电流过大时使电动机的速度暂时降下来,一旦过负载现象消失,电动机的速度又会自动升起来,这种保护方式有利于生产机械的运行。

由于电流负反馈有使系统特性恶化的问题,因此在正常情况下,不希望其起作用,应该将其作用截止,在过流时则希望它对电动机起保护作用。满足这两种要求的控制电路称为电流截止负反馈电路,如图 8-11 所示。

电流截止负反馈的信号由串联在回路中的电阻 R 上取得(电阻 R 两端的压降 $I_a R$ 与电流 I_a 成正比)。在电流较小时,$I_a R < U_b$,二极管 D 截止,电流负反馈不起作用,此时只有转速负反馈的作用,故能得到稳态运行所需的比较硬的静态特性。当主回路电流增加到一定值使 $I_a R > U_b$ 时,二极管 D 导通,电流负反馈信号 $I_a R$ 经过二极管与比较电压 U_b 比较后送到放大器输入端,其极性与给定 U_g 极性相反,两信号叠加后得到的偏差信号

ΔU 经放大器放大后控制移相角 α，使 α 增大，进而使得输出电压 U_d 减小，电动机转速下降。

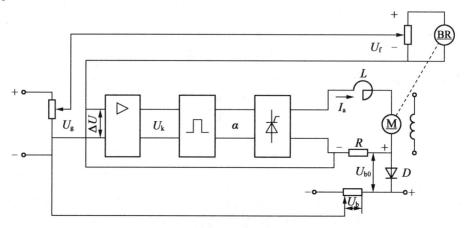

图 8 – 11　电流截止负反馈电路

如果负载电流一直增加下去，电动机速度将降到零。电动机速度降到零后，电流不再增大，这样就起到了"限流"的作用，电流截止负反馈速度特性如图 8 – 12 所示。因为只有当电流大到一定程度反馈才起作用，故称电流截止负反馈。图 8 – 12 中，速度等于零时电流为 I_{a0}，I_{a0} 称为堵转电流，一般 $I_{a0} = (2 \sim 2.5)I_{aN}$（$I_{aN}$ 为电动机电枢额定电流）。电流负反馈开始起作用的电流称为转折点电流 I_0，一般情况下，转折点电流

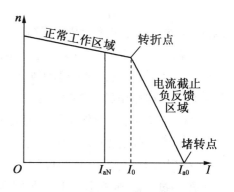

图 8 – 12　电流截止负反馈速度特性

$I_0 = 1.35I_{aN}$。比较电压越大，则电流截止负反馈的转折点电流越大，比较电压越小，则转折点电流越小。所以，比较电压的大小如何选择是很重要的。一般按照转折电流 $I_0 = KI_{aN}$ 选取比较电压 U_b。当负载没有超出规定值时，起截止作用的二极管不应该导通，也就是比较电压 U_b 应满足

$$U_b + U_{b0} \leqslant KI_{aN}R \qquad\qquad (8-19)$$

式中　　U_b——比较电压，V；

　　　　U_{b0}——截止元件二极管的开放电压，V；

　　　　I_{aN}——电动机额定电流，A；

　　　　K——转折点电流的倍数，$K = I_0/I_{aN}$；

　　　　R——电动机电枢回路中所串电流反馈电阻，Ω。

8.2.2　双闭环直流调速系统

1.转速、电流双闭环调速系统的组成

采用 PI 调节器的速度调节器 ASR 的单闭环调速系统,既能实现转速的无静差调节,又能获得较快的动态响应。从扩大调速范围的角度来看,它已基本上满足一般生产机械对调速的要求,但有些生产机械(如龙门刨床、可逆轧钢机等)经常处于正反转频繁转换的工作状态,为了提高生产率,要求尽量缩短启动、制动和正反转过渡过程的时间。

当然,可用加大过渡过程中的电流即加大动态转矩来实现,但电流不能超过晶闸管和电动机的允许值。为了解决这个矛盾,可以采用电流截止负反馈,从而得到图 8 − 13 中实线所示的启动电流波形,波形的峰值 I_{am} 为晶闸管和电动机所允许的最大冲击电流,启动时间为 t_1。为了进一步加快过渡过程而又不增加电流的最大值,若启动电流的波形变成图 8 − 13 中的虚线,波形的充满系数接近 1,整个启动过程中就有最大的加速度,启动过程的时间就可以最短,启动时间只要 t_2 就可以了。

为了达到这样的控制目标,可把电流作为被调量,使系统在启动过程中维持电流为最大值不变。这样,在启动过程中,电流、转速、可控整流器的输出电压波形就可出现接近于图 8 − 14 所示的理想启动过程波形,以在充分利用电动机过载能力的情况下获得最快的动态响应。该系统的特点是在电动机启动时,启动电流很快加大到允许过载能力值 I_{am},并保持不变。在这个条件下,转速 n 得到线性增长,当上升到所需要速度值时,电动机的电流 I_a 急剧下降到克服负载干扰所需的电流值。对应这种要求,可控整流器的电压开始应为 $I_{am}R_{\Sigma}$,随着转速 n 的上升,$U_d = I_{am}R_{\Sigma} + C_e n$ 也上升,到达稳定转速时,$U_d = I_a R_{\Sigma} + C_e n$。这就要求在启动过程中,把电动机的电流当作被调节量,使之维持为电动机允许的最大值 I_{am} 并保持不变。这就要求有一个电流调节器来完成这个任务。

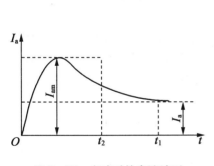

图 8 − 13　启动时的电流波形

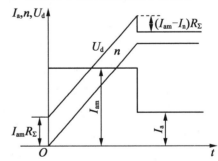

图 8 − 14　理想启动过程波形

具有速度调节器 ASR 和电流调节器 ACR 的双闭环调速系统就是在这种要求下产生的,如图 8 − 15 所示。来自速度给定电位器的信号 U_{gn} 与速度反馈信号 U_{fn} 比较后,所得偏差信号为 $\Delta U_n = U_{gn} - U_{fn}$,送到 ASR 的输入端。ASR 的输出 U_{gi} 作为 ACR 的给定信号,与电流反馈信号 U_{fi} 比较后,偏差信号为 $\Delta U_i = U_{gi} - U_{fi}$,送到 ACR 的输入端,ACR 的输出 U_k 送到触发器,以控制可控整流器,整流器为电动机提供直流电压 U_d。系统中用了两个调节器(一般采用 PI 调节器)分别对速度和电流两个参量进行调节,这样,一方面使系统的参数便于调整,另一方面更能实现接近于理想的过渡过程。从闭环反馈的结构上看,电流调节是内环,转速调节是外环。

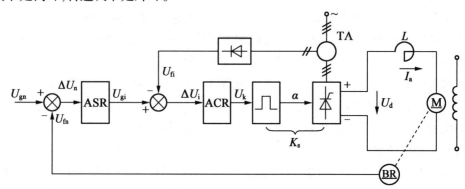

图 8 – 15 转速与电流双闭环调速系统

2. 转速、电流双闭环调速系统的静态与动态分析

(1)静态分析。从静态特性上看,维持电动机转速不变是由速度调节器 ASR 来实现的。在电流调节器 ACR 上使用的是电流负反馈,它具有使静态特性变软的作用,但是在系统中还有转速负反馈环包在外面。电流负反馈对于转速环来说相当于起到一个扰动作用。只要 ASR 的放大倍数足够大而且没有饱和,电流负反馈的扰动作用就受到抑制。整个系统的本质由外环 ASR 来决定,它仍然是一个无静差的调速系统。也就是说,当 ASR 不饱和时,电流负反馈使静态特性可能产生的速降被 ASR 的积分作用所完全抵消了。一旦 ASR 饱和,当负载电流过大,系统实现保护作用使转速下降很大时,转速环即失去作用,只剩下电流环起作用,这时系统表现为恒流调节系统,静态特性便会呈现出很陡的下垂段特性。

(2)动态分析。以电动机启动为例,在突加给定电压 U_{gn} 的启动过程中,速度调节器 ASR 输出电压 U_{gi}、电流调节器 ACR 输出电压 U_k、可控整流器输出电压 U_d、电动机电枢电流 I_a 和转速 n 的动态响应波形如图 8 – 16 所示(图中各参量为绝对值)。整个过渡过程可以分成三个阶段,在图中分别用 Ⅰ、Ⅱ 和 Ⅲ 表示。

①第 Ⅰ 阶段是电流上升阶段。当突加给定电压 U_{gn} 时,电动机由于机械惯性和电磁惯性较大还来不及转动($n = 0$),转速负反馈电压 $U_{fn} = 0$,从而 $\Delta U_n = U_{gn} - U_{fn}$ 很大,使 ASR 的输出突增为 U_{gio},ACR 的输出为 U_{ko},可控整流器的输出为 U_{do},电枢电流 I_a 迅速增加。当电枢电流增大到 $I_a \geq I_L$(负载电流)时,电动机开始转动,以后 ASR 的输出很快达到限幅值 U_{gim},从而使电枢电流达到所对应的最大值 I_{am}(在这过程中 U_k、U_d 的下降是电流负反馈所引起的),这时电流负反馈电压与 ACR 的给定电压基本上是相等的,即

$$U_{gim} \approx U_{fi} = \beta I_{am} \qquad (8-20)$$

式中 β——电流反馈系数。

ASR 的输出限幅值正是按这个要求来整定的。

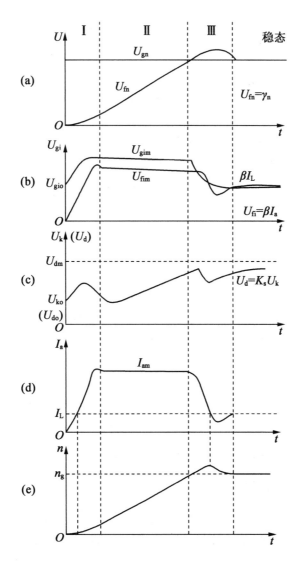

（a）—ASR 输出电压；（b）—ACR 输出电压；（c）—可控整流器输出电压；（d）—电枢电流；（e）—转速

图 8 – 16　双闭环调速系统启动过程动态波形

②第 II 阶段是恒流升速阶段。从电流升到最大值 I_{am} 开始，到转速升到给定值为止，这是启动过程的主要阶段。在这个阶段中，ASR 一直是饱和的，转速负反馈不起调节作用，转速环相当于开环状态，系统表现为恒电流调节。由于电流 I_a 保持恒值 I_{am}，即系统的加速度 dn/dt 为恒值，所以转速 n 按线性规律上升，由 $U_d = I_{am}R_\Sigma + C_e n$ 可知，U_d 也线性增加，这就要求 U_k 也要线性增加，故在启动过程中 ACR 是不应该饱和的，晶闸管可控整流环节也不应该饱和。

③第 III 阶段是转速调节阶段。ASR 在这个阶段中起作用。开始时转速已经上升到给定值，ASR 的给定电压 U_{gn} 与转速负反馈电压 U_{fn} 相平衡，输入偏差 ΔU_n 等于零。但其

输出却由于积分作用还维持在限幅值 U_{gim}，所以电动机仍在以最大电流 I_{am} 下加速，使转速超调。超调后，$U_{fn} > U_{gn}$，$\Delta U_n < 0$，使 ASR 退出饱和，其输出电压(也就是 ACR 的给定电压)U_{gi} 才从限幅值降下来，U_k 与 U_d 也随之降了下来，使电枢电流 I_a 也降下来，但是，由于 I_a 仍大于负载电流 I_L，在开始一段时间内转速仍继续上升。当 $I_a \leqslant I_L$ 时，电动机才开始在负载的阻力下减速，直到系统稳定(如果系统的动态品质不够好，可能振荡几次以后才能稳定)。在这个阶段中 ASR 与 ACR 同时发挥作用，由于转速调节在外环，故 ASR 处于主导地位，而 ACR 的作用则力图使 I_a 尽快地跟随 ASR 输出 U_{gi} 的变化。

稳态时，转速等于给定值 n_g，电枢电流 I_a 等于负载电流 I_L，ASR 和 ACR 的输入偏差电压都为零，但由于积分作用，它们都有恒定的输出电压。ASR 的输出电压为

$$U_{gi} = U_{fi} = \beta I_L \qquad (8-21)$$

ACR 的输出电压为

$$U_k = \frac{C_e n_g + I_L R_\Sigma}{K_s} \qquad (8-22)$$

综上所述，双闭环调速系统在启动过程的大部分时间内，ASR 处于饱和限幅状态，转速环相当于开路，系统表现为恒电流调节，从而可基本上实现如图 8 - 14 所示的理想的启动过程。双闭环调速系统的转速响应一定有超调，只有在超调后，ASR 才能退出饱和，使稳定运行时 ASR 发挥调节作用，从而使在稳态和接近稳态运行中表现为无静差调速。故双闭环调速系统具有良好的静态品质和动态品质。

转速、电流双闭环调速系统的主要优点是，系统的调整性能好，有很硬的静态特性，基本无静差；动态响应快，启动时间短；系统的抗干扰能力强；两个调节器可分别设计，调整方便(先调电流环，再调速度环)。所以，它在自动调速系统中得到了广泛应用。

8.2.3　可逆直流调速系统

不可逆直流调速系统是只向直流电动机提供单向电流、使电动机单向运转的调速系统。这种调速系统适用于单向运转且对停车快速性要求不高的生产机械。而在实际生产中，除对生产机械有上述要求外，还常要求电动机不但能平滑调速而且能正转、反转，能快速启动、制动等，如龙门刨床的工作台，要求能控制电动机正转、反转的调速系统，这种系统称为可逆调速系统。直流电动机可逆调速系统有电枢反接的可逆电路及励磁反接的可逆电路两类，由于后者用得较少，下面仅介绍电枢反接的可逆电路。

1. 电枢反接可逆电路的类型

(1)利用接触器进行切换的可逆电路。利用接触器进行切换的可逆电路如图 8 - 17(a)所示。晶闸管整流装置 KZ 的输出电压 U_d 极性不变，当正向接触器 FKM 吸合时，电动机电枢得到 A(+)、B(-)的电压，电动机正转；当反向接触器 RKM 吸合时，电动机电枢得到 A(-)、B(+)的电压，电动机反转。

这种方案简单、经济，缺点是接触器切换频繁，动作噪声大，寿命短，且需要 0.2 ~ 0.5 s的切换时间，使电动机正、反转中出现切换死区，故仅适用于不经常反转的生产

机械。

（2）利用晶闸管切换的可逆电路。利用晶闸管切换的可逆电路如图 8 – 17（b）所示，用晶闸管开关代替接触器，组成晶闸管开关可逆电路。当 VS_1、VS_4 导通时，电动机正转；而 VS_2、VS_3 导通时，电动机反转。此方案线路简单，工作可靠，调整维护方便，但对 VS_1 到 VS_4 的耐压及电路容量要求较高，使其经济性不高，故适用于几十千瓦或更小的中小容量的系统。

（3）两组晶闸管反并联的可逆电路。两组晶闸管反并联的可逆电路如图 8 – 17（c）所示，两组晶闸管整流装置反极性并联。当正组整流装置 ZKZ 供电时，电动机正转；当反组整流装置 FKZ 供电时，电动机反转。两组晶闸管整流装置分别由两套触发装置控制，能灵活地控制电动机启动、制动，升速、降速和正转、反转，电动机正、反转运行在第一、三象限，而第二、四象限为正、反转制动状态。但它对于控制电路要求严格，不允许两组晶闸管同时处于整流状态，以防电源短路。此方案只需一个电源，变压器利用率高，接线简单，适用于要求频繁正、反转的生产机械，如龙门刨床及可逆轧钢机等。

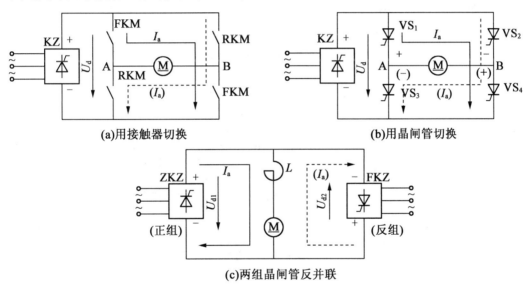

(a)用接触器切换　　　　　　(b)用晶闸管切换

(c)两组晶闸管反并联

图 8 – 17　电枢反接可逆电路

（4）两组晶闸管交叉连接的可逆电路。两台独立的三相变压器或一台具有两套二次绕组的整流变压器，组成交叉连接的可逆电路，图 8 – 18 所示为三相半波桥式反并联连接和三相半波桥式交叉连接的可逆电路。在三相全控桥可逆电路中，交叉连接比反并联连接所用的限制环流大小的均衡电抗器数目可减少一半，因而在有环流调速系统中，三相全控桥均采用交叉连接组成可逆调速系统。除此之外，一般均采用反并联连接形式。

2.可逆直流调速系统的环流

上述两组晶闸管反并联连接或交叉连接的可逆电路，解决了电动机频繁正、反转运行和回馈制动中电能回馈通道的问题。环流是指不流经电动机或其他负载，而直接在两组晶闸管之间流通的短路电流,反并联可逆电路中的环流如图 8 – 19 所示。环流问题是影响系统安全运行及决定系统性质的一个重要问题。一方面环流会显著加重晶闸管和变压器的负担,消耗无用的功率,太大时可能导致晶闸管的损坏;另一方面,环流又可以作为晶闸管的基本负载电流,即便电动机空载或轻载运行,晶闸管也可工作在电流连续区,从而减小因电流断续引起的非线性现象对系统静态、动态特性的影响,同时可以保证电流的无间断反向以加快反向时的过渡过程。

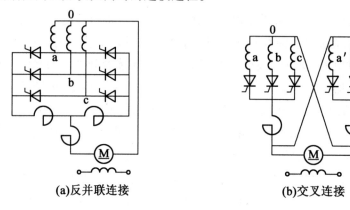

(a)反并联连接　　　　　　　　　　(b)交叉连接

图 8 – 18　三相半波桥式可逆电路

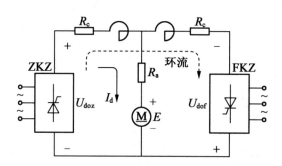

图 8 – 19　反并联可逆电路中的环流

　　环流分为静态环流与动态环流两种。静态环流是指当可逆电路在一定的控制角下稳定工作时所出现的环流,它又可分为瞬时脉动环流和直流平均环流;至于动态环流,一般系统在稳态运行时不存在,只在系统处于过渡过程中出现。关于动态环流,本书不做讨论。

　　(1)直流平均环流。直流平均环流是正、反两组晶闸管都处于整流状态,正组整流电压 U_{doz} 和反组整流电压 U_{dof} 正负相连,不流经电动机或其他负载,直接造成两组整流电源短路的电流,如图 8 – 19 所示。图中 R_c 为整流装置的内阻,R_a 为电枢电阻。

　　①消除环流的条件。消除直流平均环流的方法是,当正组 ZKZ 整流,其整流电压 U_{doz} 为正时,反组 FKZ 处于逆变状态,输出逆变电压 U_{dof} 为负,且幅值相等,即

$$U_{dof} = - U_{doz}$$

$$U_{dof} = U_{domax} \cos \alpha_f$$
$$U_{doz} = U_{domax} \cos \alpha_z$$

式中　　α_f、α_z——反组、正组晶闸管的控制角,(°)。

因为两组整流装置完全相同,则有 $U_{dof} = U_{doz}$,所以

$$\cos \alpha_f = -\cos \alpha_z$$
$$\alpha_f + \alpha_z = 180°$$

再由逆变角与控制角的关系,得出

$$\alpha_z = \beta_f$$

按照这样的条件来控制两组晶闸管,就可消除直流平均环流。一般称 $\alpha_z = \beta_f$ 为 $\alpha = \beta$ 工作制的配合控制。如果使 $\alpha_z > \beta_f$,则 $\cos \alpha_z < \cos \beta_f$,就能确保消除环流。因此,消除直流平均环流的条件为

$$\alpha_z \geq \beta_f$$

②$\alpha = \beta$ 工作制的实现。实现 $\alpha = \beta$ 工作制配合控制的方法是:将两组晶闸管整流装置触发脉冲的零位都设定在控制角为 90° 处,即当控制电压 $U_k = 0$ 时,$\alpha_{zo} = \alpha_{fo} = \beta_{fo} = 90°$,则有 $U_{dof} = U_{doz} = 0$,电动机处于停止状态;而当增大控制电压 U_k 移相时,只要使两组触发装置的控制电压大小相等、符号相反即可。$\alpha = \beta$ 工作制实现的可逆电路如图 8 – 20 所示。

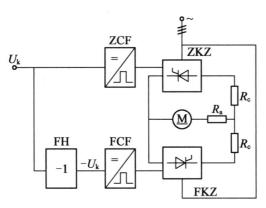

图 8 – 20　$\alpha = \beta$ 工作制实现的可逆电路

(2)瞬时脉动环流。瞬时脉动环流是晶闸管整流装置输出脉动电压而产生的。虽然在 $\alpha = \beta$ 工作制配合控制下,有 $U_{dof} = U_{doz}$ 而没有直流平均环流,但 U_{dof} 和 U_{doz} 的瞬时脉动值并不相同,二者之间存在瞬时电压差,从而产生瞬时电流。

瞬时脉动环流始终存在,必须加以抑制,不能使其过大。抑制方法是在环流回路中串入均衡电抗器,或称环流电抗器。不同系统中,均衡电抗器的电感量及其接法因整流电路而异。设计电抗器的电感量,一般要求把脉动电流平均值限制在额定负载电流的 5% ~ 10%。在三相全控桥式反并联可逆电路中,共设置四个均衡电抗器,因为每组桥有两条并联的环流通道,而对于三相全控桥式交叉连接及三相零式可逆电路,只需在正、反

两个回路中各设一个均衡电抗器即可,因为它们在环流回路中是串联的。

3. 有环流可逆调速系统

(1)自然环流系统。

①$\alpha=\beta$ 配合控制的系统。在 $\alpha=\beta$ 配合下,电枢可逆电路中虽然没有直流平均环流,但有瞬时脉动环流,故系统为有环流可逆调速系统,又因为瞬时脉动环流自然存在,故系统又称为自然环流系统。

自然环流系统采用三相全控桥式反并联可逆线路的主电路形式,设置四个均衡电抗器,另设置一个平波电抗器以避免均衡电抗器流过较大的负载电流而饱和。$\alpha=\beta$ 配合控制的可逆调速系统如图 8-21 所示。

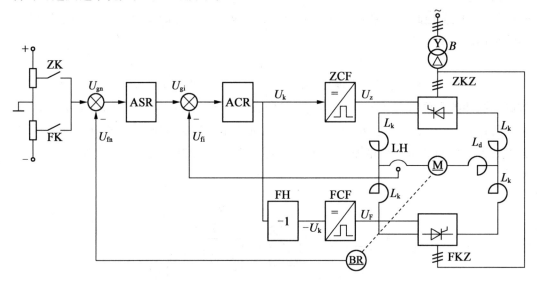

图 8-21 $\alpha=\beta$ 配合控制的可逆调速系统

控制线路采用转速、电流双闭环系统,速度调节器 ASR 与电流调节器 ACR 都设置了双向输出限幅来限制最大动态电流、最小控制角 α_{min} 和最小逆变角 β_{min};用继电器 ZK 和 FK 来切换给定电压以满足正、反转的需要;因为反馈信号要反映不同的极性,故电流反馈环节采用霍尔电流变换器 LH 直接检测直流电流。

转速给定电压 U_{gn} 有正、负两种极性,由 ZK 和 FK 来切换。当电动机正转时,正向继电器 ZK 接通,U_{gn} 为正极性,经速度调节器 ASR 与电流调节器 ACR 输出的移相控制信号 U_k 为正,正组触发器 ZCF 输出的触发脉冲 $\alpha_z < 90°$,正组晶闸管整流装置 ZKZ 处于整流状态,同时 $+U_k$ 信号经反向器 FH 使反组触发器 FCF 输出移相控制信号 $-U_k$,输出的触发脉冲 $\alpha_f > 90°(\beta_f < 90°)$,且 $\alpha_z = \beta_f$,使反组晶闸管整流装置 FKZ 处于待逆变状态。

当电动机反转时,反向继电器 FK 接通,U_{gn} 为负极性,反组晶闸管整流装置 FKZ 处于整流状态,正组晶闸管整流装置 ZKZ 处于待逆变状态。显然,在 $\alpha=\beta$ 配合控制下,一组晶闸管在工作,而另一组晶闸管处于等待工作的状态。

这种控制方式的优点是控制简单,容易实现,负载电流可以方便地按两个方向平滑过渡,正、反转切换无控制死区,快速性好;缺点是随着参数的变化、元件的老化或其他干扰作用,控制角可能偏离 $\alpha = \beta$ 的关系,一旦变成 $\alpha < \beta$,就会引起直流环流,发生事故。这种控制方式适用于要求快速正、反转的中、小容量系统。

②$\alpha > \beta$ 工作制控制的系统。可通过原始脉冲位置整定在大于 90° 处,或通过控制正、反两组触发脉冲的移相速度的快慢不等,以保证 $\alpha > \beta$。这种控制方式的优点是瞬时脉动环流比在 $\alpha = \beta$ 配合控制下的小,发生 $\alpha < \beta$ 的可能性小,可靠性高;其缺点是正、反转切换有控制死区。这种控制方式与 $\alpha = \beta$ 工作制的适用场合相同。

(2) 给定环流系统。工作在 $\alpha < \beta$ 的状态,系统存在固定的直流环流,避开电流断续区,正、反转切换无控制死区,平滑性与快速性好;因为存在环流,均衡电抗器体积比自然环流系统的大。但由于环流始终存在,故会出现换向冲击。这种系统实际使用较少。

(3) 可控环流系统。依照负载电流的断续或连续来控制环流的大小与有无的可逆调速系统称为可控环流系统。当主回路负载电流有可能断续时,采用 $\alpha < \beta$ 的控制方式,有目的地提供附加的直流平均环流,使电流连续。一旦主回路负载电流连续,再设法实现 $\alpha > \beta$ 的控制方式,遏制环流使其为零。

这种系统的均衡电抗器体积比自然环流系统的小,正、反转切换无控制死区,平滑性与快速性好。系统既充分利用了有环流可逆调速系统制动和反向过程平滑性与连续性好的一面,避开了电流的断续区,提高了系统的快速性,又克服了环流不利之处。这种系统在大、中、小容量的调速系统,尤其是对快速性要求较高的随动系统中日益得到广泛应用。

4. 无环流可逆调速系统

有环流可逆调速系统虽然具有反向快、无死区、过渡平滑等优点,但需要设置几个均衡电抗器,体积大,质量大,既麻烦又不经济。特别是对于一些大容量可逆调速系统,当某些生产工艺对系统过渡过程的快速性及平滑性要求不高、却对生产的可靠性要求较高时,均衡电抗器的容量也很难满足大容量系统的要求。这样,常采用既没有瞬时脉动环流也没有直流平均环流的无环流可逆调速系统。按照无环流的实现原理,无环流可逆调速系统可分为逻辑控制和错位控制两类。

(1) 逻辑控制的无环流可逆调速系统。当一组晶闸管整流装置工作时,用逻辑电路封锁另一组晶闸管整流装置的触发脉冲,使其完全处于截止状态,从根本上切断环流的通路,这样的系统简称为逻辑无环流系统。

①系统的组成。

a. 主电路,两组晶闸管反并联的可逆线路,无均衡电抗器,有平波电抗器。

b. 控制回路,转速、电流双闭环结构,电流环结构中有两个电流调节器,分别控制正、反两组晶闸管整流装置;采用交流互感器等电流检测器件,因为反馈电压极性不变;最为关键的是增设了逻辑切换装置,根据系统的工作状态,控制系统自动进行切换,控制两组触发脉冲的开关与封锁,确保无环流。

②工作原理。触发脉冲的零位整定及工作时的移相方法与 $\alpha = \beta$ 工作制时的相同,即零位都设定在控制角为 90° 处。当控制电压 $U_k = 0$ 时,$\alpha_{zo} = \alpha_{fo} = \beta_{fo} = 90°$。系统其他

部分的工作原理与自然环流可逆系统相同。

逻辑切换装置的工作原理是重点,为确保无环流,对无环流逻辑控制器提出了万无一失的控制要求。

a. 无环流逻辑控制器的输入信号取自电流给定信号和零电流检测信号,经逻辑判断后,控制器发出逻辑切换指令,以封锁正组而开放反组,或封锁反组而开放正组。

b. 发出逻辑切换指令后,首先经过封锁延时封锁原导通组脉冲,再经过开放延时开放另一组脉冲。

c. 无论何种情况,两组晶闸管决不允许同时施加触发脉冲。

为确保以上控制要求,无环流逻辑控制器的组成有四个基本环节,分别是电平检测电路、逻辑判断电路、延时电路和连锁保护电路。

电平检测电路的任务是将系统中的电流给定信号和零电流检测信号这两个模拟量分别转换为"0"和"1"状态的数字量,实现电路是通过运算放大器连接成滞回比较电路。

逻辑判断电路由四个与非门组成,它以电平检测电路输出的转矩极性鉴别和零电流检测信号的逻辑电平作为输入信号,按照电动机的各种运行状态和所要求的逻辑判断电路的输出关系,正确地输出切换信号 U_z 和 U_f。封锁正组脉冲时,$U_z = 0$;封锁反组脉冲时,$U_f = 0$;开放正组脉冲时,$U_z = 1$;开放反组脉冲时,$U_f = 1$。

延时电路由二极管、电容和四个与非门组成。封锁延时是从发出切换指令到封锁原来工作的那组脉冲之间应该留出来的等待时间,其作用主要是防止因导通电流所包含的脉动分量使正处于逆变状态的本组造成逆变颠覆。通常对于三相桥式主电路的可逆系统,取封锁延时为 2 ~ 3 ms。开放延时是从封锁原工作组脉冲到开放另一组脉冲之间的等待时间,其作用主要是防止两组晶闸管同时导通造成短路。对于三相桥式主电路,取开放延时为 5 ~ 7 ms。

联锁保护电路由四个二极管和一个与非门组成,是为了防止电路一旦发生故障两组晶闸管同时导通造成短路而设置的。若有故障,则同时封锁两组晶闸管的触发脉冲,避免它们同时处于整流状态。

③特点及应用。逻辑无环流系统的优点是:

a. 省去了均衡电抗器,无附加的环流损耗;

b. 节省了变压器和晶闸管的附加设备容量;

c. 因换流失误而造成的事故率比有环流系统低。

逻辑无环流系统的缺点是,因设置了开放与封锁延时而造成电流换向死区,影响了过渡过程的快速性。逻辑无环流系统适用于对系统过渡过程的平滑性与快速性要求不高的大容量可逆系统。

(2)错位控制的无环流可逆调速系统。若一个系统设置两组晶闸管整流装置,当一组工作时并不封锁另一组的触发脉冲,而是借助于触发脉冲相位的错开来实现无环流,此系统称为错位控制的无环流可逆调速系统,简称为错位无环流系统。

错位无环流系统采用 $\alpha = \beta$ 工作制,两组触发脉冲的关系为 $\alpha_z = \beta_f = 300°$ 或 $360°$,即初始相位整定在 $\alpha_{zo} = \beta_{fo} = 150°$ 或 $180°$。这样,当待逆变组的触发脉冲到来时,其晶闸管阳极一直处于反向截止状态,不能导通,也就不产生静态环流了。

错位无环流系统中不需要逻辑装置,但较为普遍地采用电压内环,它由电压变换器和电压调节器组成。电压内环的主要作用是:①压缩反向时的电压死区,加快系统切换过程;②防止动态环流,保证电流安全换向;③改造控制对象,抑制电流断续等非线性因素的影响,提高系统的静态性能及动态性能。

8.3 直流脉宽调制调速系统

脉宽调速系统早已问世,但由于缺乏高速开关器件未能在生产实际中广泛应用。随着大功率全控型电力电子器件制造技术的不断发展和成本的不断下降,直流脉宽调制(PWM)调速系统才得以快速发展并在生产实际中得到广泛的应用,特别是在中、小容量的高动态性能系统中,已经完全取代了晶闸管 – 电动机(V – M)调速系统。

8.3.1 PWM 调速系统的工作原理

1. 工作原理

目前,应用较广的一种 PWM 调速系统的基本主电路如图 8 – 22 所示。三相交流电源经整流滤波变成电压恒定的直流电压,$VT_1 \sim VT_4$ 是四只 IGBT,工作在开关状态。其中,处于相对桥臂上的一对开关管的栅极接受同一控制信号,同时导通或截止。VT_1 和 VT_4 导通时,电动机电枢上加正向电压;VT_2 和 VT_3 导通时,电动机电枢上加反向电压。当四只 IGBT 以较高的频率(一般为 2 000 Hz)交替导通时,电枢两端所加电压波形如图 8 – 23 所示。由于机械惯性的作用,电枢电压平均值的极性和幅值决定电动机的转向和转速。

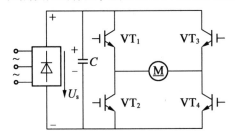

图 8 – 22 PWM 调速系统的基本主电路

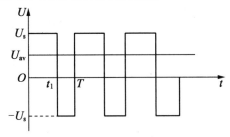

图 8 – 23 电动机电枢电压的波形

设矩形波的周期为 T,正向脉冲宽度为 t_1,并设 $\gamma = t_1/T$ 为导通占空比。由图 8 – 23 可求出电枢电压的平均值为

$$U_{av} = \frac{U_s}{T}[t_1 - (T - t_1)] = \frac{U_s}{T}(2t_1 - T)$$

$$= \frac{U_s}{T}(2\gamma T - T) = (2\gamma - 1)U_s \tag{8 – 23}$$

由式(8 – 23)可知,在 T 为常数时,改变正脉冲的宽度以改变导通占空比 γ,就可以

改变 U_{av},实现电动机速度调节。当 $\gamma = 0.5$ 时,$U_{av} = 0$,电动机转速为零;当 $\gamma > 0.5$ 时,U_{av} 为正,电动机正转,且在 $\gamma = 1$ 时,$U_{av} = U_s$,此时正向转速最高;当 $\gamma < 0.5$ 时,U_{av} 为负,电动机反转,且在 $\gamma = 0$ 时,$U_{av} = -U_s$,此时反向转速最高。连续地改变脉冲宽度,即可实现直流电动机的无级调速。

2. PWM 调速系统主要特点

与晶闸管直流调速系统比较,PWM 调速系统具有下列特点。

(1)主电路所需的功率器件少。实现同样的功能,其开关器件的数量仅为晶闸管调速系统的 1/6 ~ 1/3。

(2)控制电路简单。开关器件的控制比晶闸管的控制容易,不存在相序问题,不需要烦琐的同步移相触发控制电路。

(3)开关频率高,动态、静态性能好。PWM 开关器件的开关频率一般为 1 ~ 5 kHz,有的甚至可达 10 kHz,而晶闸管三相全控整流桥的开关频率只有 300 Hz,因而 PWM 调速系统比晶闸管直流调速系统的开关速度快得多。因此,PWM 调速系统的动态响应速度和稳速精度等性能指标都比晶闸管调速系统好。

PWM 开关器件的开关频率高,电动机电枢电流容易连续,且脉动分量小,因而电枢电流脉动分量对电动机转速的影响以及由此引起的电动机的附加损耗都小。

(4)低速性能好,调速范围广。PWM 放大器的电压放大系数不随输出电压的改变而改变,而晶闸管整流器的电压放大系数在输出电压低时变小。PWM 调速系统比晶闸管调速系统的低速性能要好得多,电动机可以在很低的速度下稳定运转,因此其调速范围很宽。

目前,因为受大功率开关管最大电压、电流额定值的限制,PWM 调速系统的最大功率只有几百千瓦,而晶闸管直流调速系统的最大功率可以达到几兆瓦,因此前者能在中、小容量的调速系统中取代后者。

8.3.2 PWM 调速系统的组成

图 8-24 所示的系统是采用典型的双闭环原理组成的 PWM 调速系统。

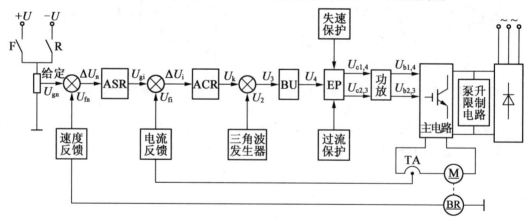

图 8-24 双闭环 PWM 调速系统

1. 主电路(功率开关放大器)

PWM 调速系统主电路,按输出极性有单极性输出和双极性输出之分,而双极性输出的主电路又分 H 型和 T 型两类,H 型脉宽放大器又可分为单极式和双极式两种。双极性双极式脉宽调制放大器电路如图 8 – 25 所示,该电路在实际中经常采用。在图 8 – 25 中,四只功率开关管分为两组,VT_1 和 VT_4 为一组,VT_2 和 VT_3 为一组。同一组中的两只开关管同时导通,同时截止,且两组开关管交替导通和截止。若想控制电动机 M 正向旋转,则要求控制电压 U_k(图 8 – 24)为正,各开关管栅极电压的波形如图 8 – 25 与图 8 – 26(a)、(b)所示。

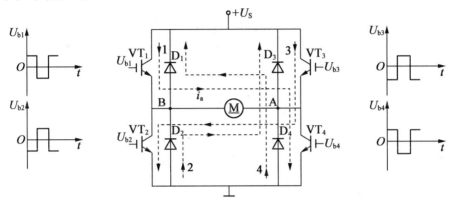

图 8 – 25　双极性双极式脉宽调制放大器电路

当电源电压 U_s 大于电动机的反电动势(如反抗转矩负载)时,在 $0 \leqslant t < t_1$ 期间,U_{b1} 和 U_{b4} 为正,开关管 VT_1 和 VT_4 导通,U_{b2} 和 U_{b3} 为负,VT_2 和 VT_3 截止。电枢电流 i_a 沿回路 1(经 VT_1 和 VT_4)从点 B 流向点 A,电动机工作在电动状态。

在 $t_1 \leqslant t \leqslant T$ 期间,U_{b1} 和 U_{b4} 为负,VT_1 和 VT_4 截止,U_{b2} 和 U_{b3} 为正,在电枢电感 L_a 中产生的自感电动势 $L_a \dfrac{di_a}{dt}$ 的作用下,电枢电流 i_a 沿回路 2(经 D_2 和 D_3)继续从点 B 流向点 A,电动机仍然工作在电动状态。此时虽然 U_{b2} 和 U_{b3} 为正,但受 D_2 和 D_3 正向压降的限制,VT_2 和 VT_3 仍不能导通。假若在 $t = t_2$ 时正向电流 i_a 衰减到零,如图 8 – 26(d)所示。那么,在 $t_2 < t \leqslant T$ 期间,VT_2 和 VT_3 在电源电压 U_s 和反电动势 E 的作用下即可导通,电枢电流 i_a 将沿回路 3(经 VT_3 和 VT_2)从点 A 流向点 B,电动机工作在反接制动状态。在 $T < t \leqslant t_4(T + t_1)$ 期间,开关管的栅极电压又改变了极性,VT_2 和 VT_3 截止,电枢电感 L_a 所生自感电动势维持电流 i_a 沿回路 4(经 D_4 和 D_1)继续从点 A 流向点 B,电动机工作在发电制动状态。此时,虽 U_{b1} 和 U_{b4} 为正,但受 D_1 和 D_4 正向压降的限制,VT_1 和 VT_4 也不能导通。假若在 $t = t_3$ 时,反向电流 $-i_a$ 衰减到零,那么在 $t_3 < t \leqslant t_4$ 期间,在电源电压 U_s 作用下,VT_1 和 VT_4 就可导通,电枢电流 i_a 又沿回路 1(经 VT_1 和 VT_4)从点 B 流向点 A,电动机工作在电动状态,如图 8 – 26(d)所示。

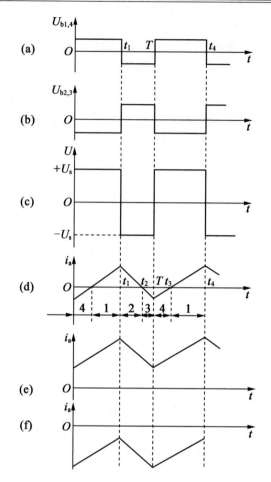

(a)、(b)—开关管栅极电压波形；(c)—电枢电压波形；(d)—电枢电流波形；

(e)—重负载时 i_a 波形；(f)—$E > U_s$ 时 i_a 波形

图 8 - 26　功率开关放大器的电压电流波形

　　如果电动机的负载较大，电枢电流 i_a 大，在工作过程中 i_a 不会改变方向，尽管栅极电压 U_{b1}、U_{b4} 与 U_{b2}、U_{b3} 的极性在交替地改变方向，VT_2 和 VT_3 也不会导通，仅是 VT_1 和 VT_4 的导通或截止，此时，电动机始终工作在电动状态。电流 i_a 变化曲线如图 8 - 26(e) 所示。

　　当 $E > U_s$（如位能转矩负载）时，在 $0 \leqslant t < t_1$ 期间，电流 i_a 沿回路 4（经 D_4 和 D_1）从点 A 流向点 B，电动机工作在再生制动状态；在 $t_1 \leqslant t < T$ 期间，电流 i_a 沿回路 3（经 VT_3 和 VT_2）从点 A 流向点 B，电动机工作在反接制动状态。电流 i_a 的变化曲线如图 8 - 26(f) 所示。

　　由以上分析可知，电动机不论工作在什么状态，在 $0 \leqslant t < t_1$ 期间电枢电压 U 总是等于 $+U_s$，而在 $t_1 \leqslant t < T$ 期间总是等于 $-U_s$，如图 8 - 26(c) 所示。由式(8 - 23)可知，电枢电压 U 的平均值为

$$U_{av} = (2\gamma - 1)U_s = \left(2\frac{t_1}{T} - 1\right)U_s$$

并定义双极性双极式脉宽调制放大器的负载电压系数为

$$\rho = \frac{U_{av}}{U_s} = 2\frac{t_1}{T} - 1 \qquad\qquad (8-24)$$

即

$$U_{av} = \rho U_s \qquad\qquad (8-25)$$

可见,ρ 可在 $-1 \sim +1$ 之间变化。

式(8-24)、式(8-25)表明,当 $t_1 = T/2$ 时,$\rho = 0$,$U_{av} = 0$ 电动机停止不动,但电枢电压 U 的瞬时值不等于零,而是正、负脉冲电压的宽度相等,即电枢电路中流过一个交变的电流 i_a,相似于图 8-26(d)所示的电流波形。这个电流一方面增大了电动机的空载损耗,另一方面使电动机发生高频率微动,可以减小静摩擦,起着动力润滑作用。欲使电动机反转,则使控制电压 U_k 为负即可。

2. 控制电路

除速度调节器和电流调节器(它们均采用比例积分调节器)之外,还有以下控制方法。

(1)三角波发生器。三角波发生器的原理如图 8-27 所示,它由运算放大器 N1 和 N2 组成。N1 在开环状态下工作,它的输出电压为正饱和值或负饱和值,电阻 R_3 和稳压管 VZ 组成一个限幅电路,限制 N1 输出电压的幅值。N2 为一个积分器,当输入电压 U_1 为正时,其输出电压 U_2 向负方向变化;当输入电压 U_1 为负时,其输出电压 U_2 向正方向变化;当输入电压 U_1 正负交替变化时,其输出电压 U_2 就变成了一个三角波。U_1 和 U_2 的变化曲线分别如图 8-28(a)(b)所示。

如图 8-27 所示,电阻 R_5 构成正反馈电路,R_6 构成负反馈电路,相应的反馈电流 i_1 和 i_2 在 N1 的同相输入端叠加。设在 $t = 0$ 时,i_0 为正,U_1 为负限幅值,i_1 为负,U_2 从负值向正方向增大,i_2 亦从负值向正方向增大;当 $U_2(i_2)$ 增大到使 $i_1 + i_2 > i_0$ 时,即在 $t = t_7$ 时,U_1 为正限幅值,i_1 为正,则 $U_2(i_2)$ 从正值向负方向减小;当 $U_2(i_2)$ 减小到使 $i_1 + i_2 < i_0$ 时,即在 $t = t_8$ 时,$U_1(i_1)$ 为负,$U_2(i_2)$ 从负值向正方向增大。上述过程反复进行,就产生了一连串的三角波。改变积分时间常数 R_4C 的数值可以改变三角波电压 U_2 的频率 f,可以改变电阻 R_5 与 R_6 的比值,可以改变三角波电压 U_2 的幅值,调节电位器 RP 滑点的位置可以获得一个对称的三角波电压 U_2。

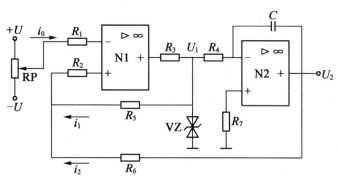

图 8-27　三角波发生器的原理

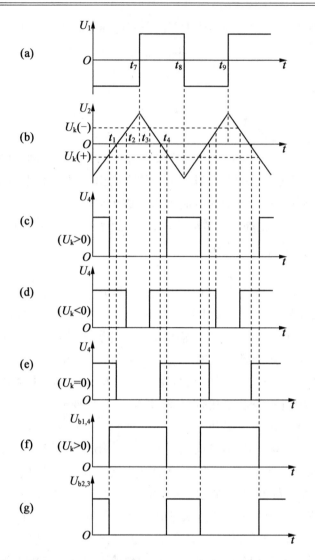

（a）（b）—三角波发生器中的有关电压波形；（c）（d）（e）—$U_k > 0$、$U_k < 0$、$U_k = 0$ 时
电压脉冲转换器的输出电压波形；（f）（g）—主电路开关管的栅极电压波形

图 8 − 28　控制电路中各部分的电压波形

（2）电压脉冲变换器。电压脉冲变换器（BU）的原理如图 8 − 29 所示，运算放大器 N 工作在开环状态。当它的输入电压极性改变时，其输出电压总是在正饱和值和负饱和值之间变化，这样，它就可实现把连续的控制电压 U_k 转换成脉冲电压，再经限幅器（由电阻 R_4 和二极管 D 组成）削去脉冲电压的负半波，在 BU 的输出端形成一串正脉冲电压 U_4。

在运算放大器 N 的反向输入端加入两个输入电压，一个是三角波电压 U_2，另一个是由系统输入给定电压 U_{gn} 经速度调节器和电流调节器后输出的直流控制电压 U_k。当 U_{gn} 为正时，U_k 为正，由图 8 − 28（b）、（c）可见，在 $t < t_1$ 区间，因 U_2 为负，且 $U_k + U_2 < 0$，故 U_4

为正的限幅值;在 $t_1 < t < t_4$ 区间,因 $U_k + U_2 > 0$,故 U_4 为零(因负脉冲已削去)。如此重复上述过程,随着三角波电压 U_2 的变化,在 BU 的输出端就形成了一串正的矩形脉冲,BU 的输出电压 U_4 如图 8 - 28(c)所示。当 U_{gn} 为负时,U_k 为负,则在 $t < t_2$ 区间,$U_k + U_2 < 0$,U_4 为正;在 $t_2 < t < t_3$ 区间,$U_k + U_2 > 0$,$U_4 = 0$,所得 U_4 的波形如图 8 - 28(d)所示。当 $U_{gn} = 0$ 时,$U_k = 0$,则 U_4 的波形如图 8 - 28(e)所示,它为一正、负脉宽相等的矩形波电压。

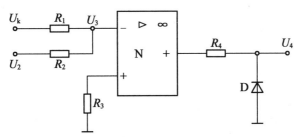

图 8 - 29　电压脉冲变换器的原理

(3)脉冲分配器及功率放大电路。脉冲分配器及功率放大电路如图 8 - 30 所示,其作用是把 BU 产生的矩形脉冲电压 U_4(经光电隔离器和功率放大器)分配到主电路被控开关管的栅极。

由图 8 - 30 可知,当 U_4 为高电平时,门 1 输出低电平,一方面,它使门 5 的输出 $U_{c1,4}$ 为高电平,D_1 截止,光电管 B1 也截止,则 $U_{R1} = 0$,经功率放大电路,其输出 $U_{b1,4}$ 为低电平,使开关管 VT_1、VT_4(图 8 - 25)截止;另一方面,门 2 输出高电平,其后使门 6 的输出 $U_{c2,3}$ 为低电平,D_2 导通发光,使光电管 B2 导通,则 U_{R2} 为高电平,经功率放大后,其输出 $U_{b2,3}$ 为高电平,使开关管 VT_2、VT_3(图 8 - 25)导通。反之,当 U_4 为低电平时,$U_{c2,3}$ 为高电平,B2 截止,$U_{b2,3}$ 为低电平,使 VT_2、VT_3 截止;而 $U_{c1,4}$ 为低电平,B1 导通,$U_{b1,4}$ 为高电平,使 VT_1、VT_4 导通。$U_{b1,4}$ 和 $U_{b2,3}$ 的波形如图 8 - 28(f)和(g)所示。

由此可知,随着电压 U_4 的周期性变化,电压 $U_{b1,4}$ 与 $U_{b2,3}$ 正、负交替变化,从而控制开关管 VT_1、VT_4 与 VT_2、VT_3 交替导通与截止。

图 8 - 30 中虚线框内的环节是延时环节,它的作用是保证 VT_1、VT_4 和 VT_2、VT_3 两对开关管中,一对可靠截止后另一对再导通,以防止两组开关管交替工作时发生电源短路。功率放大电路的作用是把控制信号放大,使其能够驱动大功率开关管。

(4)其他控制电路。图 8 - 30 上部设置了一个过流、失速保护环节。当电枢电流过大或电动机失速时,该环节输出低电平,封锁门 5 和门 6,其输出 $U_{c1,4}$ 和 $U_{c2,3}$ 均为高电平,$U_{b1,4}$ 和 $U_{b2,3}$ 均为低电平,从而使开关管 VT_1 ~ VT_4 截止,继而使电动机停转。

泵升限制电路是用来限制电源电压的。在由整流电源供电的电动机脉宽调制调速系统中,电动机转速由高到低,存储在转子和负载中的动能会变成电能反馈到电源的蓄能电容器中,从而使电源电压 U_s 升高 ΔU_p,(即泵升电压值)。电源电压升高会使开关管承受的电压、电流峰值相应也升高,超过一定限度时就会使开关管损坏,泵升限制电路就是为限制泵升电压而设置的控制回路。在直流脉宽调制控制系统中,三角波发生器、电流环和速度环等都集成在一个芯片上,装置的体积小、可靠性高,使用简单方便。

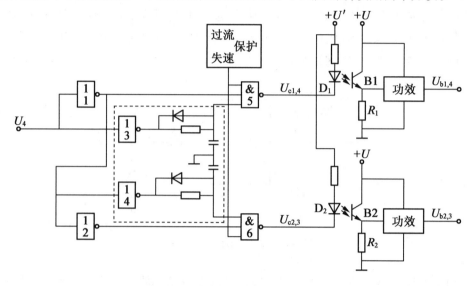

图8-30　脉冲分配器及功率放大电路

8.3.3　PWM 调速系统分析

如图8-24所示,PWM调速系统整个装置由速度调节器 ASR 和电流调节器 ACR 组成双闭环无差调节系统,由 ACR 输出的电压 U_k(可正可负且连续可调)和正负对称的等腰三角波电压 U_2 在 BU 中进行叠加,产生频率固定而导通占空比可调的方波电压 U_4,然后,此方波电压由脉冲分配器产生两路相位相差为180°的脉冲信号,经功率放大后由这两路脉冲信号去驱动桥式功率开关主电路,使其负载(电动机)两端得到极性可变、平均值可调的直流电压,该电压控制直流电动机正反转或制动。接下来具体分析 PWM 调速系统在静态、启动、稳态运行、稳态运行时负载突然变化、制动及降速时的工作过程。

1. 静态

系统处于静态时电动机停转(由于运算放大器有高放大倍数,系统总存在一定的零漂,所以电动机总有一定的爬行,电动机完全停转是不可能的。不过这种爬行非常缓慢,一般一小时左右才爬行一圈,因此可以忽略),由于速度给定信号 $U_{gn} = 0$,因此速度调节器 ASR、电流调节器 ACR 的输出均为零,电压脉冲变换器 BU 在三角波的作用下,输出端输出一个频率与三角波频率相同、负载电压系数 $\rho = 0$ 的正、负等宽的方波电压 U_4,经脉冲分配器和功放电路产生的 $U_{b1,4}$ 和 $U_{b2,3}$ 加在桥式功率开关管 $VT_1 \sim VT_4$ 的栅极上,使桥式功率开关管轮流导通和截止,此时电动机电枢两端的平均电压等于零,电动机停止不动。必须说明的是,此时电动机电枢两端的平均电压及平均电流虽然为零,但电动机电枢的瞬时电压及电流并不为零,在 ASR 及 ACR 的作用下,系统实际上处于动态平衡状态。

2. 启动

由于系统是可逆的,故仅以正转启动为例讲述系统的启动过程。在启动时,速度给定信号 U_{gn} 送入 ASR 的输入端之后,由于 ASR 的放大倍数很大,即使在很小的输入信号作用下 ASR 的输出也能达到其最大限幅值。又因为电动机的惯性作用,电动机达到所给定的转速需要一定的时间,所以在启动开始的一段时间内,$\Delta U_n = U_{gn} - U_{fn} > 0$,ASR 的输出 U_{gi} 便一直处于最大限幅值,相当于 ASR 处于开环状态。

ASR 的输出电压就是 ACR 的给定电压,在 ASR 输出电压限幅值的作用下,电枢两端的平均电压迅速上升,电动机迅速启动,电动机电枢平均电流亦迅速增大。在 ACR 的电流负反馈作用下,主回路电流的变化反馈到 ACR 的输入端,并与 ASR 的输出进行比较。因为 ACR 是 PI 调节器,所以只要输入端有偏差存在,ACR 的输出就要积分,使电动机的主回路电流迅速增大,一直到所规定的最大电流值为止。此后,电动机就在这最大给定电流下加速。电动机在最大电流作用下,产生加速动态转矩,以最大加速度迅速升速。随着电动机转速的增大,速度给定电压与速度反馈电压的差值 $\Delta U_n = U_{gn} - U_{fn}$ 跟着减小,但由于 ASR 的高放大倍数积分作用,U_{gi} 始终保持在限幅值,因此电动机在最大电枢电流下加速,转速继续上升。当上升到 $\Delta U_n = U_{gn} - U_{fn} < 0$ 时,ASR 才退出饱和区使其输出 U_{gi} 下降,在电流闭环的作用下,电枢电流也跟着降低。当电流降到电动机的外加负载所对应的电流以下时,电动机便减速,直到 $\Delta U_n = U_{gn} - U_{fn} = 0$ 为止,这时电动机便进入稳定运行状态。简言之,在整个启动过程中,ASR 处于开环状态,不起调节作用,系统的调节作用主要由 ACR 来完成。

3. 稳态运行

在稳态运行时,电动机的转速等于给定转速,ASR 的输入电压 $\Delta U_n = U_{gn} - U_{fn} = 0$。但由于 ASR 的积分作用,其输出不为零,而是由外加负载所决定的某一值,此值也就是电流给定值。ACR 的输入电压 $\Delta U_i = U_{gi} - U_{fi} = 0$,同样由于 ACR 的积分作用,其输出稳定在一个由当时功率开关主电路输出的电压平均值所决定的某一个值,电动机的转速不变。

4. 稳态运行时负载突然变化

电动机在运行时负载会发生变化(负载的增大、减小或扰动发生),以负载突然增加为例,此时电动机的转速会下降,ASR 的输入电压 $\Delta U_n = U_{gn} - U_{fn} > 0$,输出电压(即 ACR 的给定电压)便增加,ACR 的输出也相应增加,使得 BU 输出的脉冲占空比发生变化,功率开关放大器主电路输出的电压平均值也随之增加,电动机的转速回升,此调节过程不断进行,直到 $\Delta U_n = U_{gn} - U_{fn} = 0$ 为止。这时的给定电流(即 ASR 的输出)为新的负载电流,系统达到一个新的稳定运行状态。

5. 制动

当电动机处于某速度的稳态运行时,突然将速度给定信号降为零,即 $U_{gn} = 0$,此时由于速度反馈信号 $U_{fn} > 0$,则 ASR 的输入 $\Delta U_n = U_{gn} - U_{fn} < 0$,ASR 的输出将立即处于正限幅值,ASR 的输出 U_{gi} 和电流反馈的输出 U_{fi} 一起使得 ACR 的输出立即处于负限幅值,电

动机立即进入制动状态,直到速度降为零。之后若无输入,系统处于静态。

6.降速

当电动机处于某种速度的稳态运行时,若使速度给定信号 U_{gn} 降低,则 ASR 的输入电压 $\Delta U_n = U_{gn} - U_{fn} < 0$,电动机立即进行制动降速状态,当电动机的转速降低到所给定的转速时,又使 ASR 的输入电压 $\Delta U_n = U_{gn} - U_{fn} = 0$,系统又在新的转速下稳定运行。之后系统处于稳态运行状态。

习　题

8.1　什么是开环控制系统?什么是闭环控制系统?二者各有什么优缺点?

8.2　什么是调速范围?什么是静差度?它们之间有什么关系?怎样才能扩大调速范围?

8.3　生产机械对调速系统提出的静态、动态技术指标主要有哪些?为什么要提出这些技术指标?

8.4　为什么电动机的调速性质应与生产机械的负载特性相适应?二者如何配合才能相适应?

8.5　有一直流调速系统,其高速时的理想空载转速为 $n_{01} = 1\,480$ r/min,低速时的理想空载转速为 $n_{02} = 157$ r/min,额定负载时的转速降为 $\Delta n = 10$ r/min。试画出该系统的静态特性(即电动机的机械特性),求出调速范围和静差度。

8.6　为什么调速系统中加负载后转速会降低?闭环调速系统为什么可以减小转速降?

8.7　为什么电压负反馈最多只能补偿可控整流电源的等效内阻所引起的速度降?

8.8　电流正反馈在调速系统中起什么作用?如果反馈强度调得不适当会产生什么后果?

8.9　为什么由电压负反馈和电流正反馈一起可以组成转速反馈调速系统?

8.10　某一有静差调速系统的速度调节范围为 $n_{01} = 75 \sim 1\,500$ r/min,要求静差度 $S = 2\%$,该系统允许的静态速降是多少?若开环系统的静态速降是 100 r/min,那么闭环系统的开环放大倍数应有多大?

8.11　某一直流调速系统调速范围为 $D = 10$,最高额定转速为 $n_{max} = 1\,000$ r/min,开环系统的静态速度降为 100 r/min,该系统的静差度为多少?若把该系统组成闭环系统,在保持 n_{02} 不变的情况下使新系统的静差度为 5%,那么闭环系统的开环放大倍数为多少?

8.12　积分调节器在调速系统中为什么能消除系统的静态偏差?在系统稳定运行时,积分调节器输入偏差电压为 $\Delta U = 0$,其输出电压决定于什么?为什么?

8.13　在无静差调速系统中,为什么要引入 PI 调节器?比例和积分两部分各起什么作用?

8.14　无静差调速系统的稳定精度是否受给定电源和测速发电机精度的影响? 为什么?

8.15　由 PI 调节器组成的单闭环无静差调速系统的调速性能已相当理想,为什么有的场合还要采用转速、电流双闭环调速系统呢?

8.16　双闭环调速系统稳态运行时,两个调节器的输入偏差(给定与反馈之差)是多少? 它们的输出电压是多少? 为什么?

8.17　在双闭环调速系统中速度调节器的作用是什么? 它的输出限幅值按什么来整定? 电流调节器的作用是什么? 它的限幅值按什么来整定?

8.18　欲改变双闭环调速系统的转速,可调节什么参数? 改变转速反馈系数 γ 行不行? 欲改变最大允许电流(堵转电流),应调节什么参数?

8.19　直流电动机调速系统可以采取哪些办法组成可逆系统?

8.20　简述直流脉宽调制调速系统的基本工作原理和主要特点。

8.21　双极性双极式脉宽调制放大器是怎样工作的?

8.22　在直流脉宽调制调速系统申,当电动机停止不动时,电枢两端是否还有电压,电枢电路中是否还有电流? 为什么?

8.23　论述脉宽调制调速系统中控制电路各部分的作用和工作原理。

第9章　交流调速控制系统

【知识要点】

1. 交流调速控制系统的类型。
2. 交流调速控制系统的组成和工作原理。
3. 不同类型交流调速控制系统的特性及应用场合。

【能力点】

1. 不同类型交流调速控制系统的组成和工作原理。
2. 不同类型交流调速控制系统的特性及选用。

【重点和难点】

重点：
1. 交流调速控制系统的组成和工作原理。
2. 不同类型交流调速控制系统的特性、选择与使用。
难点：
交流调速控制系统工作原理分析。

【问题引导】

1. 交流调速控制系统有哪些常用类型？其组成和工作原理是什么？
2. 不同类型交流调速控制系统的特性及应用场合？
3. 本章讲述的不同类型交流调速控制系统各自有哪些特性和特点？适用于哪些场合？

交流调速控制系统是相对于传统的直流调速系统而言的。长期以来，在电动机调速领域中，直流调速方案一直占主要地位。20 世纪 60 年代以后，电力电子技术、现代控制理论、微机控制技术及大规模集成电路的发展和应用为交流调速的飞速发展创造了技术条件和物质条件。①转差频率控制、矢量变换控制和直接转矩控制等新的交流调速理论的诞生，使交流调速有了新的理论基础；②GTR、MOSFET、IGBT 等为代表的新一代大功率电力电子器件的出现，其开关频率、功率容量都有很大的提高，为交流调速装置奠定了物质基础；③微处理器的飞速发展，使交流调速系统许多复杂的控制算法和控制方式能得以实现。

三十多年来,世界各国都在致力于交流电动机调速系统的研究,并不断取得突破。到现在为止,高性能的交流拖动系统正逐步取代直流拖动系统,机电传动领域面貌焕然一新。各种类型的笼型异步电动机的压频比恒定的变压变频调速系统、同步电动机变频调速系统、交流电动机矢量控制系统、笼型异步电动机直接转矩控制系统等,在各个领域中都得到了广泛应用,覆盖了机电传动调速控制领域的各个方面。电压从 110 V 到 10 000 V、容量从数百瓦的伺服系统到数万千瓦的特大功率传动系统,从一般要求的调速传动到高精度、快响应的高性能的调速传动,从单机调速传动到多机协调调速传动,几乎无所不有。

交流调速技术的应用为工农业生产及节省电能方面带来了巨大的经济效益和社会效益。现在,交流调速系统已在逐步地全面取代直流调速系统。目前在交流调速系统中,变频调速应用最多、最广泛,变频调速技术及其装置仍是 21 世纪的主流技术和主流产品。

图 9 - 1 所示为现代交流调速控制系统示意图,它由交流电动机、电力电子功率变换器、控制器和电量检测器等大部分组成。电力电子功率变换器与控制器及电量检测器集于一体,称为变频器(变频调速装置),如图 9 - 1 虚线框内的部分。

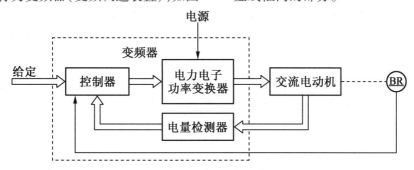

图 9 - 1　现代交流调速控制系统示意图

9.1　变压变频调速控制系统

工频交流电源都是恒压恒频的,交流电机调速运转时所需提供的变压变频(Variable Voltage Variable Frequency, VVVF)电源通常由变频器主电路提供。此电源输出的电压、电流及频率由控制回路的控制指令进行控制,而控制指令则根据外部的运转指令进行运算获得。对于需要更精确转速或快速响应的场合,运算还应包括由变频器主电路和传动系统检测出的信号。变频器保护电路的构成,除应防止因变频器主电路的过电压、过电流引起的损坏外,还应保护异步电动机及传动系统等。

9.1.1　变频器的基本构成

从结构上看,变频器分为交 – 交和交 – 直 – 交两种形式。交 – 交变频器可将工频交流电直接变换成频率、电压均可控制的交流电,故又称为直接式变频器,交 – 交变频器的基本构成如图 9 – 2 所示。而交 – 直 – 交变频器则是先把工频交流电通过整流器变成直流电,然后再通过逆变器把直流电变换成频率、电压均可控制的交流电,其中设有中间直流环节,故又称为间接式变频器,交 – 直 – 交变频器的基本构成如图 9 – 3 所示。目前应用较多的是交 – 直 – 交变频器,下面主要讨论分析交 – 直 – 交变频器。

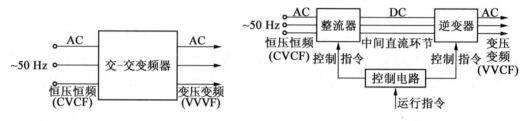

图 9 – 2　交 – 交变频器的基本构成　　　　图 9 – 3　交 – 直 – 交变频器的基本构成

交 – 直 – 交变频器由主电路(包括整流器、中间直流环节、逆变器)和控制电路组成。

(1)整流器。整流器的作用是把三相或单相交流电整流成直流电(7.3 节)。

(2)中间直流环节。由于逆变器的负载为异步电动机,属于感性负载,其功率因数小于 1,这样就会在中间直流环节和电动机之间进行无功功率交换。中间直流环节的作用是通过其中的储能元件(电容器或电抗器)来缓冲负载的无功功率,提高负载用电效率。

(3)逆变器。目前最常用的逆变器是三相桥式逆变器(7.4 节)。按负载工作要求,通过控制逆变器中主开关元器件的控制端进而控制开关器件的通断,可以得到可调频率和可调电压的三相交流输出电源。

(4)控制电路。控制电路通常由运算电路、检测电路、控制信号输入/输出的电路和驱动电路等构成,其主要任务是根据负载工作要求完成对逆变器的开关控制、对整流器的电压控制及完成各种保护功能等。控制方法可以采用模拟控制或数字控制。高性能的变频器目前已经采用微型计算机进行全数字控制,采用尽可能简单的硬件电路,主要靠软件来完成各种控制功能。由于软件控制的灵活性,数字控制方式常可以完成模拟控制方式难以完成的复杂控制功能。

按照控制方式的不同,交 – 直 – 交变频器又可分为三种结构形式,如图 9 – 4 所示。

(1)用可控整流器变压,用逆变器变频(图 9 – 4(a))。这种类型变频器的调压和调频分别在两个环节上进行,二者要在控制电路上协调配合。其优点是结构简单,控制方便,对器件要求低;缺点是功率因数小,谐波较大,器件开关频率低。

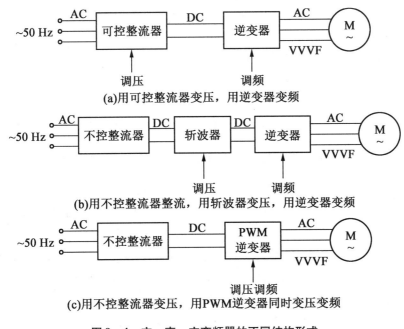

图 9-4　交-直-交变频器的不同结构形式

（2）用不控整流器整流,用斩波器变压,用逆变器变频（图 9-4（b））。这种装置的整流环节采用二极管不控整流器,再增设斩波器,用脉宽调压。其优点是功率因数高,整流和逆变干扰小；缺点是构成环节多,谐波较大,调速范围不宽。

（3）用不控整流器变压,用 PWM 逆变器同时变压变频（图 9-4（c））。不控整流器整流,功率因数高；用 PWM 逆变器变压变频,谐波可以减小。第三种变频器克服了前两种装置的缺点,因此应用较为广泛。谐波能够减小的程度取决于开关频率,而开关频率则受器件开关时间的限制。在采用可控关断的全控式器件以后,开关频率得以大大提高,输出波形可以得到非常逼真的正弦波。

若采用 SPWM 逆变器构成变压变频器（7.5 节）,还可进一步改善调速系统的性能。SPWM 变压变频器具有的主要特点是：①主电路只有一组可控的功率环节,简化了结构；②采用不控整流器,使电网功率因数接近于 1,且与输出电压大小无关；③逆变器同时实现变频与变压,系统的动态响应不受中间直流环节滤波元件参数的影响,动态性能好；④可获得更接近正弦波的输出电压波形,因而电动机转矩脉冲小,大大拓宽了传动系统的调速范围,提高了交流调速系统的性能。交-直-交 SPWM 变压变频装置已成为当前应用最多的一种交流调速系统。

9.1.2　变频器的调速原理

根据电机学,交流电动机的转速为 $n = \dfrac{60f_1}{p}(1-s)$,由此可知,均匀地改变定子供电频率,则可以平滑地改变交流电动机转速。然而,只调节定子供电频率 f_1 是不行的,因为

定子电源电压为 $U_1 \approx E_1 = 4.44Kf_1N_1\Phi_m$,当定子电源电压 U_1 不变时,Φ_m 与 f_1 成反比,f_1 的升高或降低,会导致磁通 Φ_m 的减小或增大,从而使电动机的最大转矩减小,严重时会导致电动机堵转,或者使磁通饱和,铁耗急剧增加。为此,调节电源频率的同时,也要调节电源电压的大小,以维持磁通的恒定,是最大转矩不变。根据 U_1 和 f_1 不同的比例关系,变频器有以下几种调速方式。

(1)恒压频比控制方式。这种控制方式是在调频的同时调节电压,维持 $U_1/f_1 = C$(恒值)。当频率较高时,定子电阻压降可忽略不计,这时有 $U_1 \approx E_1$,$\Phi_m = \dfrac{1}{4.44KN_1} \cdot \dfrac{U_1}{f_1} = C$(恒值),磁通近似不变。根据异步电动机的转矩表达式 $T = K_t\Phi I_2\cos\varphi_2$,当转子电流 I_2 为额定值,Φ_m 为恒值时,电动机的转矩不变,因此这种恒压频比控制方式属于恒转矩调速。但当频率较低时,定子电阻压降不可忽略,E_1 与 U_1 相差较大,即使 $U_1/f_1 = C$ 为恒值,U_1/f_1 也不再近似为常数,最大转矩将随电源频率 f_1 的降低而减小,启动转矩也会减小,甚至不能带动负载。所以,恒压频比控制方式只适用于调速范围不大(即 f_1 不会进入低频段),或者转矩随转速降低而减小的负载(如风机、水泵等)。对于宽调速范围的恒转矩负载,不能采用恒压频比控制方式。

(2)恒磁通控制方式。由 $T = K_t\Phi I_2\cos\varphi_2$ 可知,要在整个调速范围内实现恒磁通控制,必须按 $U_1/f_1 = C$ 来进行控制。$U_1/f_1 = C$ 是维持恒磁通,即维持最大转矩变频调速的协助控制条件。但是,由于电动机的感应电动势 E_1 难以测定和控制,所以在实际应用中采用一种近似的恒磁通控制方法。具体做法是,当频率较高时,采用恒压频比控制方式;当频率较低时,引入低频补偿,也就是通过控制环节,适当提高变频电源输出电压,以补偿低频

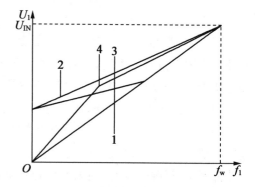

图 9-5 恒磁通调速时的各种补偿曲线

时定子电阻上的压降,维持磁通不变,实现恒转矩控制。图 9-5 所示为恒磁通调速时的各种补偿曲线。

在图 9-5 中,曲线 1 为无补偿时 U_1 与 f_1 的关系曲线,曲线 2、3、4 为有补偿时 U_1 与 f_1 的关系曲线。

(3)恒功率控制方式。当调速转速超过额定转速时,要求 $f_1 > f_{1N}$(定子绕组额定频率),若仍按恒磁通控制方式控制,则会使 U_1 超过 U_{1N}(额定电压),这是不允许的。因此,这时必须改用恒功率控制方式,即当 $f_1 > f_{1N}$ 时,保持 $U_1 = U_{1N}$,不进行电压的协调控制。随着频率的升高,气隙磁通会小于额定磁通,导致转矩减小,但频率升高,速度增加。由 $P = Tn/9\,550$ 可知,当 T 减小的倍数和 n 增加的倍数相等时,功率 P 维持不变,故这种方式称为恒功率控制方式。不过 T 和 n 不是严格的等比例增减,这只能说是一种近似的恒功率控制方式。

如果要准确地维持恒功率调速,必须按 $U_1/\sqrt{f_1} = C$ 的原则进行电压、频率的协调控制。与恒比例控制方式相比较,当采用恒功率控制时,随着 f_1 的升高,要求 U_1 升高得相对小一些。恒功率控制方式的特点是输出功率不变,它适用于负载随转速的升高而变轻的场合(如车床车削)。

(4)恒电流控制方式。在变频调速时,保持三相异步电动机定子电流 I_1 为恒值,这种控制方式称为恒电流控制。可通过电流调节器的闭环控制来实现保持 I_1 的恒定不变。这种系统不仅安全可靠,而且具有良好的工作特性。恒电流控制和恒磁通控制的机械特性形状基本相同,均具有恒转矩调速特性。变频时,对最大转矩 T_m 的值影响不大。但由于恒电流控制限制了 I_1,所以恒电流控制时的最大转矩 T_m 要比恒磁通控制时小得多,且过载能力弱,因此这种控制方式只适用于负载变化不大的场合。

9.2　交－直－交变频调速控制系统

9.2.1　模拟式 IGBT－SPWM－VVVF 交流调速控制系统

图 9－6 所示为采用模拟电路的 IGBT－SPWM－VVVF 交流调速控制系统原理图。

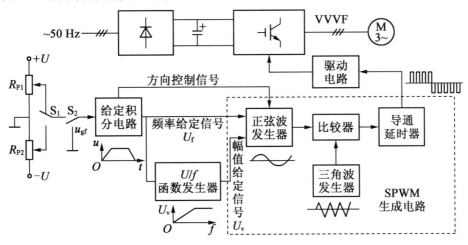

图 9－6　采用模拟电路的 IGBT－SPWM－VVVF 交流调速控制系统原理图

1. 主电路

系统主电路为由三相二极管整流器－IGBT 逆变器组成的交－直－交电压型变频电路。IGBT 采用专用驱动模块驱动;SPWM 生成电路的主要作用是将由正弦波发生器产生的正弦信号波与三角波发生器产生的载波,通过比较器比较后,产生正弦脉宽调制波(SPWM 波)。这些部件的工作原理已在 7.5 节中做了详细介绍,现对其他环节再做一些简单说明。

2.给定环节

在图 9 - 6 中，S_1 为正、反向运转选择开关。电位器 R_{P_1} 调节正向转速，R_{P_2} 调节反向转速。S_2 为启动、停止开关，停车时将输入端接地，防止干扰信号侵入。

3.给定积分电路

给定积分电路的主体是一个具有限幅功能的积分环节，它将正、负阶跃信号转换成上升和下降的，斜率均可调的，具有限幅的正、负斜坡信号。正斜坡信号将使启动过程变得平稳，实现软启动，同时也减小了启动时过大的冲击电流，负斜坡信号将使停车过程变得平稳。

4.U/f 函数发生器

由第 7 章的分析可知，SPWM 波的基波频率取决于正弦信号波的频率，SPWM 基波的幅值取决于正弦信号波的幅值。U/f 函数发生器的设置，就是为了在基频以下产生一个与频率 f_1 成正比的电压，作为正弦信号波幅值的给定信号，以实现恒压频比（U/f 为恒量）控制。在基频以上，则实现恒压弱磁升速控制。

5.导通延时器

导通延时器使得待导通的 IGBT 管在换相时稍作延时后再被驱动（待桥臂上另一只 IGBT 完全关断）。这是为了防止桥臂上的两个 IGBT 管在换相时，一只没有完全关断而另一只却又导通，两只管同时导通会造成短路故障。

综上所述，此系统的工作过程大致是：给定信号（给出转向及转速大小）→启动（或停止）信号→给定积分器（实现平稳启动、减小启动电流）→U/f 函数发生器（基频以下恒压频比控制，基频以上恒压控制）→SPWM 控制电路（由体现给定频率和给定幅值的正弦信号波与三角波载波比较后产生 SPWM 波）→驱动电路→主电路（IGBT 管三相逆变电路）→三相异步电动机（实现 VVVF 调速）。

此系统还设有过电压、过电流保护等环节，以及电源、显示、报警等辅助环节（图 9 - 8 中未画出）。因该系统未设转速负反馈环节，故它是一个转速开环控制系统。

此转速开环变频调速系统可以满足平滑调速的要求，但静态、动态性能都有限。转速负反馈闭环控制可以提高静态性能，提高调速系统的动态性能主要依靠控制转速的变化率 $\dfrac{\mathrm{d}n}{\mathrm{d}t}$（或 $\dfrac{\mathrm{d}\omega}{\mathrm{d}t}$）。由机电传动系统的运动方程式 $T_M - T_L = J\dfrac{\mathrm{d}\omega}{\mathrm{d}t}$ 可知，控制 $\dfrac{\mathrm{d}\omega}{\mathrm{d}t}$ 是要控制电动机的转矩 T_M。可以证明，在转差率 S 很小的稳态运行范围内，保持气隙磁通 Φ_m 不变时，异步电动机的 T_M 近似与转差角频率 ω_s（$\omega_s = S\omega_0$，ω_0 为同步角速度）成正比，控制转差角频率就代表控制转矩。所以采用转速闭环转差角频率控制的变压变频调速系统就能获得较好的静态性能和动态性能。

9.2.2　数字式恒压频比控制交流调速控制系统

图 9 - 7 所示为数字控制通用变频器异步电动机调速系统原理图。它包括主电路、驱动电路、微机控制电路、保护信号采集与综合电路，是一个典型的交 - 直 - 交变频调速

控制系统。

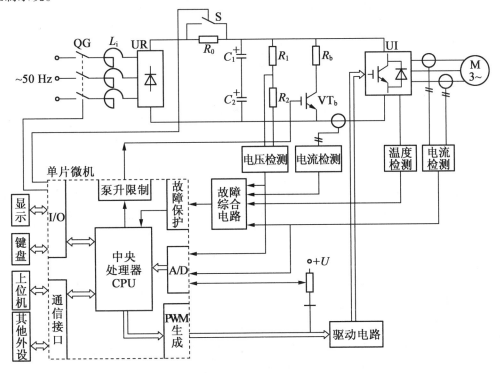

图 9 - 7　数字控制通用变频器异步电动机调速系统原理图

　　主电路由二极管整流器 UR、全控开关器件 IGBT 或功率模块 IPM 组成的 PWM 逆变器 UI 与中间电压型直流电路三部分组成,构成交 - 直 - 交电压源型变压变频器。变频器采用单片微机进行控制,主要通过软件来实现变压、变频控制,SPWM 控制和发出各种保护指令(包含上节中各单元的功能),组成单片微机控制的 IGBT - SPWM - VVVF 交流调速系统。它也是一个转速开环控制系统,此系统的控制思路与上节是相同的。

　　需要设定的控制信息主要有 U/f 特性、工作频率、频率升高时间、频率下降时间等,还可以有一系列特殊功能的设定。低频时或负载时的性质和大小不同时,需靠改变 U/f 函数发生器的特性来补偿,使系统达到 E_g/f_1 恒定的功能,这在通用产品中称为"电压补偿"或"转矩补偿"。实现补偿的方法有两种:一种方法是在微机中存储多条不同斜率和折线段的 U/f 函数,由用户根据需要选择最佳特性;另一种方法是采用霍尔电流传感器检测定子电流或直流回路电流,按电流大小自动补偿定子电压。但无论哪种方法都存在过补偿或欠补偿的可能,这是开环控制系统的不足之处。

　　由于系统本身没有自动限制启动、制动电流的作用,因此频率必须通过给定积分算法产生平缓的升速或降速信号来设定,升速和降速的积分时间可以根据负载需要由操作人员分别选择。PWM 变压变频器的基本控制作用如图 9 - 8 所示。

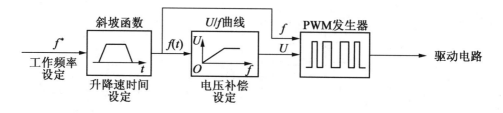

图 9 - 8　PWM 变压变频器的基本控制作用

（1）限流电阻 R_0 和短接开关 S。由于中间直流电路与容量很大的电容器并联，在突加电源时，电源通过二极管整流桥对电容充电（突加电压时，电容相当于短路），会产生很大的冲击电流，使元件损坏。为此，在充电回路上设置电阻 R_0（或电抗器）来限制电流。待电源合上，启动过渡过程结束以后，为避免 R_0 上继续消耗电能，可通过延时用自动开关 S 将 R_0 短接。

（2）电压检测与泵升限制。由于二极管整流器不能为异步电动机的再生制动提供反向电流的通路，所以除特殊情况外，通用变频器一般都用电阻（图 9 - 7 中的 R_b）吸收制动能量。减速制动时，异步电动机进入发电状态，并通过续流二极管向电容器充电，使电容上的电压随着充电的进行而不断升高，这样的高电压将会损坏元件。为此，在主电路设置了电压检测电路，当中间直流回路的电压（通称泵升电压）升高到某一限值时，通过泵升限制电路使开关器件 VT_b 导通，将电动机释放出来的动能消耗在制动电阻 R_b 上。为了便于散热，制动电阻器常作为附件单独装在变频器机箱外边。

（3）进线电抗器。由于整流桥后面接有一个容量很大的电容，在整流时，只有当交流电压幅值超过电容电压时，才有充电电流流通，交流电压低于电容电压时，电流便终止，因此造成电流断续。这样电源供给整流电路的电流中会含有较多的谐波成分，会对电源造成不良影响（使电压波形畸变，变压器和线路损耗增加）。为了抑制谐波电流，容量较大的 PWM 变频器都应在输入端设有进线电抗器 L_i，有时也可以在整流器和电容器之间串接直流电抗器。L_i 还可用来抑制电源电压不平衡对变频器的影响。

（4）温度检测。温度检测主要是检测 IGBT 管壳的温度，当通过的电流过大、壳温过高时，微机将发出指令，通过驱动电路使 IGBT 管迅速关断。

（5）电流检测。由于此系统未设转速负反馈环节，所以通过在交流侧（或直流侧）检测到的电流信号，来间接反映负载的大小，使控制器（微机）能根据负载的大小对电动机因负载而引起的转速变化给予一定的补偿。此外，电流检测环节还用于电流过载保护。

以上这些环节，在其他类似的系统（如上节所述的系统）中也都可以采用。

现代 PWM 变频器的控制电路大都是以微处理器为核心的数字电路，其功能主要是接受各种设定信息和指令，再根据它们的要求形成驱动逆变器工作的 PWM 信号。微机芯片主要采用 8 位或 16 位的单片机，或用 32 位的 DSP，现在已有应用 RISC 的产品。PWM 信号可以由微机本身的软件产生，由 PWM 端口输出，也可采用专用的 PWM 生成电路芯片。将出现故障时检测到的电压、电流、温度等信号经信号处理电路进行分压、光电隔离、滤波、放大等综合处理,再进人 A/D 转换器,输给 CPU 作为控制算法的依据,或者作为开关电平产生保护信号,从而对系统进行保护并加以显示。近年来,许多企业不断推出具有更多自动控制功能的变频器,使产品性能更加完善,质量不断提高。

9.3　无刷直流电动机调速控制系统

由静止变频器(SFC)给同步电动机提供变压变频电源的调速系统为同步电动机变频调速系统。控制频率的系统可分为两种:一种与异步电动机变频调速一样,由独立的变频装置给同步电动机提供变压变频电源,称为他控变频调速系统;另一种用电动机轴上所带的转子位置检测器来控制变频装置的逆变器换流,从而改变同步电动机的供电频率,同时调速时定子绕组供电频率受电动机转速的自动控制,称为自控变频调速系统。大功率同步电动机均采用与晶闸管交 – 交变频器或交 – 直 – 交变频器组合构成的自控变频调速系统(这种电动机通常称为无换向器电动机),中、小功率同步电动机大多采用与晶体管(或可关断晶闸管 GTO、绝缘栅双极晶体管 IGBT 等)交 – 直 – 交变频器构成的自控变频调速系统。同步电动机的转子采用永久磁铁励磁,当输入的定子绕组电流为三相正弦电流时,通常称为三相永磁同步电动机(Permanent Magnet Synchronous Motor,PMSM);当输入的定子电流为方波电流时,它的运行特性与直流电动机相同但无电刷及换向器,通常称为无刷直流电动机(Brushless DC Motor,BDCM)。

由于现代永磁材料的性能不断提高,价格不断下降,再加上无刷直流电动机克服了有刷直流电动机因电刷和机械换向器的存在而带来的各种限制,因此无刷直流电动机在自动化系统中得到广泛应用。

9.3.1　无刷直流电动机调速控制系统

1.无刷直流电动机调速控制系统原理

图 9 – 9 所示为无刷直流电动机调速系统原理图。这种调速系统的主回路仍是交 – 直 – 交电压型 PWM 变流器,电力电子器件可根据需要选用 GTR、P – MOSFET 或 IGBT。主回路的任务是在 PWM 作用下产生需要的三相互差 120°电角度的方波电流。控制回路与直流双闭环调速系统类似,也是一个速度外环、电流内环的结构;不同点是无刷直流电动机用电子开关代替机械换向装置。为此,在系统中有多路乘法器、三个通道的电流调节器、比较器和基极驱动电路等。

多路乘法器的功能是综合速度调节器 ASR 的输出信号和转子磁极位置信号,通过逻辑判断分配给相应通道的电流调节器 ACR,并确定各通道切换的速度快慢。电流调节器输出的信号为参考信号,三角波产生回路和载波(三角形),二者比较后产生 PWM 波,经基极驱动电路后控制晶体管桥中的主功率管通断,产生 PWM 波供电给三相永磁电动机。PWM 波的脉宽由电流调节器的幅值给定信号(即速度调节器的输出)确定,而 PWM 波的频率则由电流调节器的相位给定值(即转子磁极位置信号)确定。

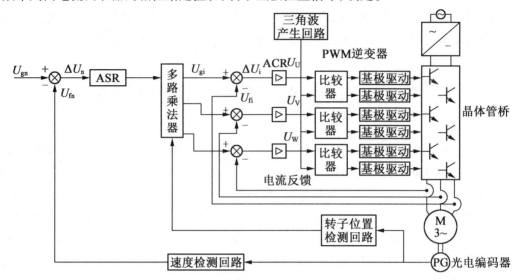

图 9-9 无刷直流电动机调速系统原理图

当速度给定值信号 U_{gn} 增大时,由于机械惯性,电动机的转速来不及变化,速度调节器 ASR 的输入速度偏差信号 ΔU_n 变大,从而 ASR 的输出信号 U_{gi} 变大。因电磁惯性导致电流未能及时变化,故 ACR 的输入电流偏差信号 ΔU_i 会增大,其输出信号也增大,与载波三角形比较后,输出 PWM 波的脉宽变大。多路乘法器综合转子磁极位置信号和增大的 ASR 的输出信号后,输出信号以加快各通道的切换速度,使 PWM 波的频率加快,并保证和脉宽增加成比例。经过基极驱动电路后,控制晶体管桥中的主功率管的输出 PWM 波的脉宽和频率成比例增加,从而使施加在电动机定子绕组上的 U/f 成比例增加,使电动机的旋转速度增大;反之,当 U_{gn} 降低时,电动机的旋转速度会减小。

控制系统可由模拟元件和集成电路组成模拟控制系统,也可以由单片机等组成全数字控制系统或数模混合控制系统。由于转子位置信号、速度信号、逻辑单元及 PWM 控制更适合于计算机控制,因此目前的无刷直流伺服系统大多采用全数字方案或数模混合控制方案。DSP 控制器也已在直流无刷电动机控制系统中应用。

2. 用于无刷直流电动机的位置传感器

(1)霍尔效应位置传感器。霍尔效应位置传感器是目前无刷直流电动机中应用最广泛的一种位置传感器。它的特点是换相控制逻辑简单,可靠性好,霍尔元件工作温度可达 80 ℃以上。但由于传感器是固定在定子上的,故一旦安装完毕,换相的位置不能调节,对于存在电枢反应的电动机不能修正换相角;对于要求更高温度的航空电动机,其工作温度也不能满足要求。

(2)光码盘位置传感器。光码盘位置传感器具有较高的分辨率。通常为 2^{10}、2^{12} 或 2^{14} 等。当将其用于无刷直流电动机换相时,可以在电动机的运行中随时调节换相角,对于存在电枢反应的电动机能够使换相角达到最优;对于需要扩展调速范围的电动机,能够实现弱磁调速。但由于光电晶体管工作温度比较低,故它不适用于航空电动机要求的高功率密度与高温环境,可靠性较低。

(3)旋转变压器位置传感器。与无刷直流电动机同轴安装的旋转变压器和专用集成电路数字转换器(RDC)可以构成数字式位置传感器。AD 公司的专用数字转换器型号有并行输出接口形式的 AD2S80/81,也有同步串行接口形式的 AD2S90。AD2S90 结构简单,并且能同时输出速度信号,得到较广泛的应用。

3. 无刷直流电动机及其调速系统

(1)稀土永磁方波同步电动机通入逆变器供给的与电动势同相的 120°方波电流后,就成了无刷直流电动机。它比正弦波电动机出力大,且理论上无电磁转矩脉动现象。

(2)无刷直流电动机和一般直流电动机的调速原理相同,组成的调速系统类似,并且可以借鉴传统的直流伺服系统的设计经验,因此容易被人们接受和普及,适合我国的国情。

(3)无刷直流电动机比正弦波永磁同步电动机控制简单,逆变器产生方波比正弦波容易,转子只需带有 A、B、C 三个敏感元件的磁极位置检测器即可,因此大大降低了控制系统的成本。

(4)实验证明,无刷直流电动机伺服系统具有转矩平滑、响应快、控制精度高的特点,适用于数控机床及机器人等伺服驱动,以及对动、静态性能要求较高的电力拖动领域。

9.3.2　无刷直流电动机驱动控制的专用芯片

应当指出,近几年来无刷直流电动机得到迅速推广应用的主要原因之一是,大量的专用控制电路芯片和功率集成电路芯片的出现。国外许多著名的半导体厂商推出了多种不同规格和用途的无刷直流电动机专用芯片,这些功能齐全、性能优良的专用集成电路芯片,为无刷直流电动机的大量推广应用创造了条件。

大多数专用芯片的功率控制采用的是 PWM 方式。电路内设置有频率可设定的锯齿波振荡器、误差放大器、PWM 比较器和温度补偿基准电压源等。对于桥式全波驱动电路,通常只对下桥臂开关进行脉宽调制。

少数低功率的专用芯片中,末级功率晶体管工作于线性放大区,线性放大器工作方式的功耗比 PWM 开关工作方式的功耗高得多,但噪声会明显减小。

目前常用无刷直流电动机控制专用芯片有国产的,也有进口的,如 Philips、Micro Linear、SGS 等,芯片的型号、额定电压、电流和工作特性等均可通过生产厂商的产品手册获得。

9.4　变频器类别与选用

9.4.1　变频器的类别

按不同角度可以对通用变频器进行分类。

1. 按直流电源的性质分类

在变频调速系统中,变频器的负载通常是异步电动机,而异步电动机属于感性负载,其电流落后于电压,且功率因数是滞后的,负载需要向电源吸取无功能量,在变频器的整流器和负载之间将有无功功率的传输,用于缓冲这部分无功功率的中间直流环节,该中间直流环节中的储能元件可以是电感器或是电容器,据此,变频器可分成电流型和电压型两大类。

(1)电流型变频器。电流型变频器主电路的结构如图9-10所示。这种变频器采用大电感作为储能元件,电动机的电流波形为方波或阶梯波,电压波形接近于正弦波。其突出优点是,当电动机处于再生发电状态时,回馈到直流侧的再生电能可以方便地回馈到交流电网中去,不需要在主回路内附加任何设备,只要利用电网侧的不可逆变流器改变其输出电压极性即可。这种变频器适用于频繁急剧加、减速的大容量电动机的传动控制。

(2)电压型变频器。电压型变频器主电路的结构如图9-11所示。图中逆变器的每个桥臂均由一个可控制开关器件和一个二极管反并联组成。这种变频器大多数情况下采用6脉冲运行方式,晶闸管在一个周期内导通180°,中间直流环节的储能元件采用大电容,电动机端的电压为方波或阶梯波。对负载电动机而言,变频器是一个交流电压源,在不超过容量限度的情况下,可以驱动多台电动机并联运行,具有较好的通用性。

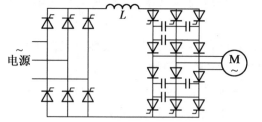

图9-10　电流型变频器主电路的结构

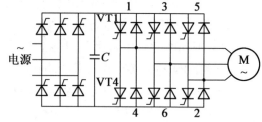

图9-11　电压型变频器主电路的结构

2. 按输出电压调节方式分类

变频调速时,需要同时调节逆变器的输出电压和频率,以确保电动机主磁通的恒定。输出电压的调节主要有脉冲幅度调制(PAM)和脉冲宽度调制(PWM)两种方式。

(1)脉冲幅度调制(PAM)。PAM通过改变电压源的电压或电流源的幅值来调节输出电压。因此,在逆变器侧只控制频率,在整流器侧控制输出的电压或电流。在中小容量变频器中,这种方式很少应用。

(2)脉冲宽度调制(PWM)。PWM 控制方式的基本原理是通过成比例地改变各脉冲的宽度,控制逆变器输出的交流基波电压的幅值;通过改变脉冲宽度变化的周期,控制其输出频率,从而在同一逆变器上实现输出电压大小及频率的控制。控制过程的参考信号为正弦波,输出电压平均值近似为正弦波的 PWM 方式,称为正弦脉宽调制,简称 SPWM 控制,这种控制是最常用的一种方式。

3. 按控制方式分类

(1)U/f 恒定控制。U/f 恒定控制是异步电动机变频调速最基本的控制方式,它在控制电动机电源频率变化的同时,控制变频器的输出电压,并使两者之比恒定,从而使电动机的磁通基本保持恒定。

U/f 恒定控制的 PWM 变频器电路通常为交 – 直 – 交电压型变频器,输入接三相电源,输出接三相异步电动机。中小容量变频器常采用可关断电力电子器件,如 GTR、IGBTD 等作为开关器件,构成桥式逆变电路;大容量变频器采用门极可关断晶闸管 GTO 或晶闸管 SCR 作为开关元件。在变频器主电路中,还包括整流环节,这一环节通常使用普通电力二极管构成三相不控整流电路,将三相交流电整流成直流电,经滤波电容器滤波后,变成平稳的直流电。滤波电容器和整流电路之间接有充电限流电阻,一旦充电结束,电容器的电压达到正常工作值,充电限流电阻将被继电器短接。滤波后的直流电源作为逆变电路的输入,经逆变电路变成三相可调交流电,供给三相异步电动机。

(2)转差频率控制。转差频率是施加于电动机的交流电压频率与电动机速度(电气角频率)之差,在电动机转子上安装测速发电机等速度检测装置,可以检测出电动机的速度,这个速度加上转差角频率(与要求的转矩相对应)就是逆变器的输出频率。与 U/f 控制方式相比,这种调速方式的精度大大提高。但是,使用速度检测器求取转差角频率,要针对具体电动机的机械特性调整控制参数,因而这种控制方式的通用性较差。

(3)矢量控制。采用矢量控制方式的目的主要是提高变频调速的动态性能。该方式根据交流电动机的动态数学模型,利用坐标变换的手段,将交流电动机的定子电流分解成磁场分量电流和转矩分量电流,并分别加以控制,以获得类似于直流调速系统的动态性能。对于轧钢、造纸设备等对动态性能要求高的应用场合,可以采用矢量控制变频器。

9.4.2　变频器的选用

为了使异步电动机变频调速时获得更好的经济效果,不同类型的负载应根据具体要求选择不同的控制方式。控制方式应满足的条件如下。

(1)电动机的过载能力不低于额定值,以防堵转。

(2)每极磁通不应超过额定值,以免磁路饱和。

(3)电流不应超过额定值,以免引起电动机过热。

(4)电动机的损耗最小。

(5)充分利用电动机的容量,尽可能使磁通保持额定值,以充分利用铁芯;尽可能使电流保持额定值,以充分利用绕组;尽可能使功率因数保持额定值,以免降低电动机输出功率。

以上条件中,(1)(2)(3)是技术条件,(4)(5)是经济条件。

1.变频器类型的选择

工程实际中常用的负载类型有、离心式通风机型负载、恒功率型负载和恒转矩型负载。负载类型不同,调速范围也不同,按要求所选用变频器的控制方式也不同。

(1)离心式通风机型负载。这类负载的特性是转矩和转速的平方成正比,如风机、水泵类负载。恒磁通控制时,磁通不变,由于负载转矩和转速平方成正比,因此电动机电流也和转速的平方成正比。随着转速的下降,电流急剧减小,使电动机的铜耗大大减小,故离心式通风机型负载在负载重、电流大、铜耗大的应用场合,采用恒磁通控制方式较合适。轻载的场合不宜采用这种控制方式,因为恒磁通控制时,磁通不变,铁耗较大,对降低轻载时的损耗不利。在负载较轻时,可采用恒电流控制方式。恒电流控制时,风机、水泵类负载,磁通和转速的平方成正比,随着转速的下降,铁耗大大减小,有利于减小电动机损耗。

(2)恒功率型负载。恒功率型负载的转矩与转速成反比。在确定这类负载的电动机容量时,电动机转矩应按最低速时的负载转矩确定,转速则按最高速时的负载转速确定。对于恒功率型负载,可采用恒磁通控制方式和恒功率控制方式。

恒磁通控制方式的特点是磁通不变和最大转矩不变。采用这种控制方式,可使电动机铁芯获得充分利用,另外,恒功率型负载随着转速的增加,负载转矩减小,电动机电流也随之减小,电流和转速成反比。若调速范围为 D,则在额定转速时的电流为额定电流的 $1/D$,因而有利于减少铜耗。这种控制方式比较适用于重载场合,因为负载重、铜耗大,在调速中如果能减少铜耗,对提高效率有利。

恒功率控制方式的特点是输出功率不变。在低速段,磁通和电流均为额定值,随着转速的增加,磁通和电流均减小,与恒磁通控制方式相比,这种方式铁耗小、铜耗大。因此,比较适合于负载较轻的场合。

(3)恒转矩型负载。在电动机满载的条件下,恒转矩负载只有一种控制方式,即恒磁通控制方式。这种控制方式能同时保证磁通、电流及过载倍数均不变。其他控制方式则不能使这些要求同时得到满足。

在额定频率以上,负载皆为恒功率负载,一般采用恒压控制方式,即近似恒功率控制方式。恒压控制方式在保持电压不变的条件下,输出转矩近似和转速成反比,电动机功率因数也随转速的升高而减小,所以它并不能使电动机得到充分利用。其次,这种调速方式的过载倍数和转速成反比,高速时有堵转的危险,故只有在负载较轻、调速范围较小的场合适用。

2.变频器容量的选择

(1)变频器容量的表示方法。变频器容量通常以适用电动机容量(kW)、输出容量

（kV·A）、额定输出电流（A）来表示。其中额定电流为变频器允许的最大连续输出的电流有效值，无论什么用途都不能连续输出超过此值的电流。

输出容量为额定输出电压及额定输出电流时的三相视在输出功率，根据实际情况，此值只能作为变频器容量的参考值。这是因为：①随输入电压的降低，此值无法保证；②不同厂家的变频器都可适用同样的电动机容量（kW），而其输出容量（kV·A）却有较大差距，其根本问题在于同一电压等级的变频器的输出容量（kV·A）的计算电压不同。因此，不同厂家适合同一容量（kW）电动机的变频器的输出容量无可比性。

例 9.1 电动机容量 15 kW，甲公司的变频器适应工作电压为 380~480 V，额定电流为 27 A，输出容量为 22 kV·A；而乙公司的适应工作电压为 380~440 V，额定电流为 34 A，输出容量为 22.8 kV·A。两项比较，额定电流相差 20%，而输出容量几乎相当，因为前者是以 480 V 后者是以 400 V 为基准计算的。即使不同公司均以 440 V 为基准计算输出容量，适合电动机容量 15 kW，丙公司的输出容量为 26 kV·A，而丁公司的输出容量仅为 22.8 kV·A，原因在于两者的额定电流不同，前者为 34 A，后者为 30 A（表 9-1）。

表 9-1 不同厂家生产适合 15 kW 电动机的变频器额定电流和输出容量的参考值

公司	计算输出容量的基准电压/V	额定电流/A	输出容量/（kV·A）
甲	480	27	22
乙	400	34	22.8
丙	440	34	26
丁	440	30	22.8

（2）选择变频器容量的基本依据。对于连续恒载运转机械所需的变频器，其容量可用下式近似计算：

$$P_{CN} \geq \frac{kP_N}{\eta \cos \varphi} \tag{9-1}$$

$$I_{CN} \geq kI_N \tag{9-2}$$

式中　P_N——负载所要求的电动机的轴输出额定功率，kW；

η——电动机额定负载时的效率，通常 $\eta = 0.85$；

$\cos \varphi$——电动机额定负载时的功率因数，通常 $\cos \varphi = 0.75$；

I_N——电动机额定电流（有效值），A；

k——电流波形的修正系数，PWM 方式时取 $k = 1.05 \sim 1.1$；

P_{CN}——变频器的额定容量，kV·A；

I_{CN}——变频器的额定电流，A。

（3）选择变频器容量时还需考虑的几个主要问题。

①同容量不同极数电动机的额定电流不同。不同生产厂家的电动机，不同系列的电

动机,不同极数的电动机,即使同一容量等级,其额定电流也不尽相同。不同极数电动机的额定电流参考值见表9-2。

表 9-2　不同极数电动机的额定电流参考值　　　　　　　　　　A

极数	功率/kW												
	7.5	11	15	18.5	22	30	37	45	55	75	90	110	132
4	15.5	21	29	36.8	43.7	58	70	84	105	136	162	200	235
6	18	26	34	38	45	60	72	85	108	140	168	205	245
8	19	26	36	39	47	63	76	92	118	153	182	220	265

变频器生产厂家给出的数据都是对四极电动机而言的。如果选用八极电动机或多极电动机传动,不能单纯以电动机容量为准选择变频器,要根据电动机额定电流选择变频器容量。由表9-2可以看出,如果要求 8 极 15 kW 电动机满负荷(额定电流为 36 A)运行,就要选适合 18.5 kW(4 极)电动机的变频器。同样,采用变极电动机时也要注意,因为变极电动机采用变频器供电可以在要求更宽的调速范围内使用。变极电动机在变极与变频同时使用,同容量变极电动机要比标准电动机机座号大,电流大,所以要特别注意应按电动机额定电流选变频器,其容量可能要比标准电动机匹配的容量大几个档次。

②多电动机并联运行时要考虑追加电动机的启动电流。用一台变频器拖动多台电动机并联运转且同时加速启动时,决定变频器容量的是

$$I_{CN} \geqslant \sum K I_N \tag{9-3}$$

式中　I_{CN}——变频器的额定输出电流,A;

　　　I_N——电动机的额定输出电流,A;

　　　K——系数,一般 $K = 1.1$,由于变频器输出电压、电流中所含高次谐波的影响,电动机的效率、功率因数降低,电流增加 10% 左右;

　　　n——并联电动机的台数,台。

变频器容量可按式(9-3)进行选择。如果要求部分电动机同时加速启动后再追加其他电动机启动的状况,就必须加大变频器的容量。因为后一部分电动机启动时变频器的电压、频率均已上升,此时部分电动机追加启动将引起大的冲击电流。追加启动时变频器的输出电压、频率越高,冲击电流越大。这种情况下,可按下式确定变频器的容量:

$$I_{CN} \geqslant \sum_{n_1} K I_N + \sum_{n_2} I_S \tag{9-4}$$

式中　n_1——先启动的电动机的台数,台;

　　　n_2——后追加启动的电动机的台数,台;

　　　I_S——追加投入电动机的启动电流,A。

这种情况需要特别注意,因为追加启动的启动电流可能达到电动机额定电流的 6~8 倍,变频器容量可能增加很多。这就需要分析,或许用两台变频器会更经济。

例 9.2　4 台 15 kW 的电动机同时启动运行,需要的变频器的额定输出电流为

$$I_{CN} = 1.1 \times 4 \times 29 \text{ A} = 128 \text{ A}$$

选一台 75 kW 的变频器即可。若按式(10－4),$n_1 = 3$,$n_2 = 1$ 则

$$I_{CN} \geq (1.1 \times 3 \times 29 + 5 \times 29) \text{A} = 240.7 \text{ A}$$

需要选 132 kW 的变频器。这时可以考虑用一台 55 kW 的变频器满足 $n_1 = 3$ 同时启动需要,另选一台 15 kW 的变频器满足 $n_2 = 1$ 的追加启动电动机的需要,经济得多。

③经常出现大过载或过载频度高的负载时变频器容量的选择。因通用变频器的过电流能力通常为在一个周期内允许 125% 或 150% 、60 s 的过载,超过过载值就必须增大变频器容量。例如,对于 150% 、60 s 的过载能力的变频器,要求用于 200% 、60s 过载时,必须按式(9－3)计算出总额定电流的倍数(200/150 = 1.33),按其选择变频器容量。

另外,通用变频器规定 125% 、60 s 或 150% 、60 s 的过载能力的同时,还规定了工作周期。有的厂家规定 300 s 为一个过载工作周期,而有的厂家规定 600 s 为一个过载工作周期。严格按规定运行,变频器就不会过热。

虽过流能力不变,但如果要缩短工作周期,则必须加大变频器容量,频繁启动、制动的生产机械,如高炉料车、电梯、各类吊车等,其过载时间虽短,但工作频率却很高。一般选用变频器的容量应比电动机容量大一两个等级。

9.4.3　变频器外围设备的应用及注意事项

变频器的外围设备主要有电源、无熔丝断路器、电磁接触器、AC 电抗器、输入滤波器及输出滤波器,其注意事项如下。

(1)电源。

①注意电压等级是否正确,以免损坏变频器。

②交流电源与变频器之间必须安装无熔丝断路器。

(2)无熔丝断路器。

①使用符合变频器额定电压及电流等级的无熔丝断路器,控制变频器电源的通断,同时保护变频器。

②无熔丝断路器勿作变频器的运转/停止切换之用。

(3)电磁接触器。

①一般使用时可不加电磁接触器,但作为外部控制,或停电后自动再启动,或使用制动控制器时,需加装电磁接触器。

②电磁接触器勿作变频器的运转/停止切换。

(4)AC 电抗器。若使用大容量(600 kV·A 以上)的电源时,为改善电源的功率因数可外加 AC 电抗器。

(5)输入滤波器。变频器周围有电感负载时,必须加装输入滤波器。

(6)变频器。

①输入电源端子 R、S、T,无相序分别可任意换相连接。

②输出端子 U、V、W,接至电动机的 U、V、W 端子,如果变频器执行正转时,电动机欲逆转,只要将 U、V、W 端子中任意两相对调即可。

③输出端子 U、V、W,请勿接交流电源,以免损坏变频器。

④接地端子请正确接地,200 V 级为第三种接地,400 V 级为特种接地。

(7)输出侧滤波器。减小变频器产生的高次谐波,以避免影响其附近的其他通信装置。

习　题

9.1　交 – 直 – 交变频器与交 – 交变频器有何异同?

9.2　交 – 直 – 交变频器由哪几个主要部分组成? 各部分的作用是什么?

9.3　SPWM 变压变频器有哪些主要特点?

9.4　为什么说用变频调压电源对异步电动机供电是比较理想的交流调速方案?

9.5　在脉宽调制变频器中,逆变器各开关元件的控制信号如何获取? 试画出波形图。

9.6　如何区别交 – 直 – 交变压变频器是电压源变频器还是电流源变频器? 它们在性能上有什么差异?

9.7　采用二极管不控整流器和功率开关器件脉宽调制(PWM)逆变器组成的交 – 直 – 交变频器有什么优点?

9.8　在 IGBT – SPWM – VVVF 交流调速系统中,在实行恒压频比控制时,是通过什么环节、调节哪些量来实现调速的?

9.9　在变压变频的交流调速系统中,给定积分器的作用是什么?

9.10　如何改变由晶闸管组成的交 – 交变压变频器的输出电压和频率? 这种变频器适用于什么场合? 为什么?

9.11　通用变频器有哪几类? 各用于什么场合?

9.12　通用变频器的外部接线通常包括哪些部分?

9.13　如何根据负载性质的要求来选择变频器的类型?

9.14　选择变频器容量的基本依据是什么? 除此以外,还要注意哪些主要问题?

9.15　为什么说调压调速方法不太适合于长期工作在低速的工作机械?

9.16　为什么调压调速必须采用闭环控制才能获得较好的调速特性? 其根本原因是什么?

第 10 章　步进电动机控制系统

【知识要点】

1. 步进电动机环形分配器类型及特点。
2. 步进电动机驱动电路的类型及工作原理。
3. 步进电动机控制的工作过程。
4. 步进电动机控制的应用。

【能力点】

1. 掌握步进电动机环形分配器作用及其特点。
2. 了解步进电动机驱动电路的工作原理和分类。
3. 理解步进电动机控制的方法。
4. 了解步进电动机控制在机电传动系统中的应用。

【重点和难点】

重点：
1. 步进电动机驱动控制系统的组成。
2. 步进电动机功率放大器的类型。
3. 机电传动系统中步进电动机的控制原理及驱动电路的方式。

难点：
1. 步进电动机脉冲分配方法及实现方式。
2. 步进电动机在机电传动控制系统中的升降速控制。

【问题引导】

1. 如何将步进电动机接到交直流电源上工作？
2. 如何产生步进电动机功率驱动电路中的脉冲？
3. 控制步进电动机的转动都需要哪些要素？

步进电动机不能直接接到交直流电源上工作，也不能直接与某些控制器直接相连，必须使用专用设备——步进电动机驱动器（驱动电源）。步进电动机控制系统的性能，除与电动机自身的性能有关外，也在很大程度上取决于驱动系统的优劣。

1. 步进电动机对驱动电源的要求

电源的相数、电压、电流、通电方式与步进电动机的要求相适应；满足启动频率和运行频率的要求。工作可靠、抗干扰能力强。选择驱动时,需要考虑电流和电压留有一定的裕量。

(1)电压的确定。混合式步进电动机驱动器的供电电压一般是一个较宽的范围(比如 IM483 的供电电压为 12～48 V),电源电压通常根据电动机的工作转速和响应要求来选择。如果电动机工作转速较高或者响应要求较快,电压取高值,反之亦然。但是电源电压的波动不能超过驱动器的最大输入电压,否则可能损坏驱动器。一个可供参考的经验值,步进电动机驱动器的输入电压一般设定在步进电动机额定电压的 3～25 倍。建议 57 机座电动机采用直流 24～48 V,86 机座电动机采用直流 36～70 V,110 机座电动机采用高于直流 80 V。

(2)电流的确定。步进驱动器的电流值必须要有足够的幅值,以传递所需的能量(影响步进电动机转矩的大小)。供电电源电流一般根据驱动器的输出相电流 I 来确定。如果采用线性电源,电源电流一般可取 I 的 1～1.3 倍;如果采用开关电源,电源电流一般可取 1.5～2 倍。

2. 驱动电源的组成

环形分配器、功率放大器及其他控制电路的组合称为步进电动机的驱动电源,它对步进电动机来说是不可缺少的部分。步进电动机、驱动电源和控制器构成步进电动机控制系统,如图 10－1 所示。步进电动机是在电脉冲控制下运行的。可以通过控制脉冲个数来控制角位移量,从而达到准确定位的目的;通过控制脉冲频率来控制电动机转动的速度和加速度,从而达到调速和定位的目的,转动方向与通电顺序有关。

(1)脉冲信号的产生。脉冲发生器是一个脉冲频率在几赫到几十千赫内可连续变化的脉冲信号发生器。一般由单片机等控制器或专门的硬件电路产生,送到脉冲分配器的脉冲个数和频率由控制信号进行控制。最常见的有多谐振荡器和单结晶体管构成的张弛振荡器两种。控制器组成一般包括指令系统和脉冲发生系统,其功能是由指令系统发出的速度和方向指令,控制脉冲发生系统产生相应频率的脉冲信号和高、低电平的方向信号。

(2)脉冲信号的分配。步进电动机的各相绕组必须按一定的顺序通电才能正常工作,这种使电动机绕组的通电顺序按一定规律变化的部分称为脉冲分配器,又称环形脉冲分配器。

(3)功率放大器。从环形脉冲分配器输出的信号脉冲电流一般只有几个毫安,不能直接驱动步进电动机,必须采用功率放大器将脉冲电流进行放大,使其增大到几至十几安培,从而驱动步进电动机的绕组,从而驱使转子向前转过一个步距角。另外,为了防止干扰,分配器送出的脉冲还需要进行光电隔离。

(4)细分驱动。在步进电动机步距角不能满足使用的条件下,可以采用细分驱动。

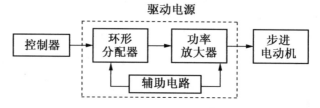

图 10－1　步进电动机控制系统

10.1　步进电动机环形分配器

脉冲分配器就是按照步进电动机的通电要求,将脉冲发生器所产生的电脉冲信号按照规定的通电方式,分配给各相绕组,作用就是把输入脉冲按一定的逻辑关系转换为需要的脉冲序列。三相步进电动机控制系统如图 10 - 2 所示。

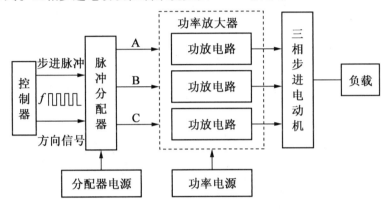

图 10 - 2　三相步进电动机控制系统

步进电动机的脉冲分配器可由硬件或软件方法来实现。

(1)硬件环形分配器。硬件环形分配器由计数器等数字电路组成。电路复杂,硬件成本较高。有较好的响应速度,且具有直观、维护方便等优点,一般只能适用于相同相数的步进电动机。

(2)软件环形分配器。软件环形分配器由计算机接口电路和相应的软件组成。利用计算机程序来设定硬件接口的位状态,从而产生一定的脉冲分配输出降低了硬件成本,但受到微型计算机运算速度的限制,有时难以满足高速实时控制的要求。

10.1.1　硬件环形分配器

硬件环形分配器是根据步进电动机的相数和要求通电的方式来设计的。如图 10 - 2 所示,分配器主要接收来自控制器的脉冲信号,包括步进脉冲和方向信号,步进脉冲信号确定通电的相,从而确定步进电动机的拍,每个脉冲信号的上升或下降沿到来时,输出改变一次绕组的通电状态;方向信号的电平高低对应电动机绕组通电顺序的改变,即步进电动机的正、反转。

步进电动机的硬件环形分配器种类很多,可以采用小规模集成电路搭接而成,也可以采用专用环形脉冲分配器芯片。如三相芯片 CH250,两相芯片 L297、PMM8713,五相芯片 PMM8714 等。

1. 采用小规模集成电路

基本构成是触发器,可以由 D 触发器或 J - K 触发器所组成。步进电动机有几相就需要几个序列脉冲,就要设置几个触发器。每个触发器发出的脉冲就是一个序列脉冲,用来控制步进电动机某相定子绕组的通、断电。图 10 - 3 所示为三相步进电动机的脉冲分配图。

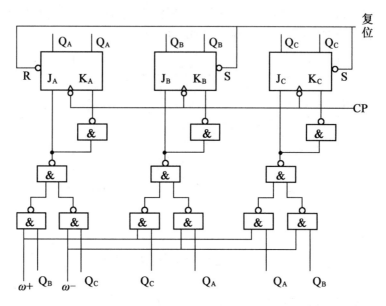

图 10 - 3　三相步进电动机脉冲分配图

设有 3 只 J - K 触发器及 12 个与非门。3 个触发器的 Q 输出端分别经各自的功放电路与步进电动机的 A、B、C 三相绕组相连。

输出状态中,正转通电方式为 A→AB→B→BC→C→CA→A;反转通电方式为 A→AC→C→CB→B→BA→A。表 10 - 1 所示为正转真值表,表 10 - 2 所示为反转真值表。输出状态中,当 $Q_A^{n+1}=1$ 时,A 相绕组通电;当 $Q_B^{n+1}=1$ 时,B 相绕组通电;当 $Q_C^{n+1}=1$ 时,C 相绕组通电。

由正、反转真值表可得,正转时,有

$$Q_A^{n+1}=\overline{Q_B^n}, \quad Q_B^{n+1}=\overline{Q_C^n}, \quad Q_C^{n+1}=\overline{Q_A^n}$$

反转时,有

$$Q_A^{n+1}=\overline{Q_C^n}, \quad Q_B^{n+1}=\overline{Q_A^n}, \quad Q_C^{n+1}=\overline{Q_B^n}$$

表 10−1 正转真值表

Q_A^n	Q_B^n	Q_C^n	Q_A^{n+1}	Q_B^{n+1}	Q_C^{n+1}
1	0	0	1	1	0
1	1	0	0	1	0
0	1	0	0	1	1
0	1	1	0	0	1
0	0	1	1	0	1
1	0	1	1	0	0

表 10−2 反转真值表

Q_A^n	Q_B^n	Q_C^n	Q_A^{n+1}	Q_B^{n+1}	Q_C^{n+1}
1	0	0	1	0	1
1	0	1	0	0	1
0	0	1	0	1	1
0	1	1	0	1	0
0	1	0	1	1	0
1	1	0	1	0	0

根据 J−K 触发器逻辑关系式,有

$$Q^{n+1} = J \cdot \overline{Q^n} + \overline{K} \cdot Q^n$$

以 A 相为例,有

$$Q_A^{n+1} = J_A \cdot \overline{Q_A^n} + \overline{K_A} \cdot Q_A^n$$

正转时,有

$$J_A = \overline{Q_B^n}, \quad K_A = \overline{J_A}; \quad J_B = \overline{Q_C^n}, \quad K_B = \overline{J_B}; \quad J_C = \overline{Q_A^n}, \quad K_C = \overline{J_C}$$

反转时,有

$$J_A = \overline{Q_C^n}, \quad K_A = \overline{J_A}; \quad J_B = \overline{Q_A^n}, \quad K_B = \overline{J_B}; \quad J_C = \overline{Q_B^n}, \quad K_C = \overline{J_C}$$

引入正反转系数 W_+、W_-,正转时 $W_+ = 1, W_- = 0$;反转时 $W_+ = 0, W_- = 1$,则有

$$J_A = W_+ \overline{Q_B^n} + W_- \overline{Q_C^n}, \quad J_B = W_+ \overline{Q_C^n} + W_- \overline{Q_A^n}, \quad J_C = W_+ \overline{Q_A^n} + W_- \overline{Q_B^n}$$

化简后有

$$J_A = \overline{\overline{W_+ \overline{Q_B^n}} + \overline{W_- \overline{Q_C^n}}} = \overline{\overline{W_+ \overline{Q_B^n}} \cdot \overline{W_- \overline{Q_C^n}}}$$

$$J_B = \overline{\overline{W_+ \overline{Q_C^n}} + \overline{W_- \overline{Q_A^n}}} = \overline{\overline{W_+ \overline{Q_C^n}} \cdot \overline{W_- \overline{Q_A^n}}}$$

$$J_C = \overline{\overline{W_+ \overline{Q_A^n}} + \overline{W_- \overline{Q_B^n}}} = \overline{\overline{W_+ \overline{Q_A^n}} \cdot \overline{W_- \overline{Q_B^n}}}$$

表 10−3 所示为正转时不同工作状态分配表,可以看出正转时,控制信号与输出状

态之间的关系。

表 10 – 3　正转时不同工作状态分配表

序号	初始状态	控制信号状态	输出状态（次态）	导电绕组
	$Q_A^n Q_B^n Q_C^n$	$J_A J_B J_C$	$Q_A^{n+1} Q_B^{n+1} Q_C^{n+1}$	
0	1 0 1	1 0 0	1 0 0	A
1	1 0 0	1 1 0	1 1 0	AB
2	1 1 0	0 1 0	0 1 0	B
3	0 1 0	0 1 1	0 1 1	BC
4	0 1 1	0 0 1	0 0 1	C
5	0 0 1	1 0 1	1 0 1	CA
6	1 0 1	1 0 0	1 0 0	A

可以根据通电方式，工作在三相三拍、三相双三拍、三相六拍等，图 10 – 4 所示为三相三拍脉冲图。

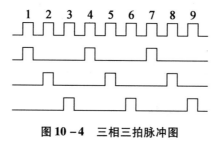

图 10 – 4　三相三拍脉冲图

2. 用环形脉冲分配器芯片

专用环形脉冲分配器芯片种类很多，功能齐全。集成电路采用 CMOS 工艺，集成度高，可靠性好。使用方便，接口简单。

图 10 – 5 所示为 CH250 引脚及接线图。CH250 引脚及其作用如下。

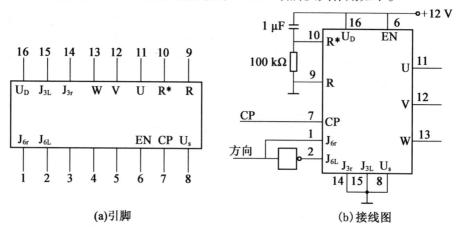

(a) 引脚　　　　　　　　　　(b) 接线图

图 10 – 5　CH250 引脚及接线图

（1）引脚 A、B、C 为相输出端。

（2）引脚 R、R* 用于确定初始励磁相。若为 10，$A=1$，$B=1$，$C=0$；若为 01，$A=1$，$B=0$，$C=0$；若为 00，则为环形分配器工作状态。

（3）引脚 CL、EN 为进给脉冲输入端。若 $EN=1$，$CL\uparrow$，环形分配器工作，若 $CL=0$，$EN\downarrow$，环形分配器工作，否则环形分配器状态锁定。

（4）引脚 J_{3r}、J_{3L}、J_{6r}、J_{6L} 分别为双三拍或六拍工作方式的控制端；改变 J_{3r}、J_{3L}、J_{6r}、J_{6L} 接线方式即可改为三相三拍、三相六拍的工作方式。

（5）引脚 U_D、U_S 为电源端。

CH250 工作状态表见表 10-4。

表 10-4　CH250 工作状态表

R	R^*	CL	EN	J_{3R}	J_{3L}	J_{6R}	J_{6L}	功能
0	0	↑	1	1	0	0	0	双三拍正转
		↑	1	0	1	0	0	双三拍反转
		↑	1	0	0	1	0	单双六拍正转
		↑	1	0	0	0	1	单双六拍反转
		0	↓	1	0	0	0	双三拍正转
		0	↓	0	1	0	0	双三拍反转
		0	↓	0	0	1	0	单双六拍正转
		0	↓	0	0	0	1	单双六拍反转
		↓	1	×	×	×	×	锁定
		×	0	×	×	×	×	
		0	↑	×	×	×	×	
		1	×	×	×	×	×	
1	0	×	×	×	×	×	×	$A=1,B=0,C=0$
0	1	×	×	×	×	×	×	$A=1,B=1,C=0$

三相六拍通电方式为 A→AB→B→BC→C→CA→A…其脉冲分配图如图 10-6 所示。

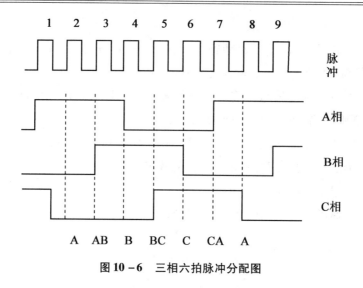

图 10 - 6 三相六拍脉冲分配图

10.1.2 软件环形脉冲分配器

软件环形脉冲分配器的设计方法有查表法、比较法、移位寄存器法等。以查表法为例，根据步进电动机与控制器的接线和通电方式，制成一个工作状态分配表格存在计算机内存中；运行时按节拍序号查表获得相应控制数据，在规定时刻通过输出口将数据输出到步进电动机。软件环形脉冲分配器一般组成包括，硬件电路设置输出接口、设计环形分配子程序、设计延时子程序。

具体的步进电动机为三相步进电动机，工作方式为单三拍。单三拍的通电方式为 A→B→C→A…步进电动机的三相 A、B、C，分别接 8031 单片机 P1 口的 P1.0、P1.1、P1.2 引脚，三相步进电动机控制系统如图 10 - 7 所示，其通电相与引脚分配状态见表10 - 5，根据此表设计环形分配子程序。

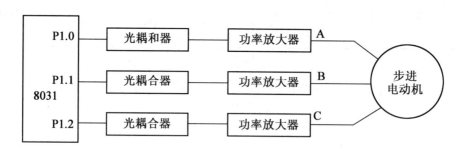

图 10 - 7 三相步进电动机控制系统

表 10 - 5　三相步进电动机通电相与引脚分配状态

转向	通电状态	CP	$C(P1.2)$	$B(P1.1)$	$A(P1.0)$	代码	转向
正转	A 相通,B、C 相断	0	0	0	1	01H	反转
	B 相通,A、C 相断	1	0	1	0	02H	
	C 相通,A、B 相断	2	1	0	0	04H	
	A 相通,B、C 相断	0	0	0	1	01H	

在控制字间也应加入软件延时来保证一定的时间间隔。假定要求时间间隔为 1 ms，控制电动机按三相三拍正转的程序为

```
ZHENG:MOV      P1，#01H；              A 相通电
       ACALL    D1MS
       MOV      P1，#02H；    B 相通电
       ACALL    D1MS
       MOV      P1，#04H；    C 相通电
       ACALL    D1MS
       RET
D1MS:MOV      R6，#2    ；
D1MS1:MOV     R7，#248 ；
       DJNZ     R7，$ ；
       DJNZ     R6，D1MS1 ；
       RET
```

要想控制步进电动机反转，只需把输出的控制字的次序按 01H(A)→04H(C)→02H(B)→01H(A)→组合即可。

```
FAN:MOV  P1，#01H；        A 相通电
    ACALL D1MS
    MOV   P1，#04H；        C 相通电
    ACALL D1MS
    MOV   P1，#02H；        B 相通电
    ACALL D1MS
    ……
```

如果三相步进电动机的通电方式不同，则表格内 A、B、C 各相所赋值也不同，三相六拍分配状态表见表 10 - 6，可以根据通电方式选择不同的值，硬件电路不变。

表 10 -6　三相六拍分配状态表

转向	通电相	CP	C	B	A	代码	转向
正转	A	0	0	0	1	01H	反转
	AB	1	0	1	1	03H	
	B	2	0	1	0	02H	
	BC	3	1	1	0	06H	
	C	4	1	0	0	04H	
	CA	5	1	0	1	05H	
	A	0	0	0	1	01H	

10.2　步进电动机驱动电路

　　步进电动机的功率驱动电路实际上是一种脉冲放大电路,使脉冲具有一定的功率驱动能力。驱动电路开关上升沿、下降沿要陡。由于功率放大器的输出直接驱动电动机绕组,因此功率放大电路的性能对步进电动机的运行性能影响很大。

　　步进电动机功率放大器主要分为电压型、电流型两种。电压型又分为单电压、双电压;电流型又分为恒流驱动、斩波驱动。

10.2.1　单电压驱动电路

　　单电压驱动就是指电动机绕组工作过程中,只有一个方向电压对绕组供电。结构简单、成本低,但电流波形差、效率低、输出力矩小,主要用于对速度要求不高的小型步进电动机的驱动。图 10 -8 所示为单电压驱动电路图,图中给出了单一电压型电源的一相绕组功放电路的原理图。每相绕组都需要一个功率放大器。

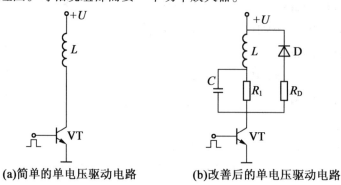

(a)简单的单电压驱动电路　　　　(b)改善后的单电压驱动电路

图 10 -8　单电压驱动电路图

图 10-8(a)是最简单的单电压驱动电路,L 是电动机的一相绕组,VT 可以认为是无触点开关晶体管,当有指令脉冲时,可以使开关晶体管导通,从而将电压 U 加在绕组上,会形成电流。由于电动机绕组有电感,电流的形成是有时间的。电流的形成速度是与电路的时间常数有关,时间常数为

$$\tau = \frac{L}{R} \tag{10-1}$$

式中　　τ——时间常数;

　　　　L——电动机绕组的电感量;

　　　　R——含绕组的电阻(零点几欧姆)。

通常电动机的电阻比较小,所以时间常数会比较大,一旦指定脉冲到来的时间,电流上升到目标电流的时间比较长,一般需要三倍的时间常数,如图 10-9 所示 t_2 时间。时间较长,会造成驱动电路的动态响应特性比较差。

为了改善这个特性,通常是在电动机绕组中串接电阻 R_1,时间常数为

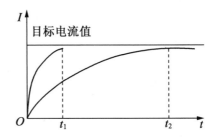

图 10-9　单电压驱动电流与时间关系图

$$\tau = \frac{L}{R + R_1} \tag{10-2}$$

式中　　R_1——限流电阻。

从式(10-2)可以看出,串接电阻,使得总的电阻增大,时间常数减小,这样可以在很短的时间(图 10-9 所示 t_1 时间)内接近目标值。一般串接电阻的阻值比较大。同时在电阻 R 两端并联电容 C,使电流上升更快,所以电容 C 又称为加速电容。

当开关关断时,晶体管的集电极和发射极之间将出现一个很大的感应电压,电源 U 和感应电压叠加,晶体管 VT 承受较大电压,易被击穿。为了避免这种危险,电气绕组的电感需要续流,常为相电流提供另一条电流通路——释放电路。如图 10-8(b)所示,释放电路由一个续流二极管 D 和释放电阻 R_D 组成,与电动机绕组并联。二极管 D 在晶体管 VT 截止时起续流和保护作用,释放电阻 R_D 使电流下降更快,从而使绕组电流波形后沿变陡。

该驱动电路简单、易控制,所用元器件较少。缺点是功耗会比较大,因为串接的电阻值 R 比较大,随着阻值的增加,电源电压也需提高,功耗将进一步增大。虽然串接电阻以后改善了动态性能,但总体的动态性能并不理想。这种电路在步进电动机应用的早期有应用。

10.2.2　高低压切换型驱动电路

高低压切换型驱动电路是在单电压驱动的基础上,为解决其驱动的快速性不好等问题而发展起来的。脉冲到来时,在电动机绕组的两端先施加一较高电压,从而使绕组的电流迅速建立,使电流建立时间大为缩短,在相电流建立起来之后,改用低电压,以维持

相电流的大小,这样做可以减小限流电阻的阻值甚至去掉限流电阻,使电源的驱动效率大为提高。

步进电动机所标称的额定电压和额定电流只是参考值,且以脉冲方式供电,电源电压是其最高电压,而不是平均电压,所以步进电动机可以超出其额定值范围工作。这就是步进电动机可以采用高低压工作的原因。典型电路原理图如图 10 – 10(a)所示,采用高压和低压两个电源供电,低压电源即步进电动机绕组额定电压,图中为 +12 V(一般为 5 ~ 20 V);高压电源由电动机参数和晶体管特性决定,图中为 +80 V(一般为 80 ~ 150 V)。电压驱动电路由两个开关(下面的 VT_1 是低压开关,上面的 VT_2 为高压开关)、两个二极管 D_1、D_2,步进电动机绕组电感 L 及电阻 R 组成。相应的电压、电流波形如图 10 – 10(b)所示。

在 $t_1 \sim t_2$ 时段,当 VT_1、VT_2 的基极电压 U_{b1} 和 U_{b2} 都为高电平时,则 VT_1 和 VT_2 均饱和导通,二极管 D_1 反向偏置而截止。高压电源 U_2 经过 VT_2 和 VT_1 加到电动机绕组 L 上,在很高的电压的作用下,在电动机绕组中迅速地建立电流,使电流建立时间大为缩短。

在 $t_2 \sim t_3$ 时段,时间 t_2,U_{b2} 为高电平,U_{b1} 为低电平,VT_1 导通,VT_2 截止。电动机绕组电流由低压电源 U_1 经过二极管 D_1 和 VT_1 来维持。在相电流建立后,改用低压 D_1,绕组电流保持一定的稳态电流,从而电动机在这段时间内能保持相同转动力矩,以完成步进过程。

在 t_3 时,U_{b1} 也为低电平,VT_1 截止。这时高压电源 U_2 和低压电源 U_1 都被关断,无法向电动机绕组供电。绕组因电源关断而产生反电势。在电路中二极管 D_1、D_2 组成反电势泄放的回路。绕组的反电势通过 R、D_2、U_2、U_1、D_1 回路泄放,绕组中的电流迅速下降,其波形形成较好的电流下降沿。

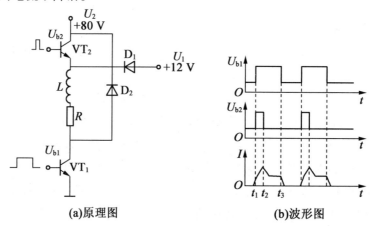

(a)原理图   (b)波形图

图 10 – 10   高低压驱动电路图

电路中所串接的电阻 R 值并不大,因此电流的目标值会很大,单电压驱动电流与时间关系如图 10 – 11 所示。虽然电路的时间常数并不小,但是由于电流的目标值很大,所以电流上升的速度很快,到达所需电流值的时间就会变得很短,因此高低压驱动电路实际响应性能是比较理想的。但是,当电流达到所需电流值时,高压开关应关断,因此高压脉冲的宽度非常关键。这种电路在使用中往往会由于高压脉冲宽度的误差造成电动机实际运行中的或大或小,所以电流稳定性差。在高压工作结束和低压工作开始的衔接处的电流波形呈凹形,致使电动机的输出力矩有所下降。

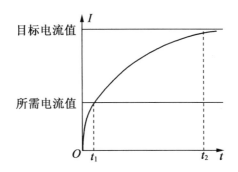

图 10-11　单电压驱动电流与时间关系

10.2.3　斩波恒流驱动电路

为了弥补高低压驱动电路的高、低压电流波形在连接处为凹形的缺陷,发展了恒流驱动技术,就是使步进电动机绕组电流在导通、锁定、低频、高频工作状态时在额定值附近保持恒定,因为绕组电流从低速到高速运行范围内都保持恒定,所以弥补了电路绕组电流波形有凹点的缺陷。如图 10-12(a) 所示,为斩波恒流驱动电路,其主电路部分与高低压驱动电路很相似,由高压开关 VT_1、绕组 L、低压开关 VT_2 串联而成。与高低压驱动器不同的是,低压管发射极串联一个小的电阻接地,电动机绕组的电流经这个小电阻接地,小电阻的压降与电动机绕组电流成正比,所以这个电阻称为取样电阻。比较器的两个输入端,"–"端接取样电阻的电压信号,"+"端接恒流给定电平(参考电压 U_{ref})。取样电阻上的电压代表了电流的大小。当电动机电流流过取样电阻时,会得到一个电压,与参考电压 U_{ref} 相比较。

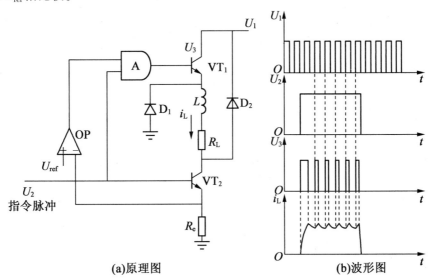

(a)原理图　　　　　　　　　　(b)波形图

图 10-12　斩波恒流驱动电路

当指令脉冲来时(环形脉冲分配器发出导通信号),控制门 A 打开,开关 VT_1、VT_2 导通,高电压经 VT_1 向电动机绕组供电,由于电动机绕组有较大电感,所以电流呈指数上升,但所加电压较高,所以电流上升较快。当取样电流信号达到额定值时,由于采样电阻 R_e 的反馈作用,比较器翻转,输出为低电平,控制门输出低电平,VT_1 截止,高压管关闭,这样电流就会下降,而电流下降以后,电压信号又会下降,但刚降到额定值以下时,由于采样电阻 R_e 的反馈作用,取样电阻上的电压小于参考电压,比较器再次翻转,输出高电平,控制门也输出高电平,高压管道 VT_1 又导通,使得导通电源又开始向绕组供电。如此反复,形成一个在额定电流值上下波动呈锯齿状的绕组电流波形,所以电动机绕组的电流就能稳定在给定电平所决定的数值上,近似恒流。

电流的波形如图 10 - 12(b)所示,VT_2 每导通一次,VT_1 导通多次,绕组电流 i_L 为锯齿波。也就是在高频调制波的作用下,电流会比较稳定地处于一个设定的状态,所以这种电路工作时电流上升快,并通过对绕组电流的检测,控制功放管的开和关,使电流在控制脉冲持续期间始终保持在规定值上下,电流值比较稳定,是比较理想的驱动方式。

10.2.4 细分驱动电路

上述步进电动机的各种驱动电路,都是按照环形分配器决定的分配方式,控制电动机各相绕组的导通或截止,从而拖动转子步进旋转,步距角的大小只有两种,即整步工作或半步工作,且步距角由电动机结构所确定。如果要求步进电动机有更小的步距角,更高的分辨率(即脉冲当量),或者为减小电动机振动、噪声等,就需要采用特殊的驱动策略,一般比较常用的是细分驱动。

细分驱动就是把步进电动机原来的一步,再均匀细分成若干步,使步距角减小的方法,使电动机的步进运动近似地变为匀速运动,并使它在任意位置停步。实质是电动机在每次输入脉冲切换时,不是将绕组电流全部通入或切除,而是只改变相应绕组中额定的一部分,则电动机的合成磁势也只旋转步距角的一部分,转子的每步运行也只有步距角的一部分。

如果绕组中电流是一个分成 N 个阶级的近似阶梯波,则电流每升或降一个阶级时,转子转动一小步。当转子按照这样的规律转过 N 小步时,实际上相当于它转过一个步距角。

例如,三相步进电动机转子有 40 个齿,采用六拍工作方式,其步距角为 1.5°。如果将步距角 4 细分,则新的步距角为 0.375°。三相六拍 4 细分电流波形如图 10 - 13 所示。

细分不只是为了提高精度,更主要是为了改进性能。采用细分技术已经可以将原步距角分成数百份。以二相电动机为例,假如电流为 3 A,如果使用常规驱动器驱动该电动机,电动机每运行一步,其绕组内的电流将从 0 突变为 3 A 或 3 A 到 0,相电流的巨大变化,必然会引起电动机运行的振动和噪声。如果使用细分驱动器,在 10 细分的状态下驱动该电动机,每一电微步,其绕组内的电流变化只有 0.3 A 而不是 3 A,且电流是以曲线规律变化的,这样就大大改善了电动机的振动和噪声。

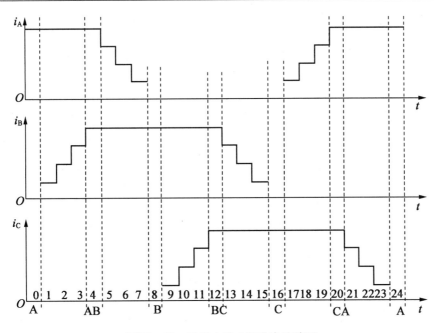

图 10 - 13　三相六拍 4 细分电流波形

一般用单片机采用数字脉宽调制的方法获得阶梯形电流,而实现细分,应用最广泛的是恒频脉宽调制细分驱动,是在斩波恒流驱动的基础上的改进。在斩波恒流驱动电路中,绕组中电流的大小取决于比较器的给定电压,而给定电压是定值。要实现阶梯电流,用一个阶梯电压来代替这个给定电压即可。对步进电动机绕组中的电流进行细分,在本质上把对绕组的矩形电流改为阶梯电流,要求绕组中的电流以若干等幅等宽的阶梯上升到额定电流值,或以同样的阶梯从额定值下降到 0。图 10 - 14 所示为步进电动机一相绕组细分电路,控制器为 8051 单片机,作用有两个,一是通过定时器 T0 输出 20 kHz 的方波到 D 触发器,作为恒频信号,在其周期内改变晶体管的导通时间进行控制,一般称为 PWM 方式,将给定的电压信号调制成接近连续的信号,角速度的波动也随着细分数的增大而减小。一般角速度波动与步距角成正比,与细分数成反比;另一个是 8051 按照设定的细分数进行计算,通过 D/A(数/模转换器)输出低电压的细分波形,再经驱动电路(恒流斩波型)放大后,送到电动机绕组,形成电动机绕组的细分电流波形,它的阶梯电压的每一次变化,都使转子走一细分步。也可由专门的脉冲分配器的脉冲输出端输出的方波脉冲信号作为控制信号,它的方波电压的每一次变化,都使转子转动一步。

当 D_2 不变时,恒频信号 CP 的上升沿使 D 触发器输出高电平,VT_1、VT_2 导通,绕组中的电流上升,采样电阻 R_e 上压降增加。当这个压降大于 U_2 时,比较器输出低电平,使 D 触发器输出低电平,VT_1、VT_2 截止,绕组的电流下降。这使得 R_e 上的压降小于 U_2,比较器输出高电平,D 触发器输出高电平,VT_1、VT_2 导通,绕组中的电流重新上升。如此反复进行,绕组电流波顶呈锯齿形。因为 CP 频率较高(20 kHz),锯齿波波纹很小。

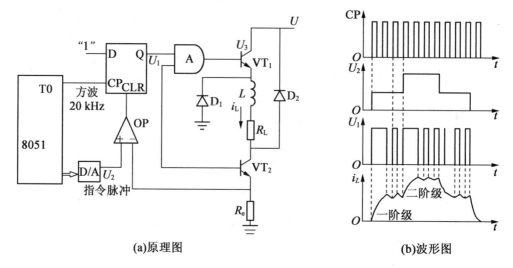

(a)原理图　　　　　　　　　　　　　　　(b)波形图

图 10 – 14　步进电动机一相绕组细分电路

当 U_2 上升突变时，R_e 上的压降小于 U_2，电流上升时间较长，幅值大幅增长，上升了一个阶级，如图 10 – 14(b)所示的二阶级。同样，当 U_2 下降突变时，R_e 上的压降大于 U_2，电流幅值大幅下降，降到新的阶级为止。如此重复进行。U_2 的每一次突变，就会使转子转过一个细分步。而电压参考值由数字信号设定，十分适合于微机控制。

10.3　步进电动机的控制

控制步进电动机的转动需要方向、转角和转速三个要素。对于含有硬件环形分配器的驱动电源，方向取决于控制器送出的方向电平的高或低，转角取决于控制器送出的步进脉冲的个数，而转速则取决于控制器发出的步进脉冲的频率。在步进电动机的控制中，方向和转角控制简单，而转速控制则比较复杂。

10.3.1　步进电动机的速度控制

由于步进电动机的转速正比于控制脉冲的频率，所以通过控制脉冲分配频率可实现步进电动机的速度控制。低速工作时，如果要求运行的速度小于系统的极限启动频率，电动机可以直接启动，采用恒速方式工作，运行至终点后可立即停发脉冲串而令其停止。高速工作时，步进电动机允许的启动频率一般较低(100 ~ 250 步/s)，而要求的运行速度往往较高。如果系统以要求的速度直接启动，因为该速度已超过极限启动频率而不能正常启动，可能发生丢步或根本不运行的情况。系统运行起来之后，如果到达终点时立即停发脉冲串，令其立即停止，则因为系统的惯性原因，电动机会超程，使控制发生偏差。因此，需要采用升降速控制。

1. 恒速控制

恒定速度控制也有硬、软件两种方法。软脉冲分配方式是调整两个步进控制字之间的时间间隔来实现调速。硬件方法是可以控制步进脉冲的频率来实现调速。在硬件脉冲分配器的脉冲输入端(CP)接一个可变频率脉冲发生器,改变其振荡频率,即可改变步进电动机的速度。

(1)软件延时法。通过调用标准的延时子程序来实现。假定控制器为 8051 单片机,晶振频率为 12 MHz,可以编制一个标准的延时子程序(如 10.1.2 节中的 DIMS 程序)。

采用软件延时法,程序简单,思路清晰,不占用其他硬件资源;缺点是在控制电动机转动的过程中,一直占用 CPU。

(2)硬件定时法。定时器方法是通过设置定时时间常数的方法来实现的。假定控制器仍为 8051 单片机,晶振频率为 12 MHz,T0 工作在定时器状态。当定时时间到而使定时器产生溢出时,定时器产生中断,在中断服务子程序中,改变定时常数,就可改变方波的频率,得到一个给定频率的方波输出,控制电动机步进,从而实现调速。只要改变 T0 的定时常数,就可以实现步进电动机的调速。

采用这种硬件定时法既需要硬件(8051 单片机的 P3.4 引脚为 T0 定时器),又需要软件来确定脉冲序列的频率,所以是一种软硬件相结合的方法,缺点是占用了一个定时器。在比较复杂的控制系统中常采用这种定时中断的方法,可以提高 CPU 的利用率。

2. 升降速控制

为了使电动机正常启动、运行和停止,步进电动机运行速度是一个加速 – 恒速 – 减速 – 低恒速 – 停止的过程,如图 10 – 15 所示。

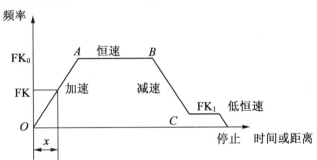

图 10 – 15 加减速过程图

用微机对步进电动机进行加减速控制,实际上就是改变输出输入脉冲的时间间隔,加速时是脉冲串逐渐加密,减速时使脉冲串逐渐稀疏。具体过程为以较低频率启动,逐步升频达到最高频率,电动机高速转动,到达终点前,降频,使电动机减速,以便既快又稳地准确定位。常见的升降速方法,有直线、指数、抛物线等。

10.3.2　步进电动机的开闭环控制

步进电动机的控制方式可以分为开环和闭环控制。步进电动机开环控制系统主要由微机控制器、功率放大器及步进电动机组成。根据系统的需要可灵活改变步进电动机的控制方案,使用起来很方便。开环控制系统图如图 10 – 16 所示,系统中没有检测元件作为反馈,电路简单,但精度差,高速扭矩小。使用微型机对步进电动机进行控制有串行和并行两种方式。

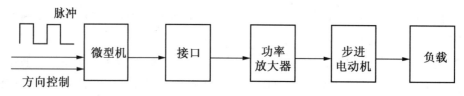

图 10 – 16　开环控制系统图

具有串行控制功能的单片机系统与步进电动机驱动电源之间,具有较少的连线,所以在这种系统中,驱动电源中必须含有环形分配器,并将脉冲分配给各相绕组。串行控制方式示意图如图 10 – 17 所示。

用微型计算机系统的多个端口直接去控制步进电动机各相驱动电路的方法称为并行控制。并行控制方式示意图如图 10 – 18 所示,由 8031 单片机的 P1.0 ~ P1.5,分别驱动步进电动机的 A、B、C、D、E 五相。步进电动机的旋转速度全取决于指令脉冲的频率。控制步进电动机的运行速度,就是控制系统发出脉冲的频率或者换相的周期。实现脉冲周期的方法有两种:一种是纯软件的软件延时方法,即完全用软件来实现相序的分配(调用延时子程序),直接输出各相导通或截止的信号;另一种是软、硬件相结合的定时器延时方法,有专门设计的一种编程器接口,计算机向接口输入简单形式的代码数据,而接口输出的是步进电动机各相导通或截止的信号。

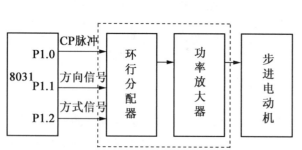

图 10 – 17　串行控制方式示意图

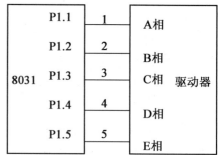

图 10 – 18　并行控制方式示意图

在开环步进电动机系统中,电动机的输出转矩加速度在很大程度上取决于驱动电源和控制方式。对于不同的步进电动机或同一种步进电动机而不同负载,励磁电流和失调角发生改变,输出转矩都会随之改变,很难找到通用的加减速规律,因此步进电动机的性能受到限制。

步进电动机的输出转矩是励磁电流和失调角的函数。为了获得较高的输出转矩,必须考虑到电流的变化和失调角的大小,这也只有通过闭环结构来实现。而闭环系统是直接或间接地检测转子的位置和速度,反馈给控制器并进行处理,自动给出驱动脉冲串。因此采用闭环控制可以获得更精确的位置控制和更高、更平稳的转速,从而提高步进电动机的性能指标。闭环控制方式系统图如图 10 – 19 所示,图中采用光电脉冲编码器作为位置检测反馈的闭环控制系统,微机系统发出的指令脉冲使步进电动机按照要求的速度转动,而实际的转速则是由光电编码器检测,并且实际的转速与指令发出的转速做比较,将二者的差值(即误差)反馈到微机系统,由此差值自动给出驱动的脉冲串,以此提高步进电动机的性能。编码器的分辨率必须与步进电动机的步距角相匹配。该系统不同于通常控制技术中的闭环控制,步进电动机由微机发出的一个初始脉冲启动,后续控制脉冲则取决于编码器的检测信号。

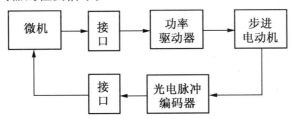

图 10 – 19　闭环控制方式系统图

10.4　步进电动机的应用

步进电动机是用脉冲信号控制的,步距角和转速大小不受电压波动和负载变化的影响,也不受各种环境条件诸如温度、压力、振动、冲击等影响,而仅仅与脉冲频率成正比,通过改变脉冲频率的高低可以大范围地调节电动机的转速,并能实现快速启动、制动、反转,而且有自锁的能力,不需要机械制动装置,不经减速器也可获得低速运行。它每转过一周的步数是固定的,只要不丢步,角位移误差不存在长期积累的情况,主要用于数字控制系统中,精度高,运行可靠。如采用位置检测和速度反馈,亦可实现闭环控制。

步进电动机已广泛地应用于数字控制系统中,如数模转换装置、数控机床、计算机外围设备、自动记录仪、钟表等,另外在工业自动化生产线、印刷设备等中亦有应用。

10.4.1　步进电动机驱动系统在数控铣床中的应用

步进电动机在数控机床中应用非常广泛,尤其是开环控制系统中。数控铣床工作原理示意图如图 10 - 20 所示,在数控铣床的 x、y、z 三个方向的进给系统中均采用了步进电动机作为执行元件。由单片微机构成数控装置,发出控制指令脉冲,经脉冲分配、光电隔离、功率放大器,产生步进电动机的各相绕组的驱动电流,分别驱动各轴运动。

10.4.2　步进电动机用于点位控制的闭环控制系统

步进电动机经常用于有定位需求的场合。图 10 - 21 所示为数控铣床闭环控制系统图。闭环伺服系统的位置检测装置安装在机床的工作台上,检测装置构成闭环位置控制,闭环方式被大量用在精度要求较高的大型数控机床上。

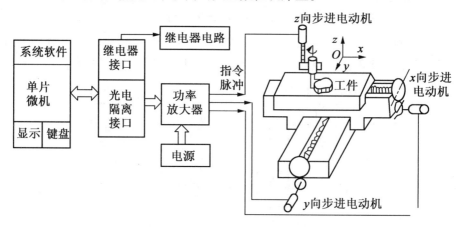

图 10 - 20　数控铣床工作原理示意图

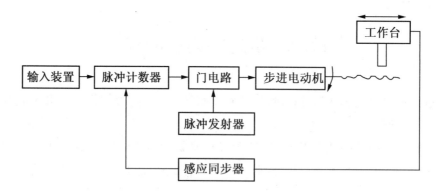

图 10 - 21　数控铣床闭环控制系统框图

习　题

1. 简述步进电动机驱动控制系统的组成。
2. 简述步进电动机脉冲分配方法。
3. 简述步进电动机驱动电路的方式。
4. 步进电动机为什么要进行升降速控制,如何控制?
5. 开环控制与闭环控制各有什么特点,各用在什么场合。

参 考 文 献

［1］ 范国伟. 机电传动与运动控制［M］. 北京:机械工业出版社,2013.

［2］ 彭鸿才. 电机原理及拖动［M］. 3 版. 北京:机械工业出版社,2016.

［3］ 顾绳谷. 电机及拖动基础［M］. 北京:机械工业出版社,2007.

［4］ 张晓江. 电机及拖动基础［M］. 北京:机械工业出版社,2016.

［5］ 冯清秀,邓星钟. 机电传动控制［M］. 武汉:华中科技大学出版社,2011.

［6］ 陈冰,冯清秀,邓星钟. 机电传动控制［M］. 6 版. 武汉:华中科技大学出版社,2012.

［7］ 王宗才. 机电传动与控制［M］. 3 版. 北京:电子工业出版社,2020.

［8］ 芮延年,闻邦椿. 机电传动控制［M］. 2 版. 北京:机械工业出版社,2020.

［9］ 蔡文斐,郑火胜. 机电传动控制［M］. 武汉:华中科技大学出版社,2020.

［10］ 程宪平. 机电传动与控制［M］. 5 版. 武汉:华中科技大学出版社,2021.